春韭秋菘 二集

U0241638

蒲庵
丛书

四十年饮食生活杂记

春韭秋菘二集

戴爱群　著

三联书店

图书在版编目（CIP）数据

春韭秋菘二集：四十年饮食生活杂记／戴爱群著.—北京：生活·
读书·新知三联书店，2018.10
ISBN 978 – 7 – 108 – 06277 – 2

Ⅰ.①春… Ⅱ.①戴… Ⅲ.①饮食－文化－世界－文集
Ⅳ.① TS971.201-53

中国版本图书馆 CIP 数据核字（2018）第 069730 号

责任编辑　黄新萍
装帧设计　刘　洋
责任印制　徐　方
出版发行　**生活·讀書·新知** 三联书店
　　　　　（北京市东城区美术馆东街 22 号 100010）
网　　址　www.sdxjpc.com
经　　销　新华书店
排　　版　北京红方众文科技咨询有限责任公司
印　　刷　河北鹏润印刷有限公司
版　　次　2018 年 10 月北京第 1 版
　　　　　2018 年 10 月北京第 1 次印刷
开　　本　787 毫米 × 1092 毫米　1/32　印张 15.25
字　　数　277 千字
印　　数　0,001 – 5,000 册
定　　价　48.00 元
（印装查询：01064002715；邮购查询：01084010542）

丛书 蒲庵

四十年饮食生活杂记

春韭秋菘二集

戴爱群 著

图书在版编目（CIP）数据

春韭秋菘二集：四十年饮食生活杂记／戴爱群著. —北京：生活·读书·新知三联书店，2018.10
ISBN 978 – 7 – 108 – 06277 – 2

Ⅰ. ①春… Ⅱ. ①戴… Ⅲ. ①饮食－文化－世界－文集 Ⅳ. ① TS971.201-53

中国版本图书馆 CIP 数据核字（2018）第 069730 号

责任编辑　黄新萍
装帧设计　刘　洋
责任印制　徐　方
出版发行　**生活·讀書·新知** 三联书店
　　　　　（北京市东城区美术馆东街 22 号　100010）
网　　址　www.sdxjpc.com
经　　销　新华书店
排　　版　北京红方众文科技咨询有限责任公司
印　　刷　河北鹏润印刷有限公司
版　　次　2018 年 10 月北京第 1 版
　　　　　2018 年 10 月北京第 1 次印刷
开　　本　787 毫米 × 1092 毫米　1/32　印张 15.25
字　　数　277 千字
印　　数　0,001 – 5,000 册
定　　价　48.00 元
（印装查询：01064002715；邮购查询：01084010542）

目 录

壹　旧梦

贰 谈屑

叁 近庖

肆 旅食

伍 耽杯

陆 芹议

却顾所来径

苍苍横翠微

汪朗

　　一个人把20多年写的东西梳理归置一番，是一件很有意思的事情。从中可以看出思想认识、知识结构和文字驾驭能力逐步提高的过程，有时还能从阅读少作时生发出意外的惊喜：哈哈，当年我居然还能写出这等文采斐然的文章！不过，将这些作品汇编成书，就是另外一回事了。因为你所关注的事情读者未必感兴趣，正所谓萝卜青菜各有所爱。所幸，戴爱群先生多年关注事情，一般人都感兴趣，就是美食。如此，这本书的出版就有了价值。

　　这些年，戴先生出了几本谈美食的书，有推荐不同菜系经典菜品的《口福》，有介绍梁实秋、唐鲁孙笔下的旧京菜肴及其复原过程的《先生馔》，还有《左持螯，右持杯》，大约能算一本蟹宴食单。相比之下，这本书有几个特点。

　　一是内容驳杂。驳原本不是贬义词，是说马的毛色不纯，什么颜色都有。张衡《西京赋》云："天子乃驾雕轸，六骏驳。"可见五色杂陈的马匹中也是有良驹的。若其不然，李白也不会用五花马千金裘去换美酒了，牵上头倔驴就是了。这本书收录的文章，所谈都是广义的美食，有佳馔，有佳酿，还有佳茗，品类繁多，不一而足。单是佳馔之中，有中国本土的，有东瀛的，有西洋的。中国美食中，有谈宴席菜的，有谈家常菜的，有谈食材特点的，有谈烹饪技法的，就连各地的腌渍小菜，也能写上洋洋数千字，让人目不暇接。更为难得的是，戴先生所谈的这些美食，多为亲眼所见，亲口所尝，绝非耳餐目食者流，因此有看头，耐回味。从中也可看出，戴爱群这么多年的美食阅历，是颇为丰富的。

不仅是美食，戴爱群对于世上各种美好的事物，都有浓厚的兴趣。宜兴的紫砂，苏州的绣片，歙县的砚石，北京的竹刻，他都有精致的藏品，能说出其奥妙所在。这些雅好，对于成就戴安群先生美食家之地位，自然不无裨益。一个人如果对美好的东西都有较高的鉴赏水准，专攻其中的一行，决计不会太差劲。

二是有些文章包含着戴爱群先生的美食主张，特别是对于中国烹饪如何健康发展的思考。中国古人为文一向讲究"文以载道"，这些带有思辨性的作品，比起时下流行的就吃谈吃的"美食文章"，境界自然大不相同。戴先生对此颇为自珍亦颇为自诩，这也是应该的，这类文章看着简单，但是非经多年行业历练加上自己的琢磨思考，是难以成篇的。这类文章主要集中于书中的《芹议》编，其他地方也可看到，数量不多，篇幅也不长，但是分量不轻。这类由"术"趋"道"的文章，读起来并不枯燥，因为没有洋洋洒洒的宏篇大论，只是将一些观点融于关于美食的描述之中，不会造成消化不良。

在戴先生看来，中国饮食文化之博大精深，其他国家难以匹敌，但是中国烹饪行业的现状，则存在诸多问题，令人担忧，其中一点便是一些人连"盐打哪儿咸醋打哪儿酸"都没弄清楚，便要进行"创新"，弄出些不伦不类难以入口的菜品唬人。对此，戴先生深恶痛绝，并屡屡在文章中痛加挞伐。如何看待创新和守成的关系，本无一定之规，有志于促进中国烹饪业健康发展者尽可各抒高见挥斥方遒，但是戴先生的基本观点我觉得还是成立的，那就是创新不是胡来，首先要了解中国饮食文化的精华所在，然后再加以提高升华，做到"移步不换形"。抛开传统的滋养去搞"创新"，最终只能成为无所依傍的"野狐禅"。

三是文字通达耐读。这本书收录的文章的时间跨度尽管有20多年，但是文字都很晓畅，看不出戴先生早期作品有什么生涩的地方，只是后来的文章更具深度。美食文章固然算不上"经国之大业、不朽之盛事"，但是戴爱群从不随意为之，而是认真对待每一个字。此次将文章结集出版时，他又对早期作品中的一些讹误做出了修订，但并非悄不唧儿地在文章中改正了事，而是以按语的形式说明正确的表述应该如何，当年怎样造成了此类疏误。这种负责态度，如今已不多见。

戴先生家里有万余册藏书，以文史类和烹饪专业书为多，平素他也喜欢翻看各种杂书，因此肚子里各种"零碎儿"很多，这对于写好文章自然很有好处。戴先生的文章多有引经据典之处，知识性很强，还常常夹有一些古文句式，显得摇曳多姿，很有味道。

我和戴爱群相识多年，最近几年因闲居无事更是时相过从，常常找上三五熟人约个饭局，喝点小酒聊点闲天，所聊内容多与美食有关，大家都很放松。这些年，戴先生的美食主张、美食实践都有新的提升，和张少刚大厨复原的旧京菜肴、研制的蟹宴，均为极品，有幸品尝者莫不啧啧称赞。从当初的媒体美食记者到现在的具有一定影响的职业美食家，20多年戴爱群一路走来颇不容易，所倚仗的就是对于美食的由衷热爱和坚持精神。李白诗云："却顾所来径，苍苍横翠微。"一个人能够几十年专注于一件事并有所成就，也就值了。

序二

愿做一个『守夜人』

戴爱群

我今年 50 岁，美食专栏写了 24 年，参与和美食有关的媒体工作也已 22 年，眼看着中国餐饮市场几经风雨、步履蹒跚，中国菜——这世界上最优秀的饮食文化艺术——日渐衰败。

我与美食有关的人生经历，大致可分成几个阶段：从事相关工作之前的预备期，主要是家庭熏陶，大学时期有意识地搜集菜谱，并且照猫画虎，动手实践；1993 年进入媒体，很快就开始写美食专栏；1995 年开始做美食编辑，正式介入餐饮和酒店业、葡萄酒业，直到 2000 年，彻底离开媒体；2001 年还亲自操刀，帮别人开了一家餐厅，盈利之后迅速离开；此后进入一个沉淀和读书、学习的阶段；到 2005 年，以职业美食家的身份"重出江湖"，写专栏，参与电视节目和专题片的录制；2013 年，开始撰写美食图书，并与张少刚合作，以北京御珍舫为平台，恢复传统名菜的同时借鉴、创新，并尝试着与艺术家们合作，对食器做一些改良、创新——复古的内容收入2016年出版的《先生馔——梁实秋、唐鲁孙的民国食单》，创新的内容收入即将出版的《左持螯，右持杯——蟹馔与漆艺的对话》。简言之，我经历了从美食的爱好者、学习者、记录者，到参与者、创作者的转变、成长过程。

饮食，小道耳，为大人先生所藐视，为市井人物所操弄。古今中外，美食家和号称美食家者不多，能进入创作领域，并以美食为职业、为艺术、为乐趣、为性命者则稀如星凤——就我的浅陋所知，近代以来，仅有谭瑑青、黄敬临、周大文和日本的北大路鲁山人诸先生而已；汪曾祺、王世襄二先生亦允称食苑名宿，然皆另有胜业，终生未尝以美食谋生，有著作传世者唯周大文、鲁山人二先生而已。小子水平自然不及前辈之万一，但能厕身其间、略窥堂奥、神交古人，私心引为无上荣幸。

中国的烹饪艺术、饮食文化，近几十年历尽劫难。

第一次是户口制度、农产品统购统销体制的建立和民族工商业的公私合营——极大地限制了人员流动、食材生产交易，一举摧毁了市场化程度已经相当高的餐饮业经营管理体系。

第二次是丙午浩劫，青史昭昭、斑斑可考，用不着我辈小人物多嘴，仅举其最小的一端，如今诸多被视为"非遗"载体的所谓"老字号"，其牌匾几乎被捣毁殆尽——全聚德曾被迫改名为"北京烤鸭店"——现在金碧辉煌的牌匾皆为新制,当然也有少量是被"觉悟低"的老员工刷上泥、灰之类的"保护层",得以幸存的。

第三次是1979年以后,旧的文化体系少有孑遗,新的尚待建立,而方方面面"其兴也勃焉",传统技艺尚存的国营或国有的"老字号"无所适从,无论生产、消费还是文化领域,只能任由一班暴发户"叫嚣乎东西,隳突乎南北"。粤菜被定位成高端的"燕鲍翅",川菜被理解为江湖的"麻辣烫",两支"劲旅""分进合击",把其余菜系冲击得"溃不成军",而它们自己也名存实亡。

最近一次,则是进入21世纪以来,"假洋鬼子"引狼入室,打着"改良中餐"的旗号,以学习、借鉴、国际化为名,生吞活剥在西方原产地亦非主流且已过气的"融合菜""分子厨艺",一味谄媚号称欣赏中国文化的洋人和崇洋媚外的部分国人,以"米其林指南"的"小星星"为鹄的,把中国美食的"残山剩水"几乎一扫而光,且为那些心怀侥幸、投机取巧的"混混儿"大开方便之门——只要掌握了几个配方、连人带菜搞个奇异的造型、善于作秀,再搞掂一批"美食达人",掌握话语权,就能一夜成名,谁还辛辛苦苦地拜师学艺,站在灶前,几十年如一日地"抢大勺"呢?

我深知自己的能力、水平不足,之所以不揣鄙陋,拾掇补缀陈年少作，献丑于读者诸君面前，无非觉得：一、目前仍在滚滚红尘中讨生活的美食家里我是从业时间最长的，我的学习、成长过程尚有一二与众不同之处。二、个人对美食的拙见与时下流行的观点也有不同，愿以之就教于博学君子。三、浏览历年写下的文字，至少可以窥斑见豹，感受到近几十年国人饮食生活的变化，并从中一觇社会的发展、变迁。敝帚自珍，野人献芹，如是而已。

本书所录，是我24年来写下的美食专栏及其他相关文字，记录了我近40年的饮食生活。承蒙责编黄新萍女士不弃，除去《春韭秋菘》一书已经刊出的部分，又选出部分篇章，辑成《春韭秋菘二集》。集中，有我对饮食文化的思考，有特定时代的饮食生活记录，也有我个人或对或错的观点。我尽量删去完全出于"为稻粱谋"而写下的文字，但是，这只是为了避免读者的无聊，并不打算回避自己的幼稚和失误。如果内容尚有可取之处，而原作存在缺陷，我会用"蒲庵曰"的形式略作说明，请读者诸君谅察为盼。

汪朗先生扶植后进，病中为我审读、修改书稿，并赐序文，谨此致谢。

工作之便，近水楼台，国内就不说了，也去欧洲、日本、韩国见过一些世面，以我的愚见，中国美食是全世界最伟大、最完备、最美好的饮食艺术体系，可惜，现在却面临着食材品质下降、技艺日渐衰退等诸多问题，我们既不能以时下现状而否认中餐的伟大，也不能因为中餐的伟大而漠视实际存在的问题。

如果说中国饮食文化是一座巨大无朋、璀璨琳琅的宝库，余却眼见其进入漫漫长夜，门庭逐渐倾颓，"藏品"时刻流失，"帝力之大，如吾力之微"，"臣之壮也不如人"，今年届知命，"无能为矣"！差有一技之长者，浸润中国饮食垂50年，尚可做一点挖掘、整理、保存、传播的工作——登堂入室尚需时日，不过是抱残守缺、补补窗纸、扫扫瓦垄，在门房点一盏荧荧孤灯，续续灯油、剔剔灯草，做一个鸡鸣风雨中的"守夜人"，以俟来者而已，而已。

惊才绝艳的清代诗人黄仲则有诗云："结束铅华归少作，屏除丝竹入中年。茫茫来日愁如海，寄语羲和快著鞭。"余整理旧稿时的心情，庶几近之。

是为序。

丁酉元宵初稿，冬至改定
于燕京蒲庵

壹

旧梦

红烧肉

　　红烧肉是极平常的一道菜，每个家庭主妇都会做，多数饭馆的菜单上都会有，但够得上标准的并不多，能寓精彩于平凡的就更少见了。

　　先说选肉，必须是五花三层带皮的猪肉。没有皮不行，少了肉皮里的胶质，就少了一份滋润；不是五花三层也不行，只有肥瘦层层相间，才能使肥肉不腻、瘦肉不柴。皮要薄而净——老母猪的五花肉皮厚毛粗、肉老味骚，不可用。

　　调味首重酱油。北京如今没有好酱油出产了，最好用以传统方法发酵的酱油；退而求其次，上海特制的"浓酱油"也不错。酒用南方的料酒就好，绍兴产的花雕更佳。至于糖，讲究的话用冰糖——容易使汤自然浓稠，要求不高的话，白糖也可以。

　　红烧肉有南北两派做法。北派的要炒糖色，还要加花椒、大料，水也加得多，一般不加或少加糖；还喜欢配以粉条、白菜、海带。南派讲究原汁原味，调味全仗酱油、糖和料酒，味要"甜上口，咸收口"，汁越少越浓越妙；配料则笋干、霉干菜、百叶结（薄豆皮卷成卷，打成结）均可。

我是生长在北方的南方人，却更重南味。在自家下厨，多是标准南派手法——烧菜离不开糖就是一例。五花肉切块，与葱结、拍松的姜块同时下锅，加酱油、绍酒、水——水要刚刚没过肉，烧开，撇净浮沫，改小火；肉烂之后，拣去葱姜，加糖，大火将汁收浓即成。上桌之前如能隔水蒸一刻钟更好。

杭州有名菜"东坡肉"，其实不过是精致的红烧肉，唯以酒当水耳。20世纪70年代曾刊行《中国菜谱·浙江菜》，"东坡肉"荣登榜首，而易名为"香酥焖肉"。古时曾有煞风景之不通文墨者云："东坡何辜，千载之下犹食其肉？"与此更名者堪称同道——东坡九泉闻之，当发一笑。

母亲一日买回一块极好的五花肉，家中适有上海浓酱油，绍兴花雕酒，不觉技痒，下厨一试。肉切成两寸见方的大块，出水之后，只加酱油、酒、糖，下砂锅焖煮，以面搓条封住锅盖；然后入瓷罐隔水蒸，桑皮纸封口；最后分盛小盅，蒸透上桌。真个色如琥珀，不腻不柴，醇香细润，入口即化。

东坡千年之前总结烧猪肉的诀窍曰："慢著火，少著水，火候足时他自美。"真此道高手。

红烧肉，"慢""少""足"三字尽其理。

什刹海

仲夏，黄昏，我又来到什刹海荷花市场。

两年前，我曾坐在湖畔柳荫下，啜着清甜的杏仁茶，享受着徐来的清风，望着一池碧水、几朵荷花。

虽然已不是 20 世纪二三十年代的荷花市场，早没了北岸的会贤堂，自然就没有了高朋满座等着听梅先生唱《打渔杀家》的盛况；当然也已吃不到荷花市场有名的冰碗儿、荷叶粥、奶油镯子、老鸡头……

但西岸还有一家也叫"会贤堂"的假古董，聊以充数。还可尝尝用龙嘴儿大茶壶冲的油茶，还可以就着焦圈儿喝豆汁儿，还有豌豆黄儿、切糕、驴打滚儿……

那份儿情调，还是让我久久不忍离去，久久难以忘怀。

而今的荷花市场，还是荷叶亭亭、杨柳依依，但湖里游泳的比岸上卖小吃的人多，卖的人又比吃的人多。原来岸边的一行餐桌已变成了两行，小吃摊更是一家挨一家，卖的是天南海北的风味，家家都差不多是那几样儿。北京小吃只剩下了白汤杂碎、卤煮火烧和灌肠。就连假"会贤堂"也变成了真卡拉OK厅。

老北京最讲究个应时对景，什么季节吃什么东西，到哪儿去吃，都有一定之规。一年下来，就像作了一篇起承转合、安排妥帖的文章。荷花市场就是老北京消夏的胜地，那清凉鲜脆的冰碗儿，那荷香水色，不知让多少白发情牵梦绕，让多少游子黯然魂销。

如今晚儿呢？您只好坐在尼龙布棚下，望着一湖扑腾的人群，吃着广东梅菜扣肉、重庆毛肚火锅、新疆烤羊肉串，再来一杯扎啤。东西也能吃，价钱还不贵，酒足饭饱之余，您还能上卡拉OK过一把瘾，这倒也不坏。

两年前，我曾来这里体味过一回旧京风光，是寻书上看来的梦境，算是替别人寻梦吧；不承想今天的我竟然来寻两年前的"旧"梦了——这总让人觉着哪里有点古怪，您说呢？

菜饭

这两年，京城里沪菜馆子开了着实不少，一味腌笃鲜已经被许多本地人接受了。这道菜的主要原料是咸肉和春笋。天气才见暖意，江南的春笋就运到了北京，又到了吃腌笃鲜的时节了。

腌笃鲜的爽脆清鲜来自春笋，醇厚则来自咸肉。

咸肉是江浙一带极普通的家常食材，菜市场里随处可见，家庭自制也很方便，都是腊月里以炒熟的粗盐腌制，发酵时间短，工序简单，腌到春天刚好成功，故醇厚鲜美不及火腿，但家常吃就很好。最好吃的部位也不是腿，而是两肋的五花肉。

父亲在北京也照样腌咸肉，用盐搓透，脱水之后挂在背阴的屋檐下，任凭风吹雪打；吃的时候斩下一块，蒸熟之后满室生香。

吃咸肉，做腌笃鲜如还嫌麻烦，最简单的吃法就是干蒸或做菜饭。

菜饭是我最爱吃的家常饭，每食过量。做法极简单——青菜切碎，入铁锅用猪油炒几下，加水加盐加米，撒上小片咸肉，大火烧开；烧到水米融合，再改文火焖熟。没有咸肉的话，还可用火腿、香肠、香肚代替。

一碗菜饭里有菜有肉有饭，菜烂米亮肉香，实在诱人。不用别的菜下饭，空口吃就可以；如果咸味不足，可以拌入少许酱油；配一碗紫菜蛋汤，这顿饭就功德圆满了。

菜饭的锅巴与平时焖饭的锅巴不同，因为里边有猪油，等于煎过，焦香扑鼻，酥、脆、软、韧，兼而有之，加上里面嵌的菜、肉，越发有吸引力。我小时候每吃菜饭，必先抢锅巴。

湖北也有类似吃法。陈荒煤先生是湖北人，他回忆少年时的吃食中，"有一种不能叫作菜了，就是豌豆刚刚上市、颗粒饱满而青嫩的时候，用四分之三的新米和四分之一的糯米焖饭，到饭快熟的时候，用火腿丁、细粒的鲜肥肉丁——也可以放上鲜虾仁、葱花、黑木耳搅拌着豌豆盖在饭面上，撒上一点椒盐、香油，等到饭焖熟了，掀开锅盖就可以闻到一股清香，仍然嫩绿的豌豆、鲜红的火腿丁、白晶的肉丁、红嫩的虾仁、黑色的木耳和青青的葱花交织出色彩丰富的画面，吃起来真香。我母亲胃弱，吃几口，是当作菜来吃的，但我却是当饭吃，并且一定要饱餐一顿的"。

　　家乡的菜饭制法与上海的有小异，但同为少年大嚼煞馋的恩物，同样令人思想少年风光。

火锅（上）

北京人过冬，讲究吃火锅。

提起火锅来头大，据说是元世祖忽必烈行军打仗时因陋就简的发明，涮的当然是羊肉。不过据我所知，南宋笔记《山家清供》记载了一道名叫"拨霞供"的菜品，实际上是"涮兔肉"，食客们夹着红色的兔肉在滚汤中摆动，如拨晚霞，故名；文章最后写道："猪、羊皆可。"这应该是关于涮羊肉最早的文字记载了。

火锅菜分成两大类，一类是涮锅；另一类叫暖锅，那是把各种已熟的原料码在火锅里，加热，开锅上桌，取一"暖"字，意在冬令时节，菜在桌上还能加热保温。暖锅的种类不少，有什锦、三鲜、炉肉等种种名目。暖锅里什么都可以放，不外海参、鸡、肉、鱼、虾、丸子、白菜、粉丝之类，等于是火锅烩什锦。由于是码好再上桌，掀开盖子，腾腾热气下面是码放得整齐美观的佳肴。吃到最后，一筷子下去，不一定会夹到什么美味，也是一乐。

但是，我更喜欢涮锅，不为别的，只为一个"涮"字——这个字下得太准确、太潇洒了。您想啊，火锅里汤滚得像一丛盛开的白菊，您夹起几片鲜红的羊肉，投进去，用筷子拨弄着，一下，两下，三下，灰白了，齐活儿。那能叫"煮"、叫"焯"、叫"汆"、叫"烫"吗？不能，那得叫"涮"。

涮锅的妙处原在一个"涮"字。也就是说，最后一段烹调过程——包括肉的老嫩、口味的轻重、调味品及配料的选择搭配——都在食客的谈笑风生、觥筹交错间，以一个"涮"字了之。

北京有不少风味菜，像烤鸭、烤肉、春饼炒合菜之类，吃的时候都必须食客自己动手，做最后的加工。全聚德过去的规矩，多尊贵的客人也得自己卷荷叶饼，堂倌从不代劳。有人认为这是一种原始的食风。我看，即使是原始的食风，也已经升华成了一种返璞归真。"涮"之趣也正在这个自己动手的过程中得以实现。

数九寒天，一家人团团围坐，边涮边吃，边饮边聊，潇潇洒洒，手挥目送，那是多大的乐子！要是给您端上一盘半凉不热汆熟的羊肉片，再浇上黏糊糊的作料，撒上点子香菜末、葱花什么的，您还能找到感觉吗？

火锅（下）

北京吃火锅的名店是东来顺，算得上海内皆知了。我去领教过，未见精彩。（蒲庵曰：2014年，幸识东来顺的非遗传人陈立新大师，才得窥堂奥。）

倒是近日被朋友邀请去洪福轩——那儿也是一家以涮羊肉为招牌菜的餐馆。小小的门面，小小的店堂，大概是因为没有盛名之累，反叫人吃出几分别致。

店家介绍，洪家的老辈曾在东来顺做过事，所以这里保留了老店的流风余韵。姑妄言之，姑妄听之，原可置之一笑的，不过洪福轩也确有它的独到之处——羊肉片薄、鲜、嫩、不膻并不稀奇，我欣赏的，一是用鱼露代替卤虾油，增鲜减臭；二是澥芝麻酱用香油不用水，不仅使调料香浓，而且不会越吃越稀，这些据说还是当年清宫的吃法。其实，不管是老传统也好，新发明也罢，店家肯在这种细微之处花这么多的心思，总是难能可贵的，尤其是在粗制滥造成为时尚的今天。

再有，洪福轩用的是传统的铜火锅，炉膛大、装炭多，吃一顿饭不用中途添炭。现在市面上经营火锅的店家，多是用电、固体酒精、丁烷气罐等热源，都不如炭火锅好用。（蒲庵曰：那会儿还没有电磁炉。）这倒不是墨守成规，炭火锅自有它不可替代的优越性：中间有个连着烟囱的炉膛，有了它，肉不会被沸汤滚得到处乱跑，便于自己掌握火候，又不至于在锅里捞来捞去。锅里有了炉膛，水量变少，也容易保持沸腾的状态。电火锅之类常常是半死不活的，肉不易速熟、滑嫩还在其次，没有火星迸溅、水花翻滚、热气蒸腾的气氛才最扫兴。

炭火锅自然也有缺点——生火麻烦，可能产生煤气，不过我家吃火锅还是爱用它。

说起我家的火锅也算有特点：加工猪腰不剖开去腰骚，而是整个儿横片成大而薄的片，再将腰骚弃去。把腰片放到加了白醋的凉水中浸泡，"拔"去血水，直到变白，涮起来脆嫩无比。这是我从一本笔记上学来的吃法，据说是前清王府的规矩：制鱼片一定要用活的黑鱼，取其刺少而能片出薄片；不用口蘑、海米的锅底，而用火腿、黑鱼骨吊汤，汤浓色白；调料只取李锦记蚝油一味；举凡猪、牛、羊、鸡、鸭、鱼、虾、菜蔬、豆腐皆可入锅，其味之美不可言状。

白薯

烤白薯是北京最朴素的一样小吃。

我小时候，北京的白薯分红瓤、白瓤两种。白瓤的瓤色白中透些许淡黄，水分、糖分少，宜煮，吃起来有些噎，略带栗子香味。烤白薯则一定要用红瓤的，取其水分、糖分多，烤出来瓤肉金红，色如杏脯，糖分、水分渗入烤焦的薯皮，使皮肉相黏，仿佛在皮上摊了好几层蜜汁，甘甜滋润，美不可言。

白薯蒸熟切片，晾成白薯干，原是庄户人家粮食缺乏时的代用品，实则白薯消食滑肠，吃多了反而容易饥饿。现在白薯干却被精美包装，送进商城，已成为"小皇帝"们的恩物。

白薯切丁和米煮成粥，有淡淡的薯香和甜味，是冬日很好的早点。如果煮在醪糟蛋里，就越发可人了。

白薯可以烧菜。在辽宁吃过一次拔丝白薯，外甜脆，里香软，比吃烤白薯过瘾——不用剥皮。

我家烧咖喱鸡，有时用白薯代替土豆，一样可以把汁烧得很稠，而且咸辣的鸡块带上一点白薯的香甜，甜美的白薯带上一点咸辣和鸡汁的鲜美，与栗子鸡有异曲同工之妙，却远比它入味。

烤白薯也好，煮白薯也罢，其魅力往往展现在寒冷的冬夜，这时候煮白薯尤其出彩。一大锅白薯煮了一天，锅里的水早已成了极浓的白薯汁，最后几只白薯也成了加料的"白薯煮白薯"。识货的人这时来个"包圆儿"，捧在手里，一边吃，一边彳亍而行，享受着寒风里难得的一丝暖意——恰好是旧京街头一幅传神的风俗画。

爆肚儿

梁实秋先生写《雅舍谈吃》多及旧京美食，谈到的小吃不多，其中就有爆肚儿：

> 肚儿是羊肚儿，口北的绵羊又肥又大，羊胃有好几部分：散淡、葫芦、肚板儿、肚领儿，以肚领儿为最厚实。馆子里卖的爆肚以肚领儿为限，而且是剥了皮的，所以称之为肚仁儿。爆肚仁儿有三种做法：盐爆、油爆、汤爆。
>
> 东安市场及庙会等处都有卖爆肚儿的摊子，以水爆为限，而且草芽未除，煮出来乌黑一团，虽然也很香脆，只能算是平民食物。

文章写于 20 世纪 80 年代，四五十年前的旧事，像羊胃的不同部位，还能记得那么清楚，委实难得。但百密一疏，把"芫爆"——指用芫荽即香菜爆——误写成了"盐爆";对东安市场爆肚儿的评价也欠公道——因为我刚刚品尝了"金生隆"。

"金生隆"的爆肚儿分羊肚、牛肚两种,羊肚又分葫芦、蘑菇、食信、蘑菇头、肚板、肚领、散丹(即梁先生所谓"散淡")、肚仁八个部位;牛肚则只有肚仁、百叶、百叶尖、厚头四个名目。另外,还有"羊三样""羊四样",那只是几个不同部位的组合而已。

品尝这许多形状、口感、味道不同的爆肚儿,确是一件乐事——最常见的牛百叶黑白分明,极脆,嚼后无渣;牛肚仁雪白,水分多,极嫩,微脆;蘑菇头集六七只羊才得一盘,鲜美滑润,回味带一点儿甜;食信是羊的食管,根本嚼不烂,讲究的是痛痛快快地嚼,隔两张桌子还能听到"咯吱咯吱"的声音,最后整吞整咽;羊肚仁最嫩,也最贵。

"爆肚冯"的调料不过是芝麻酱、酱油、醋、香菜末、少许葱花、几样香料,绝无味精,简单,味淡而香,能去腥膻,据说窍门在调料的配比。

大轴是一小碗爆肚汤——爆过肚的滚汤冲入吃残的调料碗,鲜香浓热,再来个芝麻烧饼,齐了。

吃完爆肚儿,听"金生隆"第三代传人冯国明聊爆肚儿,聊老东安市场,如闻天宝逸事。

20世纪初,冯国明的祖父就在东华门一带卖爆肚儿,那会儿还没有东安市场呢。后来进了东安市场，市场里光是卖爆肚儿的就有六七家，除了他家，还有"爆肚石""爆肚王"……

据冯国明讲，老北京的爆肚儿分东安市场和南城天桥两派。逛东安的有钱人多，这一派的爆肚儿口味清淡，像葱花，就放那么一点儿，有点儿意思就得；逛天桥的穷苦人多，爆肚儿口味就重，得加卤虾油、酱豆腐（此说法网上有异见，姑存备考）。

早先卖爆肚儿是在摊儿上挂个新鲜的羊肚，客人指哪儿就拉哪儿、爆哪儿，当时论价。别小瞧这小小的羊肚，能分成十一二个部位，加工起来也有一套特殊的手法，分选料、洗、裁、切、爆五道工序，一点儿不能含糊。

当初"金生隆"一礼拜总得有三两天不开业，去大宅门出外会（指厨师上门给人做菜）。会吃的主儿，讲究从最有嚼头儿的葫芦吃起，爆一盘吃一盘，一盘换一个样儿，一直吃到最嫩的肚仁。

吃爆肚儿得喝白酒——因为喝白酒的人老想嚼点儿什么。

按冯国明的说法，做好爆肚儿没什么诀窍，一是不能偷工减料，三代人百年来一直如此；二是别商人气太重，别太把它当生意。

"爆肚儿不过是个小吃，是个玩意儿。"冯国明想了一下说，"是个作品。"

不错，爆肚儿是个作品。

蒲庵曰：此篇采写于1998年，近读唐鲁孙先生文集，发现一条史料，与冯先生的回忆、说法基本相符，证明拙作还有一二可取之处。唐先生还记下了一些现代人忘怀已久也难以想象的细节，故附录于此，以飨读者。

燕京梨园知味录（节选）

故都卖水爆肚，多为天方教人，决不掺有牛肚，售者多为设摊营业，器具桌凳，均洁净无尘。作料临时现调，每人一小碗，羊肚亦现切现用水爆，手艺优劣，即在此一杀，时间稍过，即老得嚼不烂，火候不足，则又咬不动。北平各庙会暨天桥，均有这种吃食摊子，但手艺最好顶出名者，则为东安市场润明楼前空地上之老王爆肚摊。

吃爆肚名目繁多，分肚头、肚领、葫芦、散丹等七八种，不是精于此道者，根本叫不出这些名堂。每摊必定设有两三个尺二白地青花大冰盘，用刷得雪白锅圈架起来，冰盘里放有整块晶莹透明冰砖，羊肚分门别类铺在冰砖上，外用洁白细布盖上。客人要什么地方，切什么地方，切好一杀，蘸着作料吃，打二两二锅头，再来两个麻酱烧饼，既醉且饱，所费有限。（《中国吃》，唐鲁孙著，大地出版社2012年版，第82页）

烤鸭（一）

北京有句俗话：不到长城非好汉，不吃烤鸭真遗憾。烤鸭与长城并举，可见其在人们心目中的地位。

至于烤鸭的发明权，山东人言之凿凿：只看吃烤鸭要配生葱、蘸酱、卷以荷叶饼，就知道烤鸭必出自山东，更何况济南府也有烤鸭。

不过，据我看来，烤鸭之源当在南京。

南京地处鱼米之乡，养鸭的历史可上溯到战国时期。明代，金陵烤鸭已经出现。传说明成祖朱棣迁都北京时，烤鸭也随之北上，又从宫廷传入民间。其实，烤鸭不仅北上，而且南下，至今广东菜中还有一味金陵片皮大鸭，只是把佐食的甜面酱换成了海鲜酱而已。

不过，金陵烤鸭是叉烤，进京之后变成了焖炉烤，这种烤法以便宜坊为代表。后来又兴起了全聚德的挂炉烤。至此，北京烤鸭基本形成。后来，全聚德还推出了"全鸭席"，烤鸭配上用鸭内脏和鸭膀、鸭掌做成的菜肴，如拌鸭掌、卤什件、油爆鸭心、炸胗肝、鸭舌汤等，蔚为大观。全聚德也就成了北京乃至中国餐饮业一块响当当的牌子。

为了烤出鲜嫩酥脆的烤鸭，就必须有生长期短又能达到一定重量的鸭子，于是就培育出了一个独特的鸭种——北京填鸭。为了一道菜而专门驯养一个新的鸭种，这在人类饮食史上也堪称奇迹了。

金陵烤鸭是用木炭，焖炉烤鸭是用秫秸，挂炉烤鸭则讲究用枣木等质地坚硬、有果味的果木。果木烧起来有底火，而且烤出的鸭子有一股果香味（所谓"果香"，只是一种传说，作者后来另有文章专门阐述不同观点）。

鸭子烤好，一定立刻要片成薄片，片片有皮有肉，佐以大葱、甜面酱，卷荷叶饼吃。味道咸、甜、鲜、微辣，加上果香、酱香、葱香，口感酥、脆、嫩、韧，各种味道、口感的综合，乃成绝唱。

烤鸭（二）

烤鸭，历来有"一鸭三吃""一鸭四吃"的讲究。

金陵烤鸭有"四吃"：片鸭皮、爆鸭条、鸭油蒸蛋、鸭架汤。

北京烤鸭过去也有"几吃"，现在则只剩下"两吃"了：肉之外，汤而已——汤还是大锅煮的，清汤寡水，半温不热（这是 1994 年我接触到的情况）。

与烤鸭齐名的还有"全鸭席"，我对此慕名已久。一次托一位在一家大烤鸭店有熟人的朋友去接洽，想尝一桌"全鸭席"，结果被告知"全鸭席"现在也掺进不是用鸭子做的菜了——图的本来就是这个特色，既然特色没有了，也就不必去了（直到 2015 年冬，我给北京电视台策划美食节目，采访全聚德王府井店，才得以一偿夙愿）。

听说有一家阜成门烤鸭店鸭子菜烧得不错，而且价廉物美，就去尝了一次。香菇焖胗、软炸鸭肝，确实不错，也不贵。只是服务员态度恶劣，我败兴而返。

家住西城，最近的一家全聚德分号在西便门。鸭子烤得不错，当面片鸭，货真价实。一味辣油鸭心也别有风味——可惜常常被告知"没有了"。

1990年吃的那顿烤鸭，至今余香在口，恍如昨日。时值盛夏，一位朋友的父执在上海南京路上的奥林匹克饭店设宴接风，席上，公推我点菜。于是点了糟鸡膀、炝活虾、炒鳝糊之类的风味菜，谁知主人竟点了一道烤鸭，当时心中不免嘀咕——上海人请北京人吃烤鸭，未免古怪。

这道烤鸭"千呼万唤始出来"——经理解释是现烤的——竟是"一鸭三吃"：片鸭皮、爆鸭条、鸭架汤。鸭皮酥脆，色橘红，比北京烤鸭清淡些；鸭肉嫩滑，鸭汤清鲜而热，一时叹为观止。

烤鸭（三）

　　烤鸭上得国宴，也宜居家小酌。一只鸭子一斤饼，饭、菜、汤都在里面了，比家常菜贵一点，但也说不上奢侈。

　　梁实秋的《雅舍谈吃》写旧京宝华春送鸭上门的情景极生动："在家里，打一个电话，宝华春就会派一个小利巴，用保温的铅铁桶送来一只才出炉的烤鸭，油淋淋的，烫手热的。附带着他还管代蒸荷叶饼葱酱之类。他在席旁小桌上当众片鸭，手艺不错，讲究片得薄，每一片有皮有油有肉，随后一盘瘦肉，最后是鸭头鸭尖，大功告成。主人高兴，赏钱两吊，小利巴欢天喜地称谢而去。"

　　现在北京还有送烤鸭的，一般人多是自己去买。可能的话，一定要买刚出炉的热鸭子——有时服务员会很麻利地替你把鸭子装入食品袋，再放上几叠荷叶饼，你一摸，热的；回家拿出来：热的是饼，凉的是鸭子——市侩伎俩，不可不察。

买回家的鸭子如果凉了，还可以再加热：把鸭子架在炒锅里用烧热的香油烧，等到鸭皮重新鼓起，就算齐活。

吃烤鸭要备三事：葱、酱、饼。

饼，烤鸭店有卖现成的。

甜面酱最好用天源酱园的，但要加工一下：加糖——可以缓和葱的辛辣，但要适量，多则腻——搅匀，上锅蒸15分钟，凉后再掺入少量香油。此酱还可用来蘸食新上市的小水萝卜，滋味淡远，不足为俗人道。

葱，冬天可用羊角；春天的小葱少了点辛辣，多了点清甜，甚是可人——这就是居家的滋味了，哪家烤鸭店会费力讨好地去给您一棵棵地剥洗小葱呢？

片烤鸭可是一种艺术，起码是个技术。自片自吃，不必那么讲究，能片片有皮有肉，薄厚均匀如柳叶、杏叶固然很好；操刀一割，任意横斜，也不失洒脱。

这样片完的鸭架，必然肉厚。烧一砂锅开水，放进拆散的鸭架、流出的鸭油、黄酒，盖盖，大火猛煮至汤色乳白，再文火慢煨。冬天可加白菜，夏日可用冬瓜。等鸭肉吃完，汤也煨好，少加盐，忌味精。烤鸭虽好，但鸭失之油腻，饼失之干韧，葱失之辣，酱失之咸，吃到最后失之凉——这时全家一人盛上一碗烫嘴不腻的鸭架汤，这些缺憾就都在口内腹中摆平了。除了在家，您到哪儿喝这碗原汁原味滚热亲切的汤去？

　　吴越水乡出产一种香葱，三五寸长，纤若柳枝，味极隽永。日前有知味者千里携来以饷我，灯下一碟香葱，几片烤鸭，三杯淡酒，恍惚之间，如在杏花春雨的江南。

炉肉

几年前就知道北京的"吃儿"里有一种炉肉，早先，是归专卖熟肉的盒子铺卖的。如今晚儿，盒子铺没影了，炉肉也就没处去找。

可是，读书时却发现不少京菜都离不了它，像砂锅炉肉、炉肉火锅、炉肉海参之类。这就更勾起了我的向往。自己琢磨，归盒子铺卖，该是冷荤，能配不少菜，又似乎是半成品；"肉"前面冠"炉"字，估计不是锅酱、烧、炸、煮出来的，恐怕是用炉子烤熟的。但，也只是琢磨而已。

去年冬天结识了京菜厨师佟长友，他第一遭请我品尝京菜，问我想吃什么，我说："您给来点儿土得掉渣儿的。"菜上齐一看，酥鲫鱼、炒麻豆腐、炸鹅脖、炒榛子酱之外，赫然有一道砂锅炉肉，跟上三个蘸碟——韭菜花、辣椒油、澥开的酱豆腐。

炉肉是五花，片得飞薄，半透明，片片有皮有肉，肥瘦相间。吃起来浓腴不腻，有一股近似烤鸭的香味。

请教做法，原来是大块猪软肋五花肉，用烤鸭子的吊炉、果木烤，烤好冰冻之后片成薄片，再蒸。这样一来，肉里的油已去了大半。

我明白炉肉为什么长久不应市了。

用极普通的原料下大力气烹制高档菜肴，这在传统饮食文化上原是很讲究的。然而，这种平中见奇、寓巧于拙的"笨功夫"只好货卖识家，到了耳食盛行，恨不得含金咀玉的市场上，恐怕就是"俏媚眼做给瞎子看"了。

蒲庵曰：2015年秋天，终于吃到了天福号非遗传人冯君堂先生为我订制的炉肉——烤炉肉本来就是老北京"盒子铺"的传统技艺之一，2016年冯先生突然病逝，希望他没把手艺全都带走。

滤蜜调冰结绛霜

平生酷爱食冰。小时候可怜，只有三分钱一根的小豆或红果冰棍儿，稍好一点的是五分钱一根的奶油冰棍儿。小豆冰棍儿头上有一小撮红小豆；红果冰棍儿里该有色素吧；所谓"奶油"里有没有牛奶不好说，香精一定有，但绝无一丝奶油的踪迹——这三样东西也就是现在的"水冰"，味道可差远了。包装是薄薄的半透明白纸，上面的文字、图案粗糙、简陋至极。就这玩意儿有时还不舍得几口吃完，而是一口一口嘬化入肚。

父母偶尔开恩，给买一盒"北冰洋"冰淇淋，就算"打牙祭"了。盒与现在"八喜"的圆筒形状差不多，容积略小，外面浅蓝底儿，图案是白色的北极熊和冰山，还有"北冰洋"字样；附送一个木制的小平勺。口味只有香草一种，里面加了牛奶、鸡蛋、奶油，是"奶冰"。到现在我还记得从木勺上抿下的那种香草跟木头混合的味道。

20 世纪 70 年代末，"北冰洋"有了雪糕，形状和现在的普通产品基本一致，味道还是香草。价格是一角二还是一角五，我记不清了。后来，又推出双棒雪糕，号称"鸳鸯"，二角五一支，品质未变，只是一支雪糕有两支棒，中间部位较薄，两手持棒，可以轻易掰开——这种形制早不生产，在别处也未见过，大约会受恋人的欢迎吧。尽管手段幼稚，却证明当时的国营厂家已经开始迎合顾客了。

从 5 岁开始，常去上海。七八十年代上海的"光明"牌冰砖是一大块方砖形的香草冰淇淋，大到售货员事先切开，顾客可以买半块。还有一种"紫雪糕"，比较不容易买到，其实不过相当于"和路雪"的"梦龙"，只是个头小些，巧克力壳薄得像一张复印纸。但对只吃过"北冰洋"的我来说，还是像开洋荤。

80 年代末，北京有了"八喜"，我比较喜欢的口味是草莓，记忆最深的是草莓冰淇淋里嚼起来脆脆的草莓籽。

如今，街头巷尾的"和路雪""雀巢"就像小时候小豆、红果冰棍儿一样普及，只是白漆小车换成了五彩缤纷的冰柜，品种之丰富估计没几个人能说清。

90 年代，开始有冰淇淋专卖店。先是"31 种美国风味"，我最爱"奶油山核桃"和"朗姆酒葡萄干"，那时年轻，一次能尽一"品脱"；它最早供应冰淇淋蛋糕。后有"哈根达斯"，细腻香滑，为其他品牌所难及。医生告诫我少吃甜食，偶尔酒后口干，还是要去一膏馋吻。我在巴黎看到的"哈根达斯"店与北京一般无二，看来，我们的冰淇淋也跟国际接轨了。

迄今为止，吃冰淇淋最美好的经历是在意大利。2002年春节自北而南畅游意大利，第一站是米兰。在黄金圣母大教堂上上下下、艾曼纽二世拱廊前前后后逛了个够之后，口干舌燥，忽然发现大教堂广场一角有家冰淇淋店，于是买了一个蛋筒，冰淇淋选的是红莓口味。一口下去，喜出望外，果味之浓郁醇厚，口感之细腻滑润，为平生仅见，解渴煞馋，口舌生津。传说，冰淇淋是马可·波罗从元朝带回意大利而发扬光大的，那就难怪了。

吃冰淇淋最奇怪的经历是在法国，也是2002年，波尔多。靓茨伯酒庄的主人卡兹先生在他自己的米其林两星餐厅盛情款待我们。头盘是一个冰淇淋球，一尝，咸的，味道熟悉，却想不起是什么。请教厨师，说是海虹——法国人关于美食的想象力我一贯钦佩，这次我才知道，还是低估了他们。

冰糖葫芦

　　家人买来几串冰糖葫芦，冰糖晶莹甜脆，山楂鲜红酸软，搭配得恰到好处，蘸糖之前去了核，嚼起来也很痛快。

　　冰糖葫芦是北京很早就有的一种零食，每年1到9月底，就有小贩走街串巷，有挑担的，有扛稻草桩子的，上面插满冰糖葫芦，一路吆喝着"葫芦冰糖，蜜嘞糖葫芦……"招引馋嘴的孩子们。冰糖葫芦以山楂的为正宗，还有海棠、荸荠、山药、葡萄、核桃仁的。大小也不同，最大的长达五尺，上插一面彩色小旗。买这种大糖葫芦，是每年正月初一到十五到和平门外琉璃厂逛厂甸庙会的节目之一。不过这种糖葫芦制作粗糙，是用麦芽糖蘸的，不如冰糖的好吃。最小的则是冰糖葫芦中的精品。梁实秋先生在《雅舍谈吃》里回忆，冰糖葫芦"以信远斋所制为最精，不用竹签，每一颗山里红或海棠均单个独立，所用之果皆硕大无比，而且干净，放在垫了油纸的纸盒中由客携去"。

我在另一本书中读到，信远斋的冰糖葫芦是"以竹签穿单个红果用冰糖蘸成"的；还有资料说信远斋最有名的是"豆沙冰糖葫芦"，即将每个山楂都横剖为二，去核，在中间夹上豆沙，再用冰糖去蘸。

时至今日，琉璃厂东街的信远斋早就卖起了可口可乐之类的东西，小小的门面久已不见昔日享誉京城的风光，极品冰糖葫芦真的就成了《广陵散》，只怕再也无从印证梁先生的记忆是否有误了。

梁先生说："离开北平就没有吃过糖葫芦，实在想念。"这是老实话、家常话。然我每读到此，总感到故都秋风的萧瑟、老人深深的悲凉，不禁黯然。

北方人一般吃不惯火腿，生长京华的我却从小就对腌腊一类的吃食感兴趣。母亲一直很奇怪，为什么她的儿子不爱吃饺子、炸酱面，却爱吃火腿。

火腿的历史据说可以追溯到宋代，与北宋名将宗泽有关。中国产火腿的地方并不多，著名的有浙江金华、江苏如皋、云南宣威，最好的当属"金腿"。

吃火腿不能怕麻烦，从整条火腿上斩下一块之后，用温热的食碱水稍泡，用刀刮去瘦肉黑色的表皮和肥肉表面深黄的部分。

俗话说："新茶陈火腿。"——茶是新的好，火腿却是越陈越好。只是火腿陈了，收拾起来更麻烦一些而已。

火腿煮熟或蒸熟后可以直接吃，切成薄片就可以了。如果刀工好，每片都有皮有肥有瘦，就不会太咸——咸味主要在瘦肉——瘦肉干香，肥肉滋润醇厚，宜饭宜酒。

火腿炖鸭，火候足一点，可以放一点笋干，鲜笋也好，汤味极鲜醇，但要江南的老鸭。北京填鸭太肥了，而且生长期只有四十几天，不宜久炖，也炖不出滋味来。

火腿与猪肘同煨，谓之炖金银蹄，汤浓厚而富于胶质，粘唇。

火腿冬瓜汤最宜消夏——清汤一钵，火腿火红，冬瓜淡绿，以鲜配陈，以荤配素，苦夏时节，颇有开胃之功。

火腿是中餐离不开的俏头，无论荤素，无论南北，在菜里俏一点熟火腿蓉、丝、片，提味，也提色。

北京这些年中餐退化，不知多少次在餐厅吃到用西餐方火腿代替国产火腿的，实在倒人胃口——盖两者色香味口感的差距不可以道里计，正所谓风马牛不相及耳。

　　小时候，就盼着过年。过年，可以不上托儿所、学校，每天玩；可以穿新衣服；可以放花放炮；最重要的是会有一桌盛宴——年夜饭。

　　祖母是上海人，父亲从小在上海长大，所以我家的年夜饭是"海派"的。

　　预备这桌饭少说也得一周。

　　熏鱼其实是炸的。青鱼横切大片，用酱油、糖、黄酒、葱、姜腌透，晾干，油炸；趁热投入调料碗中再入一次味。

　　白切猪肚最麻烦的是洗——用盐、面粉、醋各搓洗一遍，白煮，加姜、料酒，蘸酱油、香油吃。肚仁厚实绵软，肚板略硬，稍有嚼头。

　　再加上白斩鸡、松花蛋，凉菜就齐了。

　　热菜里少不了过油肉。大块猪五花肉或蹄髈，清水煮八成熟，用江米酒汁腌透，炸至肉皮起皱，浸入煮肉原汁。吃的时候在肉上剞花刀，皮不切断，皮朝下放入大碗，盖上板栗，加酱油、糖，大火蒸烂，扣入盘中。皮最好吃——酥、软、绵、糯，入味；栗子甜中带咸，融肉香和栗香于一体。

全家福是主菜。虾仁、鱼肚（大黄鱼的，自家晾干，油发——那会儿黄鱼便宜）、鸡块、熏鱼、过油肉、蛋饺一起烧成大杂烩。蛋饺做起来很麻烦，是把蛋液摊在有一点油的热手勺里，蛋成形时放入肉馅，挑起一半，按在另一半上。父亲说这是"元宝"。

其余几盘几碗家常鱼肉菜蔬，不记。

我最爱吃的是甜品——八宝饭。外面是糯米饭，上覆果脯、青红丝，馅是自制红豆沙——红豆煮至稀烂，过箩去皮，用猪油炒去水分，再加白糖、桂花。

酒是自酿的江米酒，混浊的酒汁，微微的酸，微微的甜，一股酒酿香——那会儿我就贪杯。

一条红烧鱼是不许吃的，必须得留到初一——年年有余嘛。

现在看这桌菜，肯定会觉得腻。浓油赤酱，重油重糖。当时却以为盛馔——那是70年代的京郊啊，上个世纪。

大
白
菜

　　白菜，古称"菘"，"秋末晚菘"南北朝时期就认为是美味了。也不知道打什么时候起，大白菜竟成了北京人冬天的"当家菜"。（**蒲庵曰：专家认为南北朝时期的菘是塌棵菜，现代常见的"结球大白菜"出现在明代。**）

　　大白菜也确实当得起这三个字，物美价廉，营养丰富，且耐贮藏。买上300斤，够四口之家吃一冬。菜心好吃自不待言，就是菜帮子也可以剁碎了，包猪肉白菜大葱馅的饺子，十几年前，算是普通人家的盛馔了。

　　北京盛产大白菜，吃法也特别多。

　　把嫩菜帮横着打上花刀，切成寸半细丝泡在凉开水里。白菜吃水，弯曲，显出刀花，仿佛凤尾的羽毛，故名凤尾白菜。吃前拌上糖醋，脆、爽口，冬天吃了可以败火。

　　母亲爱做千层白菜。一层菜叶一层肉馅，码成厚厚的一叠，蒸熟食用。白菜极烂，菜汁、肉汁相互渗透，别有滋味。

开水白菜是四川名菜，乍看好像一碗开水里养着几片白菜心。这个菜纯仗好汤。调制这种鸡汤，要反复将鸡脯肉泥投入微开的鸡汤，使之吸附汤中杂质，至汤澄清如水后捞出。讲究的汤里不见一点渣滓和油星。我每次制此菜，白菜都先被抢光——鸡汤煨入白菜，酥润甜爽中带着无比的鲜美。

我最喜欢的白菜吃法却很简单，不过是白菜粉丝氽丸子，用砂锅。风雪夜归，端上这么热气腾腾的一砂锅，荤素兼备，有菜有汤，吃到后来，碗底里只剩少许米饭，舀两大勺汤泡上，稀里呼噜吃下去，不仅果腹，还带来一身透汗。这种享受并不亚于在豪华的粤菜馆品尝鱼翅羹。

春盘

谚云："春打六九头。"明天"六九"，今天就是立春了。

我国早在古代就有立春日试春盘的风俗。杜甫《立春》诗云："春日春盘细生菜，忽忆两京梅发时。"唐《四时宝镜》记载："立春，食芦菔、春饼、生菜，号'春盘'。"可见唐代人已经开始试春盘、吃春饼了。

老北京人讲究立春这一天吃春饼。所谓春饼，又叫荷叶饼，其实是一种烫面薄饼——用两小块水面，中间抹油，擀成薄饼，烙熟后可揭成两张。春饼是用来卷菜吃的，菜包括熟菜和炒菜。炒菜简单，无非是摊鸡蛋、炒菠菜、韭黄炒肉丝、炒豆芽菜、肉末炒粉丝之类，普通人家大都备得齐。

熟菜就不太好预备了。老北京讲究去"盒子铺"——加工出售熟肉冷荤食品的铺子，著名者有庆云斋、宝华斋、晋宝斋、泰和坊、便宜坊、天福号——买"盒子菜"。盛"盒子菜"得用福建特产的大漆扁圆木盒，盒盖绘有"子孙万代""五福捧寿"等吉祥图案。盒里分若干格，格里分别装着切成薄片或细丝的酱肘子、熏肘子、大肚儿、小肚儿、香肠、烧鸭、熏鸡、清酱肉、炉肉等熟食。如今，不要说"盒子铺"已成明日黄花，就是这几样熟食中也有不少今人不仅没吃过，甚至连听都没听说过。

最后别忘了备上一碟甜面酱、一碟切细的羊角葱丝。

吃春饼的乐趣一半也在自己动手揭饼、抹酱、取菜、卷饼，然后纵情大嚼，很有点返璞归真的味道。意思到了，熟菜齐不齐倒在其次。

东坡有诗云："渐觉东风料峭寒，青蒿黄韭试春盘。"吃了春饼，试了春盘，春天也就不远了。

沪上美食杂忆

上海人硬是比北京人有口福。大约是 1972 年，北京人还在为"吃饭（馆）难"发愁的时候，我初到沪上，就发现那里的饭店、酒楼、小吃摊"三步一岗，五步一哨"，而且好吃不贵，现在依旧如此。

上海周围都是鱼米之乡，特产之丰之美令人羡煞，随便抓点什么家常原料，鼓捣一下，就是美食。

我在上海长住、短住，加起来总共有十来回了，记忆所及、想念不置的美味不可胜数，这里只拣印象特深的几种介绍一下。

城隍庙的南翔小笼馒头——其实是包子——死面，纯肉馅（秋冬有加蟹粉的）。收粮票的年代，一两八个，细褶玲珑，皮薄得近乎透明，一咬一包汤。必须先咬一小口，吸尽汤汁再吃，否则一口下去，汤汁四溅，显得"棒槌"，也可惜。那一包汤其实主要不过是肉皮冻，但你在别处随便怎么搞，肉皮冻也搞不出那个味儿来。我在不少地方吃过小笼包，包括在上海，哪一家都不如城隍庙的好吃。所以那里的食客总是满坑满谷。店在九曲桥头，登楼倚窗，下临一池碧水，隔水就是小楼飞檐、草木葳蕤的豫园。

冷菜中的糟货是上海一绝，夏季应市；原料一般选用爽脆、有嚼头的；成品咸鲜，带一点淡淡的糟香，是菜中隽品。1990年的夏夜，我曾在西藏路一家小店大嚼了一碟糟猪爪之后，微带酒意，醉饱之余，哼着京戏回南京路上旅舍。

夏初，早晨买来新鲜的猪耳，用盐搓过，放入小瓦盆，纱布封口，扎紧，让它自然发酵。下午用清水煮熟，糯而脆，咸鲜而臭，宜下酒。

腌笃鲜是典型的本帮土菜——咸肉、鲜肉、竹笋一起炖，以鲜配陈，以荤配素，只用生姜、黄酒调味，其鲜美难以言状。咸肉不同于火腿、腊肉。沪上人家，腊月里用盐腌制猪肉，挂于通风处，春夏食用，可蒸可煮；其瘦肉鲜红，肥肉香糯，寓清鲜于浓腴之中，非他物可比。

上海蔬菜品种极多，只是春季，粗粗一算，就有北方不常见的毛笋、草头、枸杞头、马兰头、荠菜、鸡毛菜、弥陀佛菜，等等。笋可以做腌笃鲜、油焖、炒肉丝；草头是苜蓿嫩叶，清炒，点一点儿高粱酒；枸杞头是中药枸杞的嫩芽，微苦，加糖、酱油炒，俗谓可以清火明目；马兰头切碎末，凉拌豆腐干，吃起来舌头有一点麻；荠菜可以包馄饨、做春卷，可以加猪油做荠菜肉丝豆腐羹；鸡毛菜大约是油菜间苗产生的嫩叶，与当年新洋山芋——土豆煮汤，竟会好吃，很奇怪；弥陀佛菜是大芥菜的一种，接近根部的菜帮极宽大肥厚，向外的一面凹凸不平，据说像弥陀佛的面孔，故名。此菜拆成一爿一爿，烧酥后蘸醋吃，微苦，也算异味。常常想念上海的蔬菜，母亲有时出差带回一点，总会勾起我一点江南情思。

现在京城也开了几家上海本帮菜馆，原料总不能像粤菜那样空运，口味有几分意思就算及格。老板的生意经不错，旅京的上海人不少，馋得紧了，登楼一试，聊胜于无。

暖心暖胃话砂锅

　　父亲生长在黄浦江畔，上海人喜爱的砂锅菜也就常常端上我家的餐桌。从小到大，看着厨房里不知烧裂了多少砂锅。砂锅，连着儿时的饱暖、宁静、朴实、单纯……

　　那时，最盼望的是春节时候的砂锅。20 世纪 70 年代，过年可是家里的大事，尤其对我这种贪吃的小孩来说。父母会提前一两个礼拜开始准备年菜：过油肉、熏鱼、白斩鸡、白切肚、鸡蛋饺、油面筋塞肉、蹄筋、鱼肚……这些东西可以单吃，也可以每样来一点，加上玉兰片、海米、水发鱿鱼卷，一炖，就是一道诱人的砂锅什锦，能做年夜饭的压轴菜。

　　春天，家里总会有一大块或是从上海带来，或是自己腌制的咸肉，加鲜五花肉、鲜笋、百叶结做成腌笃鲜，既富江南乡土气息，又格调不俗。在我吃过的汤菜中，迄今无可替代。

　　砂锅蹄髈看起来油腻，吃起来真香，汤汁乳白，浓得粘唇，肘子稀烂，蘸好酱油和香油吃，实在煞馋。

用扁尖或者玉兰片炖鸡或鸭也不错，要喝汤就清炖；也可以加酱油，汤少一点，就算红烧了。

上大学以后，一半为了解馋，一半为了逃避饭后洗碗——到现在我还是不喜欢缺乏创造性的体力劳动，这让劳动人民出身，又长在红旗下的父母深恶痛绝——我迷上了烹饪。常做的两道砂锅菜是鱼头豆腐和蟹粉狮子头。

父亲很爱吃鱼头，常把花鲢的鱼头用油煎过，再入砂锅炖汤，加粉皮、青蒜、姜、黄酒、酱油。我却从书上看到杭州做法，鱼头一劈两半，断面抹上豆瓣酱，油煎后进砂锅，与豆腐同炖，也加酱油，比家里原来的吃法浓腴不少，还添了一点辣和豆瓣的酱香。今年去杭州吴山脚下清河坊品尝王润兴正宗的鱼头豆腐，才发现它的豆腐也要煎黄，汤味比我做的还要浓厚呢。

狮子头是淮扬名菜，我是从梁实秋先生的《雅舍谈吃》里先耳食一番，再照菜谱试制的。这菜不难做，麻烦之处在于猪肉要肥瘦分开，再一刀一刀切成丁，肥肉丁如石榴米大小，瘦肉丁还要小些——这活计自然属于母亲——其他的窍门不过是肥肉不可太少，七成最佳，至少也要五成，吃口才嫩；稍加盐、酒、葱姜汁，剩下的就是火候要足。秋天可加河蟹粉，春天加海蟹粉也还不错；餐厅加蟹粉不过点缀一二，我却真材实料，不计工本，自然鲜美。炖出来讲究汤清肉嫩，用筷子夹不起来，得用汤匙。

工作之后吃过的砂锅菜太多了，从白肉、炉肉到羊头、鲍鱼、鱼翅，我最爱的却是砂锅白菜丸子粉丝汤。肉七瘦三肥，要剁不能绞，加葱、姜末、黄酒、盐、水淀粉，手挤成丸子，与白菜心、粉丝同炖，熟后放一点味精。小时候这是家里冬季三天两头吃的菜。那时的北京比现在冷，放学归来享用这汤泡饭，肉香，菜烂，粉丝细滑，汤烫嘴，稀里呼噜就下去一大碗，出一身透汗，痛快淋漓。今日思之，犹为之心暖神旺。

江南的春蔬

北地寒苦，北京到 3 月下旬还是北风肆虐。此时的江南，早该是"小楼一夜听春雨，深巷明朝卖杏花"的时节了吧？

生在北京，祖籍却是南方。少年时不知几回小住江南，起码有两次赶上了早春二月。江南的早春，是潇潇还渐渐的春雨，是长着青苔的石板路，是双飞燕子夹岸桃花，是空气中的一缕乍暖还寒温馨湿润——江南的春蔬也和它的早春一样，令人怅想低回，不能自已。

周作人先生在《故乡的野菜》里提到绍兴的儿歌："荠菜马兰头，姊姊嫁在后门头。"——荠菜是江南春蔬中的隽品，最宜做馅，荠菜鲜肉馄饨风味绝佳，加大油做荠菜豆腐羹也好。

马兰头香气较浓，略似北方的蒿子，可以切碎，凉拌豆腐干。

草头，就是唐诗"苜蓿长阑干"中的苜蓿，宜清炒，少加高粱酒。

枸杞头，枸杞——果实即中药枸杞子——的嫩芽，稍带苦味，加糖清炒，俗谓可以清火明目。

这几种菜，原来都是野生，现在荠菜、草头已有人工种植，但总不如野蔬有味。草头、枸杞头、马兰头的"头"是指采食的只是嫩芽，与北方香椿头的"头"同义。要说它们怎样好吃，实在不易措辞，只好说"极清香"（汪曾祺先生语），说得俗点，就是能使人感受到"江南春天的气息"。

江南春蔬中最令人难以忘怀的是竹笋，只有它才称得上是"春蔬之王"。春笋有竹笋和毛笋两种：毛笋肥大粗壮，产量大，耐储存；竹笋纤细小巧，产量小，易变质，一年中只有很短的时间可以吃到。

笋宜荤宜素，不夺味，有君子之风。毛笋是家常菜，可烧可炒，熟后白嫩酥润如豆腐；竹笋则贵一些，可以待客——加咸肉（又名家乡肉）、鲜肉，可煮一大砂锅腌笃鲜。此汤以荤配素，以鲜配陈，原汁原味，只加黄酒，连盐都不放。肉还罢了，主要是吃笋喝汤——笋极鲜极脆极嫩；汤味如何更不好形容了，想来古时候的所谓太羹之味也不过如此吧？

也曾请人从南方带来竹笋、家乡肉，试制腌笃鲜，味道总不是很对。梁实秋以为北方的猪肉臊气重，不如南方的味淡，这大约是真的。

炒栗子·小窝头

　　"良乡板栗"很出名，早年间海外经营板栗者多以"良乡"为正宗。良乡在北京城区西南，曾为良乡县县治，现在是北京房山区政府所在地。

　　我生在良乡镇，一住就是8年，爱吃栗子却没有在当地吃过的印象，可算"枉担了虚名儿"。良乡是京广线上一小站，大约当年京西山区出产的板栗都在此地装车外运——"良乡板栗"的来历也就像"普洱茶""金华火腿"一样，并非由于盛产，而是因为集散。

　　栗子的吃法不少，但以糖炒栗子为大宗。

　　秋天栗子一下来，炒栗子的大锅就支向街头，掺上沙子，泼上糖水，过去是手挥铁铲，现在有了电动，直炒得沙子乌黑，栗壳油亮，焦香乱飘，不用吆喝，就能把我这样的馋人引来。

　　北京糖炒栗子的历史很长。

知堂老人在《炒栗子》里转引陆游的《老学庵笔记》，讲了一个关于炒栗的掌故：北宋汴京的炒栗以李和所制最为有名、畅销，别家都想尽办法仿效，终不可及。南宋绍兴年间，宋使使金，到达现在北京的时候，忽然有两个人送来炒栗二十包，自称是"李和儿"，然后"挥涕而去"。

这位炒栗名家在汴京被金人攻破之后流落燕山，借几包炒栗表达一点故国情思——北京的糖炒栗子或许就是自此流传下来的吧，那就和杭州的宋嫂鱼羹一样，都是北宋故都的遗制了。

标准的糖炒栗子要求壳柔脆，外壳、内膜、栗肉三者分离，一剥即开——如果费力剥去外壳之后再费更大的力去揭内膜，则吃炒栗的兴味全消矣；栗肉不能脆，不能软，更不能"艮"，应该干中带润、粉、沙，栗香浓而甜。

其实，糖炒栗子的魅力大半在于萧瑟秋风里街头那一点温热而略带甜味的焦香，吃倒是余事。

知堂为食炒栗写过两首绝句，其中一首是写李和儿的，其词云：

燕山柳色太凄迷，

话到家园一泪垂，

长向行人供炒栗，

伤心最是李和儿。

　　自从知道了这故事，每食炒栗，想起这诗和其人其事，总是忽忽若有所失。

　　还有一桩公案与栗子有关，即所谓"栗子面小窝头"的传说。

　　这是一个"珍珠翡翠白玉汤"式的故事：据说庚子年间，慈禧太后西逃途中饥饿难耐，有人给了她一个窝头吃，饥者易为食，自然觉得美味无比；回到宫里之后，一天忽然想起这一口儿，要求御膳房制作，御厨自然不敢拿玉米面给她做民间的大窝头吃，于是就用栗子面做成小窝头献上，果然使太后满意。

　　民间类似传说甚多，多数架弄到曾经南巡的康熙、乾隆和"西狩"的慈禧头上，殊不可靠。有专家考证，第一历史档案馆所藏清宫帝后"膳单"中早有各色五谷杂粮制作的粥饭、点心，何必等到清末由慈禧从民间引进？还有一点根本不用专家考证——慈禧进宫前家境并不富裕，由于丧父，甚至可称贫寒，住在北京，几乎可以肯定吃过窝头之类的北方平民食品，又哪用活到晚年才开此"眼界"？

　　据我估计，所谓"栗子面小窝头"是由"栗子味小窝头"而来——在这里"味""面"北京人都发儿化音，极易产生一字之讹；再有人不懂清宫膳食典章制度，添枝加叶，附会在慈禧身上，形成所谓"传说"。

　　其实小窝头的主料依然是玉米面，不过磨得比常见的要细，又掺入适量黄豆面、白糖、糖桂花，吃起来仿佛确有一点栗子的口感和香味——北京人称赞食品好以较贵之物喻较贱之物，如"老倭瓜，栗子味的""萝卜赛梨"——故称"栗子味小窝头"，也足见前代厨师的匠心与功力。我在天津还真吃过用熟栗子肉团成的小窝头，卖相极差，也不好吃。

今年七月十五，我去北海赏月。按习惯进南门，逆时针绕琼华岛一周。正逢奥运，游人稀少。晴空如洗，月色似水，荷花正盛，清风徐来，暗香浮动，似有还无，襟怀为之一畅。

踱到北岸漪澜堂，仿膳饭庄虽然有点灯火阑珊，却未关门，于是进去，点了小窝头、豌豆黄、芸豆卷，除了芸豆卷的馅料由芝麻白糖改为红豆沙之外，过去的味道、口感依然；特别是小窝头，金黄灿灿，小巧玲珑，形如玉笋，俏立盘中，吃口绵软中带一点咬头，又香又甜，味淡而隽永。这点清宫小吃的遗意总算还在，也堪称旧京小吃的鲁殿灵光了。

蒲庵曰：据苑洪琪著《清代御膳的养生之道》（《紫禁城》2015 年 2 月号）一文引用的资料，乾隆四十四年（1779），乾隆帝在避暑山庄的晚膳膳单中有"纯克里额森一品"。编者注曰："纯克里额森，又作纯克里额芬，满语音译，即玉米面饽饽。"

家常菜

烧家常菜，吃家常菜，都是极富意味的事情，只是家家天天如此，习以为常而不察罢了。

家常菜与所谓"御膳""馆肴"不同，一是好做，烹饪手段大多简易，蒸就是蒸，炒便是炒，更无雕琢之弊——萝卜花之类不属焉；二是适口，或清淡，或醇厚，多求其本色本味，即使有配料，也是搭配得当，主料主味突出，盖自做自吃，无须掺假也。

家常菜，各家自有行家里手，原不需我来饶舌，不过据说交流也是人生一大需要，故不揣鄙陋，勇敢献丑。

由春入夏，物产本不如秋之丰盛。然冬贮腌腊方入味，野田春荞正登场，品旧尝新，此其时也。

香椿鱼、香椿炒蛋、香椿拌豆腐，并不新奇，当令必食，取其有异香也。鲜豌豆、嫩黄瓜煮汤，勾米汁芡，碧绿澄澈，妙就妙在豆香瓜香相互配合生发，清香不可言状。

现在南北物流通畅，南方笋蔬市上偶见发卖。蚕豆，北方多见干货，只能做成芽豆、开花豆之类，南方却可见如豆角般带荚的鲜品，去荚清炒，皮嫩而微韧，肉沙，一盘青翠，堪称蔬中隽品。若不嫌麻烦，可去皮，只用豆瓣，加火腿数片，新蒜一头，入瓦罐，注清水，密封，隔水蒸熟，倾入大碗——南方是埋于柴灶稻草的余烬中煨熟，如懒残煨芋法，山家清供，更饶趣味。

目前家母从江南携归少许南货。清晨粥食，佐以酸鲜的腌弥陀佛菜、高邮双黄咸蛋、上海稻香村鸭肫干、清蒸南风肉切片各一小碟，皆江南家常物耳，食之如见春雨杏花、流水小桥，一时心驰神醉。

家常菜，当求之于田家场圃，曲巷深院，其出类拔萃如谭家菜者，一入市廛，便非往日家厨风光。何况街头小馆，粗制滥造，油腻腌臜，所谓"家常"者，诳人耳。去街头吃家常菜，亦近日京华奇闻——求家常于市井，无异缘木求鱼，何其愚也。思之令人粲然。

　　今年，北京时兴上海菜，自然上海人夏天喜欢吃的糟货也在北京的餐馆酒楼登堂入室。北京土著也许莫名其妙，客居的上海人也许挑剔口味尚欠醇正，只有像我这样生长京华，又常去上海，偶尔尝过几次的人才会觉得依稀仿佛，有点意思吧。

　　糟货是很别致的上海菜，上海人"怪来兮"，一头猪从头到脚，排骨下水，以至鸡鸭鸽鹅、鱼虾蟹贝、毛豆茭白、花生面筋，全可以拿来糟一下，而各曲尽其妙。

　　糟有生糟、熟糟之分，生糟费时较长，实际是用糟和盐来腌生的原料，菜馆供应的多是熟糟，做法类似北方的爆腌鸡蛋，先用黄酒的糟、黄酒、盐、糖和各种香料调制成糟卤，再以之腌浸烧熟冷却的各色原料，时间不过几个小时，成品色淡、味鲜、凉爽、耐嚼，主要妙在那一股或浓或淡、若有若无、似酒香非酒香的特殊的糟香，苦夏的人们少有不闻香而至，胃口大开的。

糟货历史悠久。最早的文字记载见诸《齐民要术》，宋代开始流行，《红楼梦》里也写到过糟鹅掌、糟鹌鹑。古代没有冰箱一类的冷藏设备，先民为了能吃到不应季的食品，并保证出门在外携带的食品不变质，发明了腌、腊、熏、风、糟、醉一系列保存食品的手段，同时也形成了一些比鲜食更加醇厚鲜美的异味。南方长江流域由于气温高、湿度大，这些手法远比寒冷干燥的北方发达。仅就糟醉食品而言，有名的就有江苏太仓的糟油、浙江平湖的糟蛋以及安徽屯溪的醉蟹等。

其实，北京也有自己的糟制菜品，不过既非熟糟，又不是生糟，而是"热糟"——以香糟、黄酒、盐、糖、糖桂花调制成香糟酒，用在热菜中，与"冷糟"相比，另是一格。

全聚德的糟熘鸭三白，汇鸭肉、鸭掌、鸭肝于一盘，色皆浅淡而口感各异，汁嫩黄，带糟香，在鸭馔中我最为赏识。

渔阳饭店附近的一家香满楼，所制糟熘鱼片鲜、白、嫩、滑，微甜而糟香浓郁，刀工火候、色香味形无一不佳。一见之下，诧为异品。请来大厨讨教，乃是曾经在萃华楼工作过的魏师傅。萃华楼的技艺传自京中名店东兴楼。梁实秋先生对东兴楼情有独钟，撰文多见揄扬，并曾于此提调盛宴，与会者有谢冰心、吴文藻诸先生。无意中得品老店佳制，想慕前辈流风遗韵，欣喜之余，复怅惘不能自禁。

冻子活儿

读《宫女谈往录》，知道七月十五宫里"吃的多是水晶的东西，水晶鸡脯，水晶肚……"

"水晶"的名目很雅，其实不过是肉冻。北京厨师称为"冻子活儿"。

既然有"冻子活儿"的专称，想来不会只有一两个菜品，应当是有一批菜的。可惜的是，"京菜"的名号如今不彰，查了手头的几本京菜谱，水晶鸡脯、水晶肚的名目俱不见载，"冻子活儿"只剩下一个水晶肘子。做法简单至极：猪肘和肉皮先煮后蒸到极烂，肉皮弃去，连汤凉凉，入冰箱冷凝，切片上桌。可浇或蘸花椒油、酱油、蒜泥、虾油、芥末糊吃。加入绿豆同蒸，即为绿豆肘。

丰泽园的水晶肘我尝过两次，凉滑不腻、腴而爽口，调料中似有花椒，味道类似川菜里的"椒麻"。不知是鲁菜的传统抑或借鉴创新？

"冻子活儿"历史悠久，宋代《东京梦华录》《梦粱录》《武林旧事》等笔记都载有"水晶脍"的名目而不见制法，元人撰《居家用事类全集》以为是用"酽醋浇食"的肉皮冻。我忘记在哪本书看过，有人以为是把鱼鳞煮化冷凝而成的鱼鳞糕，动手试制，果然成形，味道自是比肉皮冻少了些浓腴，也未见大佳。但我宁愿信"水晶脍"是鱼鳞糕，一则古人所谓脍似乎就是生鱼，鱼鳞糕多少沾边；二则总觉得鱼鳞糕的"格"比肉皮冻高一点，也别致。

家父也有一样拿手的"冻子活儿"，似乎是上海南汇的乡间风味，过去没有冰箱的时候是冬天吃的——猪蹄切块，与黄豆同煮，调味只用生姜、盐、酒，煮烂，弃去姜块，装小碗，放室外冷凝。猪蹄里面的胶质多，故不用加肉皮助威，"冻儿"就很结实可喜，用筷子夹起绝无问题；猪蹄与黄豆配合，肉、豆、"冻儿"的味道都极香美。晨起与热粥同食，甚相得。猪蹄爽脆，黄豆酥烂，夹一块颤巍巍的"冻儿"入口，似有似无，若含若嚼，可以含化再咽，可以囫囵吞下，好吃又好玩，少年的我很喜欢这道菜。可惜的是，它却没有一个名目，不要说"水晶"之类的雅号，便是俗称也从未听父亲说起过。

天下有多少好菜是无名的，又有多少名菜是不好吃的呢？

豆腐（一）

读《射雕英雄传》，印象最深的是古灵精怪的黄蓉"大动干戈"给"九指神丐"洪七公蒸的那碟豆腐。

先把一只火腿剖开，挖了24个圆孔，将豆腐削成24个小球分别放入孔内，扎住火腿再蒸，等到蒸熟，火腿的鲜味已全到了豆腐之中，火腿却弃去不食。……这味蒸豆腐也有个名目，叫作"二十四桥明月夜"……

火腿、豆腐，确是良配；以词入馔，天衣无缝，更是饮食文化的极致——金庸先生确是方家。但小说家言，未免夸张；且火腿整只弃去，忒也罪过。只以少量火腿与豆腐同炖，熟后撒一把嫩青蒜叶，碗中红、白、绿相间，火腿香气扑鼻，已是无上美味了。

豆腐是中华民族对世界饮食文化的一大贡献——那一粒粒又干又硬不易入味的黄豆有啥吃头？做成又白又嫩的豆腐或豆

干就可拌可炒可炸可烧可腌可卤可香可臭……满可以摆一桌豆腐宴，不，按时风足可以编一部"中华豆制菜肴烹饪鉴赏大全"了。

豆腐最简单最家常的吃法是凉拌。

在上海吃过最本色的拌豆腐：嫩豆腐用小刀划成块，开水烫过，加酱油、香油或盐、香油、味精，再来一碗泡饭（隔夜米饭加水煮烂），就是早餐了。

在北京饭店吃过"最尊贵"的拌豆腐：小碟里放两块豆腐干大小的豆腐，上覆葱花、盐、香油，所值不菲，没吃出好在哪里。

北方拌豆腐的花样远比南方多，麻酱、面酱、番茄、辣椒、菠菜、莴笋以至松花、咸蛋、虾皮、韭菜花都可以拌豆腐。不过拌豆腐最好用香椿，它特有的异香和嫩韧兼具的口感拌豆腐极为相宜。

平生最为得意的一次拌豆腐是在京郊怀柔黄花城。春日远足，薄暮借宿山村农家。主人从自家院里的香椿树上摘来几乎全是紫色的嫩芽，一烫即熟；豆腐是卤水点的，不老不嫩，质细而鲜；调料大约只用了一撮盐。昏黄的灯光下，主人举酒属客。我对此可遇不可求的山家清供和古风犹存的主人，如饮醇醪，不觉沉醉。

豆腐（二）

　　袁枚谈烹饪，有两句至理名言："有味者使之出，无味者使之入。"豆腐就属于"无味者"之列。

　　烧豆腐能入味的，首推北京菜里的锅㸆豆腐：豆腐切片，用盐、酒、葱、姜腌好，蘸面粉，蘸蛋液，炸成金黄，关键在用鸡汤小火"㸆"一会儿，使汤汁收干，入味。这当然好吃，只是我更倾向于山东原来的烧法——京菜馆大体上属鲁菜系统——两片豆腐之间夹一点馅，山东用虾，其实肉馅也不坏；没有鸡汤的话，可以用香菇和发香菇的汤来"㸆"，其味更加浓厚。豆腐是不厌浓厚的——我以为。

　　砂锅鱼头豆腐是浙江菜，菜名平常，却因为沾了乾隆的光，出了大名。传说乾隆下江南时，微行吴山，避雨王小二家。王小二家贫，只好以菠菜豆腐和砂锅鱼头豆腐款客。皇帝一来饿了；二来这种江南家常菜对他来说十分新奇，自然大为赞赏。

于是出资给王小二开了家王润兴饭店，并亲笔题字"皇饭儿"以广招徕。这菜的烧法没啥稀奇，无非是鱼头一劈两半，先煎后煮，加豆腐、香菇、笋片而已。妙在鱼头下锅之前要抹上豆瓣酱——恕我孤陋寡闻，浙江菜加豆瓣酱的恐怕只此一例，就和灵隐寺的飞来峰一样，使人有天外飞来之感。

我最神往的一味豆腐是川菜，却从未吃过，只能说是耳食；且不是得之于菜谱，而是得自梁实秋的散文：

蚝油豆腐用头号大盘，上面平铺着嫩豆腐，一片片的像瓦垄然，整齐端正，黄澄澄的稀溜溜的蚝油汁洒在上面，亮晶晶的。那时候四川菜在上海初露头角，我首次品尝，诧为异味，此后数十年间吃过无数次川菜，不曾再遇此一杰作。我揣想那一盘豆腐是摆好之后去蒸的，然后浇汁。

梁先生妙笔生花，自然煽起我的创作欲。几次效颦的结果，都令人大为扫兴；而且此菜说说容易，豆腐要焯要切要摆要蒸，实在费事，终于没有勇气再试。

豆腐（三）

爱看北京人艺的《茶馆》《天下第一楼》，就像爱读老舍、邓友梅的小说，爱住四合院，爱吃北京小吃。

20世纪80年代，人艺几位老演员曾经在春节晚会上小试牛刀，露过一手大联唱，模仿旧京小贩的叫卖声，举轻若重，一曲未了，已令人如痴如醉。

"冰激（读如'教'）凌来雪花落（读如'唠'）……"是深巷里的小唱，是夏日的午梦乍醒，槐荫满地，一缕清凉；

"驴肉！肥——"粗壮，豪放，冷不丁能吓人一跳，很有点燕市狗屠的荡气回肠。

"硬面——饽饽。"却是冬夜寒风里的满腹悲怆苍凉。

而一声"老豆腐，开锅——"就把我带到了热气腾腾的诱人的小吃摊前……

老豆腐、豆腐脑是北方常见的小吃。豆腐脑，用口蘑、羊肉打卤，吃的时候浇辣椒油；老豆腐比豆腐脑要"老"一些，不打卤，盛到碗里，浇上芝麻酱、酱豆腐汁、酱油、辣椒油、蒜汁、腌韭菜花。老豆腐如今已经很少见了。老豆腐或豆腐脑就烧饼、油条是很实惠的早点，稀里呼噜吃下去，老北京觉着远比黄油、面包、牛奶顺嘴，肚里也熨帖。

北京还有一味很绝的豆制小吃——王致和臭豆腐，无独有偶，江浙以至武汉、长沙也有一种臭豆腐干。与"北臭"不同，"南臭"不是酱豆腐一类，而是将新鲜豆腐干在用苋菜梗之类发酵而成的"臭卤"里泡几个小时制成的。"南臭"最好用油炸了，蘸辣糊或米醋吃——炸制时的臭味足以令没吃过的人掩鼻而走。吃起来也说不上好，只是吃了第一块，就想第二块，越吃越上瘾。人之于味，竟有这等嗜好，委实难解。

豆制小吃里我喜欢一种天津小吃——母亲是天津人，偶一为之，儿时的我必吃得津津有味。说来寒酸，那不过是豆腐切片，炸成金黄色；芝麻酱用盐水调匀，蒜泥加少量水，趁热在炸豆腐上戳个小洞，用小勺把作料灌进去吃。

正因为豆腐、麻酱、油当年都是限量供应，母亲总难让我尽兴大嚼，一饱馋吻，炸豆腐也就成了我儿时的恩物。

也许是小时候肉吃少了，时至今日，我还是无肉不饱、偶尔烦母亲炸几块豆腐，端上桌还滋滋作响。尝尝，不坏，但似乎已不复当年的美味了。

烤肉

北京今年夏季多雨，半个多月的绵绵阴雨不知不觉竟把人带进了秋天。

老北京的规矩，立了秋，就该吃烤肉。据金受申先生的《老北京的生活》记载："吃烤肉以铁炙子（**蒲庵曰**：炙子是北京烤肉特有的炊具，简单说是架在圆桌面上的一个空心扁圆柱，我见过的直径总在三尺以上，高一尺左右，上表面焊上一根根平行的宽两三寸的铁条，铁条之间留有很窄的缝隙；侧面开较大的口，以便放入松柴和清理灰烬；下表面是完整的铁板。）为主，下架松柴，也有烧松塔的——这就很少了。烤肉作料以酱油为大宗，少加醋、姜末、料酒、卤虾油，外加葱丝、香菜叶，混为一碗。另以空碗贮白水，小碟盛大蒜瓣、白糖蒜等。吃烤肉的顺序：有人先将肉在白水中洗过，再蘸作料，然后放在炙子上烤熟，就蒜瓣、糖蒜或整条黄瓜来吃；也有先蘸酱油作料，后在水中一涮的；也有根本不用水碗，只蘸作料便烤的。实在考究起来，以第一、第末两法最为合适。"金先生以为，旧北京的烤肉馆以前门外肉市正阳楼最好，其次便是"烤肉三杰"——烤肉宛、烤肉季、烤肉王。

梁实秋先生描画"标准的吃烤肉的姿势"是"三五个一伙围着一个桌子，抬起一条腿踩在条凳上，边烤边饮边吃边说笑"。——俗称"武吃"。

如今晚儿"烤肉三杰"只剩下宛、季两家的字号还在，当年以蟹肥肉香驰名京华、让梁先生垂暮之年犹想念不已的正阳楼大约已经名存实亡了。烤肉也不再有姿势的问题，都是厨师烤完，服务员端上，没有了过去的粗犷豪迈，成了一盘平常炒菜。

为什么不让客人自己动手呢？

烤肉季的白世清经理告诉我，当年的烤肉季是在什刹海岸边露天经营，客人没有烟熏之苦；现在在室内烤肉，当真烧起松枝、柏木来，客人非被熏跑不可。新扩建的烤肉季用电磁灶代替炙子，客人可以自烤自吃，聊胜于无了。

白世清说他是烤肉季最后一代季阁臣的关门徒弟，据他介绍，季阁臣退休前能把肉烤成老、嫩、焦、煳、甜、咸、辣、"怀中抱月"八种吃法，焦的酥脆，煳的似煳非煳，他特爱吃；"怀中抱月"更是个技术，讲究把肉烤成一圈，中间打个鸡蛋，凝成一体，好看又好吃。

我尝了电磁灶烤肉，比在厨房烤好再端上桌来的强。但我还是怀念桥畔水边，荷前柳下，左持壶，右把箸，松烟乱飘，葱香肉肥的野摊风光，更向往季师傅"怀中抱月"的绝活。

蒲庵曰：这是 20 世纪 90 年代的情况，如今烤肉宛、烤肉季都有极少量的包间恢复了"武吃"，客人又可以围着一个上覆排烟罩的大铁炙子自烤自食，但热源只能使用现代化的煤气灶了；而且立秋那天想"贴秋膘"的人太多，永远都订不上位。

赏月

中秋赏月是每年的例行公事，老北京的规矩，要设香案，供月光祃、兔儿爷——拜月是女子与儿童的"专利"，大老爷们儿不预焉——行礼之后才能分食月饼，这点旧京风情如今晚儿只剩下正明斋的"自来红"和"自来白"了。

中秋的吃食特别诱人——塞外羊肥、胜芳蟹满、菊花茶、桂花酒，无不逗人垂涎。本地月饼只是一味的甜腻，略尝一点，无非点缀时令而已；倒是沪上的鲜肉月饼，现烤现卖，一街飘香，皮是酥皮，馅是鲜肉，咸的，几年未尝，令人想念不置。

赏月是要讲环境的。秦淮的月色柔媚，有六朝的烟水气；兰州的月色苍凉，照在荒滩上，让人想起古战场；辽东的月色寒，曾照过千里流配的文士的乡愁；昆明湖的月色清朗，少年的我是喝着酒唱着歌跟它亲近的；京城胡同里的月色迷茫，一株老槐就能遮住。今年中秋在筒子河边的一座小院赏月，石桌石凳，一缸金鱼，几竿修竹，东华门、紫禁城城堞和东南角楼勾勒出古拙幽美的天际线，"一片玉河桥下水，宛转玲珑如雪。其上有、秦时明月。"这个中秋的味道很浓，浓得像醇醪。

赏月需要心情。"今夜月明人尽望，不知秋思在谁家。"唐人赏月的时候就带一点淡淡的凄凉了，以后的骚人墨客每逢中秋总是感伤的居多。其实中秋宜诗宜酒宜花宜茶，宜歌宜啸宜喜宜悲，原不必一味伤情的。到底是大苏有胸怀——"但愿人长久，千里共婵娟"，哪里像是"迁客骚人"的文章呢？

奶
酪

　　家住西城，有两位好友住在市区的东南角，每次访友回来，一定要路过崇文门。崇文门西大街路北有家梅园（那时的梅园还不像现在有如此之多的加盟店），在那里可以喝到奶酪。

　　奶酪盛在青花小碗里，也就是多半碗吧。雪白，是半凝固的，又不像用琼脂做的杏仁豆腐之类略带弹性。样子是那么"温柔"，刚用小勺送到嘴里，即刻就化了。

　　奶酪好喝吗？实在好喝。它没有酸奶的酸腐、鲜奶的腥膻。就像是牛奶经过了奇妙的点睛，变得清甜、醇厚，奶香浓郁。喝酪的感觉远比"味道好极了"要奇妙复杂，我没有生花妙笔，只好做一回文抄公，抄清人杨静亭《都门杂咏》中的一首竹枝词来交差。

　　　　闲向街头啖一瓯，

琼浆满饮润枯喉。

觉来下咽如脂滑，

寒沁心脾爽似秋。

这实在算不得好诗，但意思到了——喝酪就是这么个劲儿。

奶酪曾经是旧京十分普及的小吃，成本不高，制作工艺也不复杂，不过是在煮沸的牛奶里加糖、糖桂花，冷却后加江米酒分装小碗，放在酪桶里微加热而已。酪的表面还可以放瓜子仁儿，梁实秋先生以为："酪里应有瓜仁儿，于喝涸之外有点东西咀嚼，别有风味。"而梅园的奶酪原是不放瓜子仁儿的，后来有放的有不放的，到现在已是全放。当然这几粒瓜子仁儿使价格的上涨有了很正当的理由。

过去，奶酪归奶茶铺专卖，奶茶铺不光卖奶酪，还有奶卷、奶饽饽、酪干、水乌他、奶乌他。

奶卷、奶饽饽我在梅园都尝过。是把牛奶煮沸浓缩，揭下表面的奶皮，包上芝麻白糖和金糕馅。奶卷状似芸豆卷，奶饽饽状似小月饼，尽管样子很漂亮，然食其味太浓太腻，不如奶酪爽口。

酪干焦黄，放在小盘里，乱七八糟不起眼。奶香很浓，不过略酸，不腻，是用温水把牛奶炒干水分做成的。

水乌他、奶乌他，在梅园不曾见过。

一位朋友喜欢各种新奇的吃食。我竭力推荐梅园,请她去尝尝奶酪。终于有一天她兴高采烈地告诉我,去过梅园了。问她:"吃了什么?"

"奶油蛋糕。"

嘿!

"右手持酒杯，左手持蟹螯，拍浮酒船中，便足了一生矣。"

这是东晋时候毕卓的话，见诸正史的——是旷达是遁世是狂放姑且不论，却足证老祖宗在 1600 多年前就以螃蟹为美味了，还用来佐酒。

北京人的"蟹福"不如江南，应市的螃蟹早先产自天津胜芳——张中行先生 60 年前在天津劝业场附近的饭馆新泰和吃过一次炒全蟹，以为"味绝美"，想必吃的是胜芳蟹吧——如今多以白洋淀所产为号召，个子小而气势局促。我每读高阳先生的《红顶商人》，至描写沪市所买嘉兴大蟹——"金毛紫背，壮硕非凡，取来放在光滑如镜的福建漆圆桌上，八足挺立，到处横行"——总是心驰神往。

今秋口福不浅，朋友在夜上海酒楼请我吃空运的上海清水大闸蟹，笼蒸，一尖一团，大而鲜，一斤不过称两三只，确与北地所产不同。人皆以团脐为贵，我却欣赏尖脐里肥糯滑鲜的蟹膏，以为至味。酒楼备有食蟹工具——老板说购自上海城隍庙——一钳一签，皆钢质，可以把蟹剔得极净。高阳几次在小说里写到一套剥蟹的器具，"纯银打造，小砧小锤、桃针夹剪，精致可爱"。这次总算体验了那么点儿意思。

梁实秋先生以为"食蟹而不失原味的唯一方法是放在笼屉里整只地蒸"，"螃蟹蘸姜醋，是标准的吃法"，极是。只是入锅之前得把蟹腿绑牢，不然可能会掉。

醋以镇江香醋为佳，取其酸而不涩，回味微甜。

姜没有什么特别，但要切碎，不宜剁，南京菜讲究切出的姜蓉形如"桂花蕊"。

蟹性寒，一餐食一尖一团足矣，姜之外还要备两盏酒——陈年花雕最妙，以滚水烫至温热。

吃过蟹，手上会有腥气，用香皂也洗不掉（真正的阳澄湖大闸蟹就没有这个缺点），过去有用艾叶、菊叶搓手去腥的，很好玩儿。

极爱汪曾祺先生的散文。先生于久住过的高邮、昆明、北京、坝上等地的美食均有描画，我却从未见过先生写蟹的文字。但愿这是由于我的孤陋寡闻，否则，如此美味竟错过先生的美文，就太可惜了——汪先生是高邮人，高邮湖不会无蟹，莫非先生不吃蟹？

冬笋

冬笋与春笋不同，还没来得及长出地面，就被人挖来食用，故而质地极细密脆嫩。

梁实秋先生对小时候在北京吃冬笋有很美好的回忆：

> 北方竹子少，冬笋是外来的，相当贵重，在北平馆子里叫一盘"炒二冬"（冬笋冬菇）就算是好菜。东兴楼的"虾子烧冬笋"，春华楼的"火腿煨冬笋"都是名菜。过年的时候，若是以一蒲包的冬笋一蒲包的黄瓜送人，这份礼不轻，而且也投老饕之所好。我从小最爱吃的一道菜，就是冬笋炒肉丝，加一点韭黄木耳，临起锅加一勺绍兴酒，认为是无上妙品——但是一定要我母亲亲自掌勺。

爱吃冬笋炒肉丝的不止梁先生一人。

东坡爱竹，有句云："可使食无肉，不可使居无竹。无肉令人瘦，无竹令人俗。人瘦尚可肥，俗士不可医。"有人开玩笑，续上一句："若要不俗又不瘦，除非笋炒肉。"——东坡爱吃笋也是有诗可证的，如此续貂算不得唐突，却可见笋炒肉的深入人心。

烧二冬也是冬笋常见的吃法。有人用香菇代替冬菇，味道就不对了——香菇的香味固然比冬菇浓郁，醇厚却稍逊一筹；冬菇口感上的厚实绵软也为香菇所不及。发冬菇的汁一定要澄清之后加进菜里，倒掉就可惜了。

还有所谓"烧三冬"，是"二冬"之中再加冬菜。

冬笋烧雪里蕻，以陈配鲜，极妙。冬笋要切"小马耳块"，雪里蕻要斩得极细，勾少许薄芡，成菜要求雪里蕻末都粘在笋块上才算合格。

今年冬天在北京"大上海"餐厅吃过一次荠菜烩冬笋：笋切薄片，荠菜斩细末，鸡汁瀹熟——笋片色如象牙，脆嫩无匹；荠菜碧绿清鲜——盛以玻璃海，色味绝佳，醇美隽永不可言状。

汽水

曾经非常爱喝汽水，喜欢冰镇汽水对口腔轻微的刺激——我称之为"杀口"——冬天也不例外。

小时候，在京郊良乡，父亲给我做过最原始的汽水——大约是把柠檬酸、小苏打、糖精、香精和冷开水一起灌进国产所谓"小香槟酒"瓶里封好口，再用流动的自来水镇凉。

还喝过工厂夏天给工人免费提供的"盐汽水"，装在带水龙头的大保温桶里，其实里边没有气，只有水；甜滋滋的，有点咸，大概也加了香精，有一种让人感觉凉爽的清香。工人们喝盐汽水用大搪瓷茶缸，里面满是褐色的茶垢，也就不大看得出汽水的颜色。盐汽水并不很凉，毫不费劲就可以喝下一大茶缸。据说它能补充人体大量出汗时损失的盐分，不晓得如此有益健康的汽水为什么没人在市场上推广。

计划经济时期，北京地区只有"北冰洋"汽水可喝，而且只有一种橘子口味,一角五分一瓶,商标是一只伸长了脖子的北极熊。特喜欢一口气灌下一整瓶,然后享受一股热气从胃里往上顶的那股劲儿。

去天津起士林吃点心,饮料单上大书"冰汽"两字——是冰镇汽水,还是汽水加冰块?看不明白。点上一客以满足好奇心,端上来一看,嘿!一杯汽水上浮着一个冰淇淋球,插一支吸管。回家自己试验,发现橙汁汽水跟奶油香草冰淇淋是最佳拍档。

新闻报道说,"可口可乐"要进中国了。我一直以为那是一种糖果,直到1979年,托改革开放的福,新加坡的姑父第一次飞到北京公干,礼物是四听"可口可乐"。

一家人把一听汽水分成四小杯,一喝,一股药味!不过,汽儿真足,不仅超过"北冰洋",也超过现在合资的"可口可乐"。我一直认为,合资的"可口可乐"不如原装的好喝,尤其是玻璃瓶和塑料瓶装的。

送了两听给姨母——受过高等教育的她老人家觉得分量好重,以为从那个扇形的小孔里除了汽水绝对应当能够倒出点什么黏稠的东西来。

杏仁豆腐

杏仁豆腐与豆腐没有任何关系，主料是杏仁；能把杏仁做成"豆腐"，是琼脂的功劳。

做杏仁豆腐很费事，我家在春节的时候才做一次。其实，杏仁豆腐更适合夏天吃，是一款清热解暑的凉点。

麻烦在于要用热水浸泡生杏仁，然后剥去表面一层棕黄色的膜，这只好用手工，半斤杏仁足够俩人剥两三个小时的——当然，这是国产杏仁，美国大杏仁剥起来肯定省时省力，但它其实不是杏仁，不会有那股清爽的香味。

剥好的杏仁要磨成浆。早先用过磨豆浆的小石磨，后来就用食品加工机了。谭家菜磨杏仁时要掺上一点儿大米，大约是为了让"豆腐"更瓷实吧。我试过，并无特别之处。

磨好的杏仁浆用纱布过滤，拧出汁来。

琼脂用凉水发开，加水煮化，加糖、杏仁汁，煮开。量少的话可盛入小碗，只能盛上半碗；做得多就倒进搪瓷或不锈钢的大方盘。凉凉，也就凝固了，入冰箱冷藏。

煮冰糖水，也放进冰箱。

吃的时候，用小刀斜着划成菱形小块，倒进冰糖水即可。有的菜谱说还要放金糕片，那是噱头。

前些年，杏仁豆腐成了我家过年的保留节目。直到有一年，满街都是香咸干脆的美国大杏仁，国产杏仁也炒熟了去凑热闹，竟然买不到生杏仁。用"杏仁露"代替，大概那里边加了什么抗凝的东西，加了不知多少琼脂，才勉强成功，味道大不如前，来年就没有再试。

有用牛奶加杏仁香精做杏仁豆腐的，那是赝品，味道和真杏仁做的没法比。

西餐也用琼脂做冷食。不过是把瓜果梨桃之类切块，和琼脂一起煮开，倒入模子冷却，冷藏。吃的时候扣出来挤上一点儿鲜奶油，加罐头樱桃，叫作水果冻。

琼脂是从海藻里提炼出来的，价值不菲，好在做一次杏仁豆腐用不了多少。有人把琼脂用水发了，加酱油、醋、肉丝之类凉拌。一想起琼脂能做出那样精巧脱俗的冷食，总觉得酱油什么的实在是辱没了它。

鳎目

传统相声《绕口令》里最难说的一段绕口令云："打北边来了个哑巴，腰里别着个喇叭，打南边来了个喇嘛，手里拎着两条鳎目。"（"目"字读如"妈"，轻声）

我总觉得这个段子是天津艺人的作品——天津人有"鳎目"的叫法，北京无此称呼，广东人则称为"龙俐"。

鳎目的两只眼睛生在身体一侧，没长眼的一侧平平的，看起来像半爿鱼。天津人吃鳎目讲究侉炖：鱼切条或块，挂面糊下锅炸，然后再炖。调味用酱油、醋，以大料瓣炝锅，汤略宽；炖至鱼肉酥烂入味乃止。

鳎目，有眼的一爿肉薄，只在两爿之间夹一层鱼骨，除了脊骨，肉里再没有细刺，不容易卡嗓子，适合纵情大嚼。

侉炖鳎目味重厚而香浓，很下饭，很家常。

北京也有侉炖，我尝过泰丰楼厨师做的侉炖鱼，是一道半汤半菜。鱼块挂蛋糊炸过再煮，用了香菜和胡椒粉；汤色乳白，味道不坏，可惜是平常的河鱼，滋味不如鳎目出色。

相声里的喇嘛最后要用鳎目打哑巴——鳎目鱼的皮大约比较结实，故能胜任打人的任务。收拾鳎目的时候，得先把鱼皮撕掉，据母亲说大鳎目的皮可制儿童玩的小鼓云。

端阳话粽

　　记忆里最早吃的粽子就是北京街头小吃店里的出品，所谓江米小枣的，米多枣少，淡而无味，要蘸白糖吃。枣都煮到极烂——枣煮过火了味极怪——偶尔吃到个把坏枣，食粽的兴致即被破坏殆尽。

　　幼时初到上海，看到当地人用酱油泡裹粽的糯米，往粽子里包五花肉，诧为异事——粽子可以是咸的吗？粽子里居然可以放肥肉啊！

　　当然可以，而且好吃。不过，我总以为粽子还是甜的好吃，糯米类的食品大率如是。最爱吃的粽子是豆沙馅的，红豆煮至酥烂，过箩去壳，加猪油、白糖炒过；粽子裹得要紧，箬叶特有的清新鲜香与糯米的软糯、豆沙的细腻甜香配合，断少不了猪油的浓腴——说来奇怪，南方不少糯米制的吃食都要加猪油，如八宝饭、宁波汤团之属，猪油绝不可少，似为甜糯食品的点睛之笔。

去年端午，母亲从上海带回一点南货，我家的粽子裹出了六种花样，豆沙、红豆之外，还有鲜肉、咸肉、火腿、马兰头干的。马兰头是沪上春蔬，一般用来拌香干的，吃起来嘴里有点发麻，晒成干菜裹入粽子是乡下的吃法，没想到会如此好吃而味道难以形容，勉强要讲，只好说有咸鲜之外的异香。

粽子总以裹得紧为好，剥出来完整，半透明的糯米似乎凝成一体，软糯中略带弹性，口感才妙。梅兰芳先生的秘书许姬传回忆他家裹的粽子"包得松，煮得烂，馅大"，颇为梅先生所欣赏。许先生家下厨的女眷多宜兴人，大约宜兴人裹粽另有独得之秘吧。许家的豆瓣粽裹入鲜蚕豆瓣，吃时蘸自家熬的鲜玫瑰酱，"白、青、紫三色颇为鲜艳"，斯为最美的粽子欤？

冷淘

杜甫《槐叶冷淘》诗云："青青高槐叶，采掇付中厨。新面来近市，汁滓宛相俱。入鼎资过熟，加餐愁欲无。碧鲜俱照箸，香饭兼苞芦。经齿冷于雪，劝人投此珠。……君王纳凉晚，此味亦时须。"——写得这么漂亮，不过是一碗过水凉面，和面时以槐叶的汁子染绿而已。

夏天来一碗"经齿冷于雪"的凉面吃，的确是一种享受。

京城市售凉面以川味居多。20世纪七八十年代月坛公园北墙外峨嵋酒家所制四川凉面甚佳，面条煮约八成熟之后并不过水，而是摊到案板上用电扇吹冷，拌上熟菜油。调料有辣和不辣两种，我总是要辣的。吃起来干香，越吃越辣，越辣越吃，要事先准备一杯冷开水，解辣防噎。面条里撒少许川冬菜末，黑黑的，耐嚼，有异香。

朝鲜冷面市售的配料太少，不如自己动手做。面条市场上有干品，还配调料。汤用煮牛腱子的原汤——太浓的话就兑点冰水，牛肉、泡菜、苹果、黄瓜尽可以多放，熟鸡蛋半个就好。面条过水之后极筋道、极滑，半嚼半吞，一大碗很快"消灭"，酸凉甜辣，过瘾至极。

旧京隆福寺有家隆盛饭馆，掌柜的姓温，炉灶搪得好，人称"灶温"。他家的烂肉面是现抻的，出锅后要过三次刚汲出的井水。选肥瘦相间的好猪肉切成核桃块，煮烂，加黄花菜、木耳、口蘑、花椒、大料打卤。面码是黄瓜丝、蒜泥。吃到嘴里肉烂，面凉，卤温而鲜香，民国年间是驰名九城的夏令美食，如今自然早成《广陵散》了。

莲子，清如水

"采莲南塘秋，莲花过人头。低头弄莲子，莲子清如水。"——才立秋，街头就有鲜莲蓬卖了，买来一束剥着玩儿。

杭州曲院风荷有大名，可惜水面太逼仄，许多荷花就种在盆里，品种不少，一丝儿风致皆无，让人想起《病梅馆记》。倒不如白洋淀的荷花，一色粉红，成顷成亩地长着，差不多有一人高。——这么大片这么高的荷花，乍一见，壮观得吓人一跳。

人坐在船上，船走在淀里，水道两边全是荷花，看不到别的。

风过处，"荷浪"翻滚。

渔民摇着船，采了莲蓬在淀里卖。

买的时候专挑莲蓬肥硕、莲子饱满的。谁知竟是中看不中吃——太饱满的莲子肉里淀粉、纤维已多，吃起来满嘴的渣滓，味同嚼蜡，还要剔出苦涩的莲心。倒是那些半瘪的莲子，莲心还没有长成，从碧绿的衣里剥出来，水汪汪的，不停地往嘴里送，直嚼得满口都是清爽、清甜、清香。

老北京是吃鲜莲子的，什刹海的名吃——"冰碗儿"里就少不了它。

在一个浅碗里放上鲜莲子、鲜藕片、鲜菱角、鲜桃仁、鸡头米（学名芡实）——当年京城有不少河道湖泊，这类"河鲜"并不稀罕——加碎冰块，撒上白糖，即为"冰碗儿"；若是用大盘，便是"冰盘"，那是什刹海北岸大饭庄会贤堂独有的"名件"。

这样别致的小吃，即便是"耳食"，也容易使人齿颊生香，暑热顿消的。

南方人也讲究吃"河鲜"。高阳先生在《胡雪岩全传》里写杭州船家的一味点心，"是冰糖煮的新鲜莲子、湖菱和芡实"，加桂花酱或玫瑰卤调和了吃。——其实，莲子之类的"河鲜"像"冰碗儿"那样的吃法最为本色，用冰糖去煮已略失真味，桂花酱、玫瑰卤就纯粹是蛇足了。

高先生本姓许，仁和许氏是杭州望族，他写的杭州点心该不是小说家的向壁虚构吧？

京味难舍
芝麻酱

芝麻酱在老北京的日常饮食中占有极为特殊的地位。汪曾祺先生有一篇不长的文章回忆老舍，其中竟有两处提到芝麻酱：

每年，老舍先生要把市文联的同人约到家里聚两次。一次是菊花开的时候，赏菊。一次是他的生日，我记得是腊月二十三。……菜是老舍先生亲自掂配的。老舍先生有意叫大家尝尝地道的北京风味。我记得有次有一瓷钵芝麻酱炖黄花鱼。这道菜我从未吃过，以后也再没有吃过。

……………

老舍先生是历届北京市人民代表。……有一年老舍先生的提案是：希望政府解决芝麻酱的供应问题。那一年北京芝麻酱缺货。老舍先生说："北京人夏天离不开芝麻酱！"

（《汪曾祺全集》卷三，北京师范大学出版社 1998

年版，第 345、347 页）

老舍本名舒庆春，满洲正红旗，从小住家在西城新街口小羊尾巴胡同。他是真懂吃，真懂北京。芝麻酱炖黄花鱼，我也没吃过。

芝麻酱其实不是酱——我们一般称为"酱"的调味品无论黄酱、甜面酱、豆瓣酱都要经过发酵——芝麻经过焙炒、磨碎，呈糊状，就是芝麻酱。

早年间芝麻酱都是纯芝麻的。计划经济时期为了解决食品短缺，往芝麻酱里掺花生酱，掺七成的就叫"三七酱"，掺八成的就是"二八酱"了——这种"发明"不知道是不是专门为了糊弄老舍的——那香气和醇厚劲儿可差远了。

芝麻酱和大蒜、黄瓜是绝配。

拍黄瓜：整条黄瓜先用刀拍扁，再斜切段，浇上芝麻酱，撒一把捣碎的蒜泥，夏天是好下酒菜。

芝麻酱面：面条煮熟，过凉水，拌上芝麻酱、黄瓜丝、现炸的花椒油，就当年新下来的紫皮蒜——嘿！怎么着也得多吃一碗面。

拌凉粉儿（或粉鱼儿、粉皮儿）：还是老三样——芝麻酱、黄瓜、蒜泥——你说北京人怎么就吃不腻呢？

芝麻酱没有拿来就用的，都得先用凉水澥开，放点盐——在寒舍，这项工作我从小时候做起，到现在还乐此不疲。

黄瓜讲究顶花带刺的"土黄瓜"——现在有种没有刺的"以色列黄瓜"，好多餐厅以之"冒充"黄瓜蘸酱生吃，其实它跟黄瓜没半毛钱关系，反而是西葫芦的一种，吃起来有股怪味。

蒜要当年的新蒜，得是紫皮的——汪曾祺先生有小说《讲用》，记载民谚云："青皮萝卜紫皮蒜，抬头的老婆低头的汉，这是上讲的！"（《汪曾祺全集》卷二，北京师范大学出版社1998年版，第176页）要是独头蒜就更好了：脆、香，带一丝甜，极辣——您就吃吧。

芝麻酱有酱香，黄瓜有清香，新蒜其实也是香的——大蒜不是臭的吗？那是吃完之后。

很多北京小吃都离不开芝麻酱：麻酱烧饼、螺蛳转儿、糖火烧、素卷圈、老豆腐、翡翠豆腐（绿豆做的）、煮炸豆腐、清汤丸子（素的）、面茶、扒糕、漏鱼儿、爆肚儿、白汤杂碎——在它们的调味料中，芝麻酱都是"骨干"。上述小吃基本属于清真，更甭提大名鼎鼎的涮羊肉了，我颇疑心芝麻酱和北京的清真食俗有某种特殊渊源。

南方有佳果

　　童年偶得扁桃腺炎、感冒低烧之类的毛病，小病大养，亦是一段清福：一来可以不去上学；二来此类毛病冬日多发，于是可以要求吃水果罐头——起码是菠萝、橘子，好一点是黄桃，最妙不过荔枝，福建"水仙花"牌的——润喉煞馋。大约是南方人的遗传基因作怪，生长京华，从小往肚子里装的是西瓜、苹果、鸭梨、柿子，却酷爱南方出产的荔枝一类细巧果品。如今不要说南方，就是海外甚至反季节的水果也能在农贸市场随便买到，但还是难忘当年床头那种带着罐头特有味道的清甜甘凉。

　　樱桃又名含桃、朱樱，山东烟台、河南洛阳、安徽太和俱有出产，是每年最早上市的水果，花蕊夫人《宫词》云："三月樱桃乍熟时。"此之谓也。北京早年市售的樱桃，中国品种个儿小而酸；进口的罐头果实个儿大，也甜，但似乎染过红绿颜色。近年始有引进品种的鲜果应市，色、香、味俱佳，核小肉厚，我辈口福大约超过古人了。樱桃并不甚甜，妙处在于那种特别的清凉香味。德国饮食相对简单，然有一吃樱桃的方法甚妙，即黑森林蛋糕。有人误以为这种蛋糕特点在于黑色的巧克力，其实黑森林是原产地名，而与众不同之处是使用当地特产的樱桃和樱桃酒，两种原料与巧克力真是般配，混合以后，风味独绝，风行世界，良有以也。

枇杷果形如金丸，叶形似琵琶，以谐音命名为枇杷。苏州洞庭东山、浙江余杭塘栖、福建莆田、安徽歙县三潭所产皆有名，而以东山白沙枇杷最妙。枇杷去皮，果肉有红有白，当地称红的为"红沙"，白的为"白沙"。白沙枇杷果皮淡黄，肉厚而白，细嫩多汁，味甘如蜜。（**蒲庵曰**：如今东山"白沙"难得，西山"青种"外观欠佳而味美。）京城难得好枇杷，每食总不称心，但有一宗与枇杷有关的小小公案，值得一谈。苏东坡《食荔枝》诗云："罗浮山下四时春，卢橘杨梅次第新。日啖荔枝三百颗，不辞长作岭南人。"此处"卢橘"有人据《辞源》注为"金橘"，其实东坡先"卢橘"，后"杨梅"，且"次第新"者言两种水果先后上市也，金橘为秋果，此"卢橘"为枇杷绝无可疑。我初读此诗时，乃懵懂少年，只晓得岭南佳果之多，羡此老口福不浅；及长，多读史籍，才懂得佩服东坡胸怀——古往今来，以骚人为迁客者多矣，能作诗句澹荡如此者，一人耳。

　　枇杷落市，杨梅登场。无独有偶，除浙江慈溪之外，与洞庭东山一水相间的西山就盛产杨梅。西山杨梅多为乌紫色，肉厚汁多，个儿大核小，味甜微酸；（**蒲庵曰：名种"浪荡子"味绝佳。**）还有少量特产的白杨梅，比紫杨梅略小，色白无瑕，味甘不酸，惜乎产量极少，无以应市。杨梅在水果中算味淡的，然其清新隽永为其他水果所难及；稍不新鲜就仿佛有一种"酒"味，故极易变质，难以致远。江南好以烧酒浸杨梅，俗谓可以治风寒腹痛。浸泡既久，杨梅色减，酒液淡红，无论月夕雪夜，还是赏菊探梅、引觞自酌、浅斟低唱，都心驰神往，容易沉醉。

　　广东、广西、福建、云南、四川、台湾皆产荔枝。"一骑红尘妃子笑，无人知是荔枝来"是唐代有名的典故，所贡是四川荔枝。可惜，"一日而色变，二日而香变，三日而味变"，过去在北京没有市售的鲜荔枝。20世纪70年代，父亲去广东出差，回来乘飞机，于是我第一次吃到了鲜荔枝。80年代，上初中时读到了白居易的《荔枝图序》："朵如蒲桃，核如枇杷，壳如红缯，膜如紫绡。瓤肉莹白如冰雪，浆液甘酸如醴酪。"如今，买到妃子笑、糯米糍之类的名种皆非难事，记忆中最美的荔枝却是白乐天《荔枝图序》中所描写的那一枝，每背诵一过，口角生香，犹胜真果。

广式点心

广式点心最早给我留下深刻印象的是绿茵白兔饺，绿茵茵的"草地"上，一群晶莹雪白的澄面"玉兔"，红红的小眼是火腿做的吧，肚子里是虾仁——发明者似乎是粤点前辈大师罗坤。

20世纪80年代，南风北渐，京城开始有了广式早茶。第一次吃早茶是在东四的健力宝酒楼，人昏昏沉沉的，只记得光线有点儿暗，味道有点儿怪。后来吃得多了，也有几款自己喜爱的品种，皆取其平常而顺口而已。

虾饺的虾仁要新鲜、脆、嫩，有点儿弹牙；难的是澄面皮要薄、软、滑、韧，底不能漏，京城少见佳作。馅里要放少许肥肉细粒，使虾肉口感嫩滑香润，以吃不出来为高。

姜撞奶是将热牛奶冲入放了姜汁的小碗，使之凝结如酪，色淡黄，香甜嫩滑，有浓郁的姜的辛香。

肠粉味道没什么特别，重在皮的匀、薄、爽、韧、软、滑，有人以炸好的油条为馅，名曰"炸两"，外皮湿软，而油条酥脆依然。香港陆羽茶室的肠粉皮极厚，不知是传统还是本店特色。

广东风味的面很多北方人吃不惯，以其细而黄、弹牙、滑溜、带浓重的碱味，不如北方的面粗而筋道，嚼起来过瘾。我却独爱柱侯面，味好、汤好，牛筋软烂大块，与细韧的面条正配。

粥重在火候，要用新米，煮得汁液如乳，米烂如糜，糜水交融，方称上品。有趣的是，广府菜所说的"粥"其实是把米煮烂的"糜"，潮州菜所说的"糜"却是米粒完整的"粥"。一次智齿发炎，口既不能张，又不能闭，去王府饭店赴宴，香港大厨区先生特制一盅瑶柱粥，滋味醇鲜，落胃暖心。

大约是20世纪80年代初吧，北京一著名饭店接待港澳客人，早餐取消原先的豆浆、油条，代之以虾饺，不知是为了味道还是价钱，引起客人不满，取粤语虾饺的谐音，称之为"瞎搞"，记得似乎还上了当时内部发行的《参考消息》。

那时大多数北京人尚不知被"瞎搞"的虾饺为何物，如今满街粤菜馆少有不卖虾饺的了。

弹指20年，居然换了人间。

蒲庵曰：真正认识广式点心之美，是"福临门"（今改名

"家全七福"）在北京开业之后，确是咸甜兼备，充肠适口，食之令人忘忧。据经理汤海英兄介绍，午茶基本是不赚钱的——这就难怪了。

旧京的面条

　　颇有闲人喜欢在微博上争论谁才是"老北京"，吵得"脸红脖子粗"——其实，就算您是"正派嫡传老北京"，又有什么了不起呢？逛故宫不用买票？全聚德白送每人一只鸭子？爱新觉罗氏，皇帝的本家，进关三百年了，正经"老北京"吧？大清一亡国，照样有要饭的——而自证身份的方式之一是炫耀关于旧京市井小吃的见识，比如讨论哪家小铺的卤煮或者爆肚儿才算正宗，谈锋之健，令人退避三舍。

　　这次主编大人"掷下令箭"，让鄙人谈谈老北京的面条——余虽然生长京华，却是二代移民，没赶上前清王府、宅门的钟鸣鼎食，只能引用几位早年在北京生活过的老先生的文字记载，挂一漏万，势所难免。

炸酱面

炸酱面有三要素：炸酱、面条、面码。

炸酱有单用黄酱（以黄豆发酵而成）的，有黄酱掺入甜面酱（用白面馒头发酵而成）的；纯用甜面酱炸酱——那是天津的做法，我吃过，有种俗气腻人的酱味，且不鲜，远非炸黄酱可比。如果用干黄酱，要先加水调稀，稀黄酱也要稍加一点水。

肉就是去皮五花肉，切小丁；有用肉末的，主要为了俭省；不喜欢吃肉，可用炒鸡蛋切丁，还可以加海米；也有肉丁中掺入茄子丁的。

酱其实不是炸出来的，是用素油（最好是小磨香油）小火把酱慢慢浸熟。先起油锅，烧热，下葱花、姜末，煸出香味；再下肉丁，加黄酒煸炒；下黄酱，改小火，翻炒约半小时，加一点糖，出锅。北京人吃炸酱讲究"小碗儿干炸"——三口之家吃面，只炸一小碗酱，不怕麻烦，小火慢熬，不停搅拌（否则会煳锅），使酱里的水分蒸发一部分，肥肉里的油脂渗出，用油把酱浸至熟透，香气扑鼻，诱人食欲；而饭馆里的炸酱都是批量供应，大锅熬，功夫不到家，不可能有如此精致的家常风味。

面条讲究吃抻面，到小饭馆、二荤铺吃面，由专业厨师抻，手法如电视上见到的抻龙须面，抻出的面条叫"大把条儿"；多数家庭主妇没有专业训练，只能把和好饧透的面团擀成薄片，切成窄条，用手一条一条抻长，下锅煮熟，叫作"小刀面"。将就的话，可以用切面代替，永远没有用挂面的。

冷天吃面，喜欢热乎，煮熟后直接挑入碗中，称为"锅挑儿"；热天则必须先用凉水过一下，如有现汲的井水更好，既能降温，又使吃口爽利，叫作"过水"。

面码种类越多越好，加工不厌其烦，内容随季节调整，生食的有黄瓜丝、小水萝卜丝、心里美萝卜丝、胡萝卜丝、青蒜末等，焯过或烫过再吃的有：绿豆芽（讲究的要掐去头尾，称为"掐菜"）、豆嘴儿（水泡开刚露一点芽的黄豆）、芹菜末、菠菜末、白菜丝、香椿末等，我在一位老北京家还见识过蛋皮丝面码。

这样五颜六色的面码分别装入小碟，可以摆满一个八仙桌面，面未上桌，已自先声夺人；且荤素搭配，营养均衡，既解馋又清口，可以会亲，可以款客，而所费无几，颇能迎合一部分生活窘迫的北京人特别是落魄旗人爱面子的心理。（《增补燕京乡土记》，邓云乡著，中华书局1998年版，第661页）

打卤面

唐鲁孙先生著有《打卤面》一文，条分缕析，眉目清楚：

打卤面分"清卤""混卤"两种，清卤又叫"汆儿卤"，混卤又叫"勾芡卤"，做法固然不同，吃到嘴里滋味也两样。……

打卤不论清混都讲究好汤，清鸡汤、白肉汤、羊肉汤都好，顶呱呱是口蘑丁熬的，汤清味正，是汤料中隽品。氽儿卤除了白肉或羊肉、香菇、口蘑、干虾米、摊鸡蛋、鲜笋等一律切丁外，北平人还要放上点鹿角菜，最后撒上点新磨的白胡椒，生鲜香菜，辣中带鲜，才算作料齐全。

做氽儿卤一定要比一般汤水口重点，否则一加上面，就觉出淡而无味了。既然叫卤，稠乎乎的才名实相符，所以勾了芡的卤才算正宗。勾芡的混卤，做起来手续就比氽儿卤复杂了，作料跟氽儿卤差不多，只是取消鹿角菜，改成木耳黄花，鸡蛋要打匀甩在卤上，如果再上火腿、鸡片、海参，又叫三鲜卤啦。所有配料一律改为切片，在起锅之前，用铁勺炸点花椒油，趁热往卤上一浇，刺啦一响，椒香四溢，就算大功告成了。

吃打卤跟吃炸酱不同。吃氽（儿）卤，黄瓜丝、胡萝卜丝、菠菜、掐菜、毛豆、藕丝都可以当面码儿，要是吃勾芡的卤，则所有面码儿就全免啦。吃氽儿卤，多搭一扣的一窝丝（细条面），少搭一扣的帘子扁（粗条面），过水不过水，可以悉听尊便。要是吃混卤面条则宜粗不宜细，面条起锅必须过水，要是不过水，挑到碗里，黏成一团就拌不开了。混卤勾得好，讲究一碗面吃完，碗里的卤仍旧凝而不漶，这种卤才算够格，这话说起来容易，做起来可就不简单啦。（《酸甜苦辣咸》，唐鲁孙著，大地出版社2011年版，第75、76页）

氽儿卤还有羊肉氽儿（可加酸菜）、茄子氽儿、扁豆氽儿、青椒氽儿诸般名目。

勾芡卤就丰富多了，邓云乡先生回忆，有"香油卤（即素卤）、猪肉卤、羊肉卤、木樨卤（即鸡蛋卤）、鸡丝卤、螃蟹卤、三鲜卤（肉加虾仁、海参），等等"，"素卤不放肉和虾米，但要加香菇、口蘑、玉兰片等"。（《增补燕京乡土记》，邓云乡著，中华书局1998年版，第664页）

烧羊肉面

烧羊肉面是北京独有的：

烧羊肉是夏季最受人欢迎、爽而温润的美肴。先用老汤把羊肉烧烂，然后在滚热香油里淋过，……烧羊肉说是全羊，其实以羊脸子、羊信子、羊腱子、羊蹄、羊杂碎几种最好吃。（**蒲庵曰：**也有老人回忆，烧羊脖最好吃。）（《说东道西》，唐鲁孙著，大地出版社2012年版，第70页）

一提烧羊肉，北平人谁都知道东四隆福寺街白魁的烧羊肉最出名。照说白魁的烧羊肉，确实不错。它之所以特别出名，是白魁对门有个灶温，（**蒲庵曰**：唐先生在另一篇文章中解释，这本是一家茶馆，可以代客加工自带的食材，借它的灶火，温您的吃食，故名"灶温"。）您跟柜上借个碗，到白魁买一个羊腱子，或者来对羊蹄儿，再跟他多要点烧羊肉汤，拿到灶温盛他（它）一碗把条儿（面条名称），用烧羊肉汤一煮，真是比什么炝锅面都入味好吃。（《中国吃》，唐鲁孙著，大地出版社2012年版，第60页）

白魁尚在，灶温早已关张，两家小铺儿合作的美食遂成广陵绝响。

烂肉面

烂肉面归"二荤铺"售卖。所谓"二荤铺"，金受申先生认为，它"既不同于饭庄，又不同于饭馆，并且和'大货屋子'、切面铺不同，是一种既卖清茶又卖酒饭的铺子。所以名为二荤铺，并不是因为兼卖猪羊肉，也不是兼卖牛羊肉，而是因铺子准备的原料，算作一荤，食客携来原料，交给灶上去做，名为'炒来菜儿'，又为一荤。"（《老北京的生活》，金受申著，北京出版

社 1989 年版，第 159 页）

清末以烂肉面著称的"二荤铺"首推"肉脯徐"。"开设日坛斜对过，偏西路北，一间门脸儿，专卖烂肉面，……主人徐姓，烂肉面以肉脯为主，故称肉脯徐。烂肉面和打卤面相似，不过卤汁较为稀薄，以碎肉脯罗列其上，碗边抹烂蒜。"（《北京通》，大众文艺出版社 1999 年版，第 213 页）

芝麻酱面

夏天，北京人怎么也要吃几顿芝麻酱面：面条煮后过凉水（即唐代所谓"冷淘"），浇上加盐澥开的芝麻酱、现炸的花椒油，面码只有黄瓜丝，佐以生蒜瓣，貌似简单而滋味深长，不知味者不足与言。

炝锅面

又名面汤，是最家常、最简单、最俭省的吃法，不独北京，山东、河北、河南地区皆有。

做法是先在炒锅中烧热少许底油，下葱花煸出香味，放盐、少许酱油，加水烧开，下面条，煮熟即可。吃的时候，连汤带面，面汤黏稠而葱香扑鼻，别有风味。

这是炝锅面的基本版，亦可加入西红柿鸡蛋或肉丝青菜，"卧"一个水泼蛋也行，搁过去北方家庭就算是好饭食了。家里有人生小病，才给煮一碗西红柿鸡蛋挂面汤，吃下去能出一身透汗，病就好了一半。

龙须面

与如今主要吃手擀面、切面、挂面，吃拉面要去请教兰州面馆不同，早年北京讲究吃抻面。

抻面是白案的功夫，需要拜师学艺，北京的水准远胜兰州。伸展双臂把面条抻长，直径缩小，然后两手一搭，面条两头合在一起，这叫一"扣"；一般吃面，八九扣足矣，高手抻面能达到十三扣，是为"龙须面"。

"龙须面"没有煮来吃的，可以切段，炸至酥脆，撒上白糖，是宴会上的点心。

北京人吃面条还有几点与南方不同的习惯。

除了家庭自制，面条往往归"二荤铺"、切面铺等小饭铺售卖，且没有专卖面条（不论生熟）的店铺——切面铺还经营别的品种，不只卖面条。

普通人日常生活中没有阳春面浇上另炒的浇头，或浇头"过桥"的吃法；至多是用煮肉的汤下面，以肉佐食而已——就面条配料的丰富性而言，逊于苏州、扬州一带。

面条不算小吃，而是正餐，也没有像江浙沪一带那样到面馆叫一碗面当早点的。

　　老北京的面条，最著名的，首推炸酱面和打卤面；最独特
的，是烧羊肉面——唐鲁孙辈晚岁流离，魂萦故土，往往寄情
于此。不过，今天的做法很多细节已经没有过去那么讲究了，
食材品质也大不如前了——只说黄酱，现在都是快速化学发酵，
天然发酵的已很难找到；另有一些曾经红极一时的"名面"，
如今或名存实亡，或绝迹已久，我们这一代人也只能耳食了。

梅汤冰盏　旧梦春明

　　这里说的"老北京"特指1949年以前的北京（或北平）城区，即明清城墙以内地区，也指生活在那里的人们。

　　北京地区属于北温带大陆性季风气候，春秋短，冬夏长，冬有严寒，夏有酷暑。由于空气湿度较低，室内干燥，在没有暖气的时代，哪怕是三九严冬，室外大雪纷飞，燃起火炕、炭盆、煤炉，完全可以让室内温暖如春。案头清供，水仙金盏，老梅绿萼，纸窗灯影，围炉清话，风味亦自不恶。

　　夏季就难过一点，三伏烈日，加上东南风带来暖湿气流造就的"桑拿天"，在没有现代的空调、风扇、冰箱的情况下，饮食调剂无疑十分重要，我们的先民在这方面展现了足够的智慧和品位——我是所谓"60后"，20世纪六七十年代还赶上一点这种消暑方式的尾巴，今日思之，怅惘低回，情难自胜。

河鲜

"河鲜"在老北京心目中并不是淡水中的虾蟹鱼鳖，而是特指产于河湖的新鲜果藕、莲子、菱角、鸡头米（芡实）。早年间且不说郊外的六郎庄、清河、汤山，就是内城的筒子河、什刹海都有名种出产。

每年夏天，什刹海湖畔都开办荷花市场，其中的著名小吃"冰碗儿"就以河鲜为卖点——在一个浅碗里放上鲜莲子、鲜藕片、鲜菱角、芡实，杂以碎冰块，撒上白糖，即为"冰碗儿"；再加入鲜杏仁、鲜核桃仁、甜瓜、蜜桃，则称"全冰碗儿"；若是用大盘，便是"冰盘"——这是什刹海北岸大饭庄会贤堂独有的"名件"。

"河鲜"吃法常见的还有荷叶粥和八宝莲子粥。

八宝莲子粥也是荷花市场的名小吃。做法是把糯米熬成粥，放入小碗凉凉，粥面上用蒸熟的干莲子和青梅、核桃仁、小枣、瓜子仁、海棠脯、葡萄干、瓜条、金糕摆出五颜六色的图案，浇糖桂花汁，放入冰箱；吃的时候再浇上冰镇的糖水。

荷叶粥市售出品不佳，以家庖制作为好。先熬好一锅粳米粥，至米粒开花，趁热在粥面上盖一张鲜荷叶（要选老嫩适中者，老则味苦，嫩则乏味），离火，盖上锅盖，自然冷却即成。如好甜食，须在盖荷叶之前加糖。此粥妙处在荷叶清香皆入米粒中，粥汤却少滋味，据传是御膳房粥局的做法。

瓜

北京夏季水果中的瓜主要是西瓜和甜瓜。

西瓜产自京郊庞各庄、良乡以及河北涿州，品种有"画眉子儿"（黑皮，瓤色金黄，籽红色）、"黑鬼子"（黑皮，瓤色浅黄，籽黑色）、"大三白"（白皮白瓤）、"绿三白"（绿皮黄瓤）；还有河北保定产的"花皮瓜""锦皮瓜"，山东德州产的"枕头瓜"。我小时候品种大为减少，常见的只有黑皮黄瓤的"黑蹦筋儿"和花皮红瓤的"早花儿"，后来有一段能买到河南的"郑州三号"，再往后就是"京欣一号"的天下了。庞各庄的西瓜至今还享盛名，不过真品不多，平民百姓难得吃到。

老北京忌食冰镇西瓜，认为会伤脾胃，标准的做法是以吊篮盛瓜，置于井中，取其凉意。

以布拧出瓜汁，煮开，放入蒸化的琼脂，迅速搅匀，关火，分盛小碗，冷凝后用刀划成小象眼块，浇上冰镇糖水，是为"西瓜酪"，色如胭脂、隽永清新，比杏仁豆腐耐人寻味。

甜瓜又名香瓜（尚未打开就能闻到特有瓜香，故名），比西瓜小很多，盈盈可握，长短肥瘦、皮色味道因品种不同而迥异；内容与哈密瓜相仿佛，从内到外依次是瓤、肉、皮，皮薄肉厚，皮肉皆可食。品种有甜嫩的"白羊犄角蜜"、无瓜不甜熟的"苹果青"、生熟分明的"旱三白"、红瓤绿皮的"蛤蟆酥",还有"大白""面猴儿",等等。甜瓜价廉,应市时间短,我幼时还吃过,由瓜农挑担在路边设摊或走街串巷零售,似乎从未见水果店或副食店售卖,如今已非常罕见了。

酸梅汤

在有汽水之前,酸梅汤是北京夏季唯一的市售消暑饮料,从摆摊小贩到干果店都有经营,品质参差不齐,以琉璃厂"信远斋"所制最为著名。

酸梅汤的"汤"字既不是煲汤之"汤",也非沸水之意,而是中药"汤剂"之"汤",特为标明饮之有食疗功效。

制法最低级的是以水煮乌梅,加糖,加冰,兑生水;最讲究的是"信远斋",精选广东东莞乌梅、金黄色的结晶冰糖、杭州桂花,以沸水浸泡乌梅,滤去渣滓,加冰糖,凉后加桂花,兑入适量冷开水,倒入青花瓷坛,将瓷坛放入大木桶,坛外围以碎冰,冰透即可。喝起来酸而不烈,甜而不酽,冰而不钻牙床,沁人心脾。该店主营蜜饯、果脯,酸梅汤每年从五月初五端午节卖到七月十五中元节,只做70天生意。

和酸梅汤有关的食品还有酸梅卤、酸梅糕。前者即浓缩的酸梅汤,后者以酸梅汁加糖制成,以模具磕成花样各异的小块,两者都可以兑入开水稀释饮用。

绿豆汤

绿豆算粗粮，当年价极低廉，吃法家常，主要是绿豆汤、绿豆稀饭、绿豆水饭。家家会做，家家必做。

绿豆汤没什么特别，把绿豆加水熬至豆烂即可，热饮、冷饮均可；唯冷饮需加白糖，热饮不加。

绿豆汤熬好之后，加入大米，熬成粥，即为绿豆粥；加入大米饭略煮，即为绿豆水饭。

绿豆汤算清凉饮料，可随时取饮，粥和水饭则为正餐主食。

芝麻酱·黄瓜·大蒜

老舍先生有句名言："北京人夏天离不开芝麻酱！"

芝麻经过焙炒、磨碎，呈糊状，就是芝麻酱。芝麻酱没有直接用的，都得先用凉水澥开，放点盐。

芝麻酱和黄瓜、大蒜的组合在老北京的夏季饮食中占有极为特殊的地位。

拍黄瓜、芝麻酱面（手工抻面，煮熟，井水过凉）、拌凉粉儿（或粉鱼儿、粉皮儿，皆以绿豆淀粉制成，形状、软硬不同而已），都离不开芝麻酱、黄瓜、生蒜——当然，还有盐和其他的调料，如现炸的花椒油、开水焖过的本土芥末、醋，等等。

芝麻酱有酱香，黄瓜有清香，蒜其实也是香的——混合一起，乃构成老北京夏季家常饮食的主旋律。

上述消暑饮食，如今大半都已消逝，个别孑遗，也徒具其形——酸梅汤已经由工业流水线生产；芝麻酱多数掺入花生酱；过去吃黄瓜讲究顶花带刺的"土黄瓜"，现在常被没有刺的"以色列黄瓜"冒名顶替；四合院被拆旧盖新，古城变为水泥、钢架、玻璃的森林；什刹海变成了时尚旅游景点，到处是恶俗的酒吧、餐厅、商店，想找一个安安静静喝茶的地方都不可得——我不反对现代化，我也生活在这个围城之中，我也已经离不开空调、冰箱、汽车，但是，难道这就是现代化吗？

我不止一次做过一个梦：骄阳似火的盛夏，在一个清幽的四合院北屋西耳房小睡，竹枕凉簟，冷布糊窗，湘帘低垂，午梦乍醒，室内一架内置天然冰块的土冰箱镇着"西瓜酪""绿豆汤"，散发丝丝寒意，窗外天棚遮阴，老槐上蝉声断续，街上卖酸梅汤的小贩以两只铜碗频频相击，发出"得儿铮——"的声响，使人顿生城市山林之感，心幽意远，凉境渐生。

这，恐怕永远也就是个梦吧？

蒲庵曰：此文根据《老北京的生活》（金受申著，北京出版社 1989 年第一版）、《中国小吃（北京风味）》（北京第二服务局编，中国财政经济出版社 1981 年第一版）、《北京四合院》（邓云乡著，人民日报出版社 1990 年第一版）、《北京老字号》（侯式亨编著，中国环境科学出版社 1991 年第一版）等书中资料编写而成，最初是为应付 2013 年"四季餐桌——饮食文化吴江会议"（苏州市吴江区政府、中国烹饪协会主办）的征文，蒙主事者不弃，收入会议《论文汇编》。后因《橄榄餐厅评论》2016 年 5 月号"春夏之交 当令而食"专题临时索稿甚急，故又献丑一回——这也是我与该刊合作 6 年中提供的最后一篇稿件。此稿两次刊出，皆应我的要求，注明是"编写"，而非原创。虽然獭祭成篇，并非什么新奇的创作，却是我内心世界的某种情怀的真实反映。我祖父是广东梅州大埔人，祖母是上海浦东南汇人，母亲是天津土著，我身上并无丝毫北京血统，而生于斯，长于斯，歌哭于斯，垂五十年矣，自认继承的是北京文化，对这方水土的感情之深厚也是无可替代的。近年以来，心感目睹，北京与我渐行渐远，又无力回天，只能书空咄咄、唾壶敲缺，承认"百无一用是书生"而已。而已！

不辣的川味

京城20余年餐饮市场波澜起伏，粤菜也好，湘菜也罢，各领风骚两三年，只有川味盛行不衰——以麻辣烫、火锅为先锋，继之以歌乐山辣子鸡、水煮鱼、麻辣小龙虾、香辣蟹，不知有多少食客简直是无辣不欢。

已故上海史学者唐振常先生治史之余，亦留意饮馔，以川人论川菜，著《川菜皆辣辩》云："川菜非即辣，川菜中的上品都不辣。四川人正式请客，满桌没有一个辣菜，最多是放两小碟辣酱，供嗜辣者蘸用，这如同吃广东菜有三色酱一样。如果酒桌上有了辣味菜，人以为失格。"（《颐之时》，唐振常著，浙江摄影出版社1997年版，第69—71页，下同）

"凡辣之菜，多为家常菜，居家食之，无关大局。正式宴客，不准辣味登场，说明在四川人眼里，好菜皆不辣。辣因地理环境而可行，此是客观条件。更重要一条，辣与不辣，更需视菜而定，有的可辣，有的可辣可不辣，有的则绝不能辣。是否可以这么说：有辣可成佳味，无辣更见美味，由此决定了放辣还是不放辣。这是不能以意为之的。"

唐先生的文章，我读了不止一遍，对于这样的川菜境界，一直悠然神往。于是，当北京重庆饭店的厨师长喻贵恒答应为我置一席不辣的川菜时，我的欣喜期待之情真是不可言传。

虽然有思想准备，第一道菜端上来，还是不相信这是川菜——鱼丝细长，洁白，软滑细腻；中杂菊瓣，淡黄，微脆柔嫩。这盘菊花鱼丝的咸味与菊香一样若隐若现，需要细心品味才能感受那近乎无味的清淡纯鲜、韵致的高远，不由人不想起"夕餐秋菊之落英"的屈子、"采菊东篱下"的渊明。以花入馔，往往失之牵强，主辅料之间如此珠联璧合、相得益彰的委实少见。

鲁菜有一名菜——糟熘三白，清新淡雅，以莲子、白果、鸡丁同熘，可名"滑熘三白"，淡而紧的鲜咸芡汁下面，鸡丁软嫩纯鲜，莲子酥烂馨香，白果软腻微有弹性而清新，三种不同的滋味、口感值得平心静气地体会。

甜烧白，又叫夹沙肉，是重庆、四川的乡土风味，著名的"三蒸九扣"之一，常见于乡间筵席。主料是切成夹刀片的大片猪五花肉夹豆沙，再衬以糯米，由于费工费时，卖不出价钱，加之很多人不敢吃肥肉和糖，标准的甜烧白在北京难得一见。

特别之处在于豆沙并非常见的煮烂过箩后熬制的细沙，而是把红小豆直接炒熟后磨碎制成的"干沙"，口感又干又酥，由于几乎不含水分，容易吸收猪油，豆香就显得格外浓郁。大片猪肉蒸得火候到家，薄而酥烂，油走得干净，香而不腻。豆沙微甜，猪肉微咸，半咸半甜，两者又不矛盾。糯米吸收了肉香、豆香，被猪油浸润，略甜，比猪肉和豆沙还好吃。

其余如合川肉片以五花肉挂糊，先煎后烹，滑腻如鱼片，酸甜微咸，味似荔枝；酱烧鸭条味浓不重，有熏烤香和胡椒香；米汤芋儿用鸡汤煮小芋头，雪白浓郁如米汤，芋儿滑糯微甜，有奶香；萝卜连锅汤汤色乳白，猪肉片极薄，肥而不腻，瘦而不柴，萝卜香甜——此菜冬季盛入火锅上席，以保汤鲜菜热，故名"连锅"——做大轴刚好。

这一桌佳肴，我约了几位朋友共享，大家边吃边赞，不过最后还是有人提出要一份毛血旺。看着他们在一盆红油汤里捞来捞去，我又把筷子伸向甜烧白。

唐振常先生说得好："四川之菜，如以辣与不辣为鉴别，两者皆存，是两种文化的表现，一种强烈，一种淡雅，强烈与淡雅并存，正是文化多元的表现。"

旨哉，斯言！

理想的月饼

20 年前，关于北京产的月饼（也有人说是桃酥）有过一个笑话，大意是一块月饼不知被谁丢到马路上，一辆载重汽车驶过，月饼没有碎，而是被轧得嵌入了柏油路面。一群人用改锥、钢钎之类的工具都撬不出来。正在束手无策，过来一位老者，不动声色，用一根小棍儿一撬即出。众人惊诧之余，索观小棍儿，不过是一根北京产的江米条而已。似乎还见过一幅这一题材的漫画，老先生做中式打扮，颇传神。

北京的点心，尤其是月饼之硬，可见一斑。知堂老人对北京的茶食颇少嘉许，看来是有道理的。吃惯了死甜而硬的这种月饼，初尝亲戚从上海寄来的广式莲蓉蛋黄月饼，诧为异品。如今广东甚至香港产的月饼在京城"大战"，真让人不知今夕何夕了。

真到了上海，便不再以广式月饼为意，而倾心于街头现烤的苏式鲜肉月饼，当时半两一个，一角钱。从烤箱边买来，边走边吃，酥、热、鲜、香，馅是纯肉。在我吃过的月饼中，许为第一。还有在肉馅里加虾仁的，一两一个，记得是四角钱，也很不错。

虽然喜欢甜食，重油重糖的大块广式月饼一次还是吃不下一个。去年中秋，尝过凯莱大酒店的迷你蛋黄莲蓉月饼，径约寸许，据说制蓉用的是湘莲，莲蓉白而细，不太甜，回味竟是浓郁隽永的莲香，颇为难得。

云南的宣威火腿月饼又名"四两坨"——老秤十六两一斤四个，馅里有足够多的宣威火腿肉，咸甜适中，皮也绵软，是汪曾祺先生的最爱。

近年所谓的创新月饼一般是"果味"的，以冬瓜蓉为馅，加了香精、色素，并没有什么真正的果味。

还有一种是"冰皮月饼"，皮是特制的彩色面团，不用烘烤就能吃，而口感、味道如同嚼蜡，还容易变质，必须冷藏。

"冰淇淋月饼"只是有巧克力外壳的冰淇淋，不是月饼。

我理想的月饼直径不过两寸，薄厚适中，不要太甜太油，皮薄馅多而软。如果是咸的，肉要鲜美量足；如果是甜的，果肉就是果肉，果酱就是果酱，而非其他什么代用品。这样的月饼，不一定等到中秋才吃，做餐后的点心或茶食都好。

那一烧的风情

烤乳猪，又名烧猪、化皮乳猪，和烤鸭一样，是我小时候最向往的美食之一。

20世纪70年代，父母都是普通工薪阶层，月收入一共不足百元，供养老人之余，四口之家的生计并不宽裕；与众不同之处在于：全家都爱吃，讲究并且舍得吃。每周日都会改善一次生活——在"地下"农贸市场用粮票从农民手里换来鸡鸭鱼鳖，一膏馋吻。而且居然托关系买来菜谱，并不照猫画虎，只为看着解闷。

这几本残破的菜谱今天还站在我的书柜里，最早的一本是中国财政经济出版社1976年10月开始陆续在北京印刷、出版的《中国菜谱·广东卷》——国人真是热爱生活，在风云变幻、历史转折的紧要关头，不知是哪个部门，居然还有闲情关照饮食之道——首页是"毛主席语录"，其中一条引得极好，曰：

“我们必须继承一切优秀的文学艺术遗产，批判地吸收其中一切有益的东西。”——真是旨哉斯言！世事白云苍狗，今日读之，感慨万端。

“语录”之后的第一道菜赫然就是“化皮乳猪”，加工过程之繁复，描述文字之细致，使我不仅当时，就是如今也缺乏通读的耐心——那时候的菜谱真砸实砍，现在谁还肯透露如此之多的技术细节呢？诱人之处在于除了两幅手绘插图之外，还有彩色照片——这可不是每道菜都可以享受到的“待遇”——印刷尽管粗糙，那只噘嘴翘尾、通体枣红、油润晶亮的小猪还是让我无数次反复凝视，垂涎久之。

其实，两广、香港一带，烧猪在街头巷尾的酒楼、烧腊铺是常见食物，吃一例烧猪饭并非什么了不起的大事；只是我生长京华，加上当年每月只定量供应两斤猪肉，少见多怪而已。

现在的北京，不要说以顺峰为代表的高档粤菜酒楼，就是很多普通粤菜馆乃至其他菜系的餐厅，都会有粤式烧腊的明档，价廉如茶餐厅，烧猪也是像模像样——当然，就像满街的北京烤鸭一样，够标准的货色永远是极少数。

按照《中国菜谱》的要求，“化皮乳猪”分两次上桌：先把背上的皮片下，切成32块，原样覆盖回猪背上，整猪上席，以千层饼、酸甜菜、葱球、甜酱、白糖佐食；食毕猪皮，将猪撤下，再把猪腹肉、耳、舌、额、鼻、颊、蹄、尾、肾切成块、片，砌成猪形，二次上桌。如此吃法，我从没见过，搜遍香港食家唯灵、蔡澜、欧阳应霁诸先生的大作，也未见记载，不知谁家尚有此古法烧猪可食？

不过，在欧阳应霁所著《香港味道》一书中，有几段谈烧猪的文字为《中国菜谱》所未道：

> 烧猪皮入口，质感明显有别：一是平滑光亮入口香脆的玻璃皮，一是表面粒粒孔状入口松化的芝麻皮。
>
> 考察烧猪是否合格，要看猪皮是否烧成香脆有声的芝麻皮？皮下那一层肥肉是否晶莹通透薄厚得宜？肥肉下的第一层瘦肉是否依然够滑够嫩？而最底层的间或连幼骨的瘦肉是否够咸香入味？

欧阳应霁还推荐了三家香港烧猪名店，其中利苑酒家在京开有分店。据欧阳应霁介绍，利苑的"冰烧三层肉"是以猛火把外皮烧成"炭黑"，"刮走焦处留下香脆不腻的内皮，肉质肥瘦相间，切成丁方小粒，卖相可爱，蘸以芥末和砂糖，吃不停口"。我去尝过两次，确实名不虚传，在吃过的中式烧猪里，堪称"隽品"。

西班牙人也吃烤乳猪。去年冬天去西班牙，吃过两次，都是连皮带骨、肉斩件，皮色不匀不亮，吃口失之肥腻，滋味并不见佳。

最近在京采访了一间橄榄园 Maren Nostrum 餐厅，是巴塞罗那米其林一星餐厅 SAUC 的分店，老板兼厨师长沙维尔·弗兰克料理的烤乳猪颇有新意：乳猪腌制以后，装入真空袋，在82 摄氏度状态下低温蒸熟，最后从容把皮烤脆——这就避免了由于猪肉薄厚不同，烤肉时追求皮色、成熟度均匀与肉质软嫩之间的矛盾——那只盛在盘中小巧玲珑的乳猪腿色泽金红，配上出骨时流出的肉汁，皮薄如纸，兼有"芝麻皮"的酥松和"玻璃皮"的光脆，入口即融，肉质细、嫩、润、滑，香鲜醇厚——是我平生吃过最好的烧猪之一。

鱼香

发明鱼香肉丝的厨师是个天才！

能想到用泡辣椒、葱、姜、蒜、盐、糖、醋、酱油，把肉丝烹出鱼味来，这人难道不是天才？

创造鱼香味型的天才一定是位川厨——川菜味型之丰堪称中国（也是世界）第一，单是与辣有关的，就有鱼香、宫保、麻辣、酸辣、怪味、红油、家常、蒜泥、陈皮……不可胜数。对付味蕾，川厨是魔法师。

标准的鱼香肉丝应该色泽红亮，肉丝滑嫩，入口先吃到辣味和咸味，后吃到甜酸味，有突出的鱼香，吃完了盘无余汁。配料有用黑木耳、玉兰片的；有加黄瓜丝的，如北京饭店；有什么都不加的，如北京重庆饭店。不加配料的入口浑然一体，加黄瓜丝的带一点爽脆清香，各有千秋。

满城的饭馆少有不敢卖鱼香肉丝的，少有不大把大把往里扔胡萝卜丝、青椒丝、罐头笋丝的。

"美食家"都是馋人，馋人往往懒，但偶尔也会多事，尤其在被人奉为"美食家"的时候。我曾一度犯晕，带一位开着一家日进斗金、特别以加胡萝卜的"鱼香肉丝"著称的餐馆老板去重庆饭店见识正宗的鱼香肉丝，结果被当场开销："他卖多少钱一盘？我卖多少钱一盘？"

我立刻无语。

当然，"鱼香"还可以用来"香"猪肝、猪腰、油菜薹，等等；有些人觉得还能续上一点"貂尾巴"，就不妨一路"香"下去。

曾经在一个能烹制国宴的地方品尝过一道鱼香鳝段，鱼香味那叫一个正。可就是让人整不明白：把肉丝烧出鱼香味来，是天才创造；把鳝鱼烧出鱼香味来，有啥意思乎？

有人说"鱼香"的来源是在泡菜坛子里加了几尾小鲫鱼，这样泡出的辣椒叫"鱼辣子"，以之配上其他调料就能烹出有鱼香而不见鱼的菜肴。

对这个传说我不屑一顾——它硬是把一位大师的匠心独运化神奇为腐朽了。再说，打死你我也不会把鲫鱼扔进泡菜坛子里，我还心疼那一坛子泡菜呢！

钟鸣鼎食
馔玉饮金

汉朝有五候鲭。唐朝宰相韦巨源的烧尾宴中有二十四气馄饨、金银夹花平截、水晶龙凤糕、玉露团、凤凰胎、逡巡酱、雪婴儿、箸头春、遍地锦装鳖……宋朝清河郡王张俊供进御筵中有荔枝好郎君、花炊鹌子、荔枝白腰子、蝤蛑签、莲花鸭签、笑靥儿、七宝脍、五珍脍……迟至清乾隆年间，袁枚在《随园食单》里还记载有尹文端公家风肉、杨公圆、王太守八宝豆腐、刘方伯月饼、陶方伯十景点心、杨中丞西洋饼、扬州洪府粽子……

王朝兴废，陵谷沧桑，中国府邸菜的钟鸣鼎食就这样在历代的簪缨之族绵绵延延、兴衰相替，不绝如缕。虽不是一个菜系，不限某一地域、民族，却是中华饮食文化的精华、极致所在。可惜太早的府邸菜只有部分能考证出原料，制法大多失传，就是《随园食单》的记载也嫌粗疏，想领略府邸菜的究竟，只有看后人的回忆录。

唐鲁孙先生是满族镶红旗人，广州将军长善的后裔，光绪珍、瑾二妃的内侄孙，祖、父辈宦游东西南北，他府上"三大节"的菜品也就八方杂错、五味俱陈了。过年的点心有枣糕、萝卜糕、干菠菜包子、茶叶蛋，年菜有炒咸什、酥鱼、松花炒肉丁、烧素鸡、山鸡炒酱瓜、虾米酱。其中枣糕"是把红枣拓成枣泥，和入鸡蛋、糯米粉、猪油核桃蒸出来的，柔红馥郁，其味香糯"。炒咸什则是"先把胡萝卜切丝炒半熟。再炒黄豆芽，然后把豆腐干、千张、金针、木耳、冬笋、冬菇、酱姜、腌芥菜一律切成细丝下锅炒熟，放入胡萝卜丝、黄豆芽，加酱油、盐、糖、酒等调味料同炒起锅"。（《什锦拼盘》，唐鲁孙著，大地出版社2012年版，第86—89页）

端午的午餐"一切都以接近红色为首要，名为'双五十二红'：素炒红苋菜、老腌咸鸭蛋、油爆虾、三和油拍水红萝卜、红烧黄鱼、金糕拌梨丝、红果酪、樱桃羹、蒜泥白肉、鸡血汤"。酒除了应景的雄黄酒，就是状元红、女儿红、玫瑰露。粽子则有广东驼粽、云南昆明鸡粽、浙江湖州粽。（《老乡亲》，唐鲁孙著，大地出版社2012年版，第162—164页）

中秋"赏月的团圆饭，一定要有一盘琵琶鸭子、千里共婵娟的鸡包翅，甜菜是一碗不划开的杏仁豆腐"。（《老乡亲》，唐鲁孙著，大地出版社2012年版，第168页）

朱家溍先生的高祖朱凤标是道光榜眼、同治帝师，官至体仁阁大学士。朱家炖鱼翅，要文火炖8小时，"作料只用鸡和火腿以及黄酒，既不放盐也不放油，它的咸味来自火腿，做十六寸盘的鱼翅，需两只鸡和一支（只）金华火腿的中腰峰。这样的鱼翅端上来，只见一个整翅，翅针不外露，用筷子破开表面，翅肉才露出翅针。其味之美自不待言"。（《故宫退食录》，朱家溍著，北京出版社1999年版，第886—887页）

这样的做法是谭瑑青教的，如今名重京华的"谭家菜"还有如此的风味吗？

唐先生、朱先生的祖上官居一品，金寄水先生则是赫赫有名的睿亲王多尔衮的后代，他回忆睿王府"凡是数九的头一天，即一九、二九直到九九，都要吃火锅，甚至九九完了的末一天也要吃火锅"。"头一次吃火锅照例是涮羊肉"，以后"有山鸡锅、白肉锅、银鱼紫蟹蝲蝗火锅、狍鹿黄羊野味锅，等等，九九末一天，吃的是'一品锅'"，"它以鸽蛋、燕菜、鱼翅、海参为主，五颜六色，实际上是一大杂烩菜"。（《北京的王府与文化》，赵志忠著，北京燕山出版社1998年版，第114—115页）这种饮食习惯，又岂是奢言官府菜、王府宴的暴发户可以想象的？

什刹海柳荫街的恭王府是如今保存最完好的清代王府，每每从它的西墙外路过，高墙斑驳，老树杈丫，想起这座府邸的历代主人，从永璘到奕䜣、溥伟、溥儒，他们对饮馔之道不会不讲求，200多年的流风余韵，而今安在？不过60年前，每逢海棠花开，溥心畬（即溥儒）还在花下呼朋雅集，分韵赋诗。那时候，陆机的《平复帖》不知出手没有，还可以从容展玩、诗酒流连吧？

涮锅子

　　火锅南北均有，北京人如今也吃重庆麻辣烫、广东打边炉、江浙菊花锅，不过一听吆喝："支个锅子！"肯定叫的是北京涮锅子。

　　涮锅子主要是涮羊肉。

　　羊过去讲究用内蒙古集宁产的小尾绵羊，还得是羯羊——阉割过的公羊，据说这种羊没有膻味。一只羊身上能涮的只有"上脑""大三岔""小三岔""磨裆""黄瓜条"，约15斤肉，都是肉质细嫩的部位。

　　传统的片法要先冻上，（**蒲庵曰：**准确地说，是用冰压成似冻非冻的状态。）再手工切片，半斤肉能片出40~50片六寸长、一寸半宽的肉片，讲究薄、匀、齐、美。这种肉片一烫即熟。再一种片法是时下流行手工鲜切，自然要厚一些，涮的时间也长一些，增加了一点嚼头。第一种技法20世纪70年代被改成将羊肉冻成坚实的长而扁的立方体，以机器切片，涮起来像吃木头渣子。

除了肉，还有人喜欢涮羊腱、散丹、羊脑、羊腰、羊尾、羊宝。

早年涮锅子就有涮牛肉的，只是以羊肉为大宗。这十几年，北京城时兴涮肥牛。所谓"肥牛"，本来是指日本黑毛牛脖子后边的一块外脊肉，特点是瘦肉里均匀地散布着雪花状的脂肪——日本人称为"霜降"，横切成片，不仅外观漂亮，涮起来极嫩，瘦肉不柴，入口即化。市面上有用牛腩卷成卷，冻实切片冒充肥牛的，一涮就散，更甭提入口即化了。牛腱子涮起来也别有风味，有人叫它"牛脆肉"，瘦肉中带筋，涮熟后并不老，还真有点脆劲。

传统涮锅调料有芝麻酱、绍酒、酱豆腐、腌韭菜花、酱油、辣椒油、卤虾油、米醋以及葱花、香菜末，口味以咸鲜为主，带一般腌韭菜花和卤虾油特有的臭味——闻着臭，吃着可香。

这些年调料也有创新。一种风格是在传统基础上微调，精益求精；一种干脆免去腌韭菜花和卤虾油，代之以别的香料如花生酱之类，又加了糖，带一点甜。

涮锅子得就着芝麻烧饼和糖蒜吃——有时候吃完涮羊肉，嘴里的蒜臭味余韵悠长，那是糖蒜没腌好的缘故。

除了老北京的涮锅子，火锅的锅底都比较讲究——菊花锅要用鸡清汤；麻辣烫更是专人熬制，配料繁多；再不用提这些年流行的山珍火锅、药膳火锅了。北京涮锅子只是一锅清水，顶多点缀少许大葱、海米和口蘑汤，亦奇。

味
之
禅

　　如今素菜馆不少，颇受小资的拥护，常常吃到的是用荤菜手法烹制的所谓"素斋"——素腰花、素鸡丁、素虾仁，里面还有大把的葱、姜、蒜、辣椒、花椒之类。如此"意淫"，还不如直接去吃真的腰花、鸡丁、虾仁。想起大块吃肉大碗喝酒到处打抱不平、慷慨豪迈最后得成正果的花和尚鲁智深，便觉得小资可笑。

　　当然，在普遍营养过剩的时代，吃点素食，于身心健康还是有益处的，关键在于知味。在知味的前提下，荤素都无不可。一条鲜鱼，用一点姜，少许盐、酒，清蒸、氽汤，都好。偏要横割竖切，扔进一盆装满辣椒、花椒、味精反复使用的油里，何苦？

　　按佛家的说法，这些多余的调料、手法都是"障"，障住的是真味，也是真性。

藕

北方人炸藕盒，湖北人煨莲藕排骨汤，都是嫌藕味淡薄，配以大荤，固然好吃，可惜藕味全失。

江南的糯米藕，米香、藕香互相生发，粉酥与黏糯交织，以甜味衬出，可称知味；犹不如生食果藕，取其清爽甜脆，才称得上吃藕。

蕈

蕈的口感大多娇弱，气味却大都霸道，从中国的香菇、鸡枞、松茸，到法国、意大利的松露，概莫能外。所以无论荤食、素菜，用蕈最好独沽一味，不然蘑菇打起内战，味道保证一塌糊涂——大杂烩除了佛跳墙、普罗旺斯鱼汤之外，讨好的不多，真不知道发明杂菌汤的人是何居心。

笋

笋是蔬中君子，有不夺味的美德，与家乡肉、鲜肉搭伙做竹笋腌鲜，好；清蒸鱼，摆上火腿片、冬菇片、笋片，好；油焖笋，重油重糖，好；手剥笋，带壳用盐水煮，还是好。最难得的是无论如何料理，笋本身的滋味、口感都从容淡定，但又不干扰其他食材的滋味、口感，就算有影响，也是正面的，如清口解腻之类，而且不咋呼、不张扬。

茶

最有禅味的饮食还是茶。

泡茶，从选茶、水、壶、杯，到候汤、冲水、出汤、品饮，直到最后的洗涤茶具，都使人处于一种安详的状态；尤其是一盏好茶在手、茶汤入喉的瞬间，真正的茶人会完全沉浸在茶的意境中，认真体会茶中蕴含的天、地、人，被茶带到脱俗、忘忧的境界，而且"妙处难与君说"，只可意会不可言传，颇合禅宗的道理。

今春，请几位日本美食记者品尝极品狮峰龙井，闻其香，尝其味，无不让人眉开眼笑，是为至味。我趁机发表"怪论"："日本的茶道，从洗手漱口，到挂轴插花、怀食料理、点茶，固然禅意十足，但太过繁复，而且追求程式大过于追求茶味；中国的茶道，都在这一盏茶里了。"他们纷纷点头称是，欢喜赞叹而去。

茶性至清至洁，与一切食材、调料冲突——不然我们到现在还应该喝用盐、姜之类熬成的茶汤才是。

偶有例外，是做甜品，红茶可以加洋粉做茶冻，日本的抹茶粉可以做冰淇淋。

赵珩先生家用茉莉花茶做茶叶蛋，鸡蛋染上茉莉花香，倒也不坏——好在花茶在茶道范围之外。

好茶还应该属于山泉水、紫砂壶，入馔，是一种罪过。

逐臭

过去有句俗话，形容生活好是"吃香的，喝辣的"。人对于香味的追求大约是与生俱来的。可是各地偏有若干臭烘烘的食物，不少人甘之如饴。

我虽非逐臭之夫，对于各种新奇的味道却充满好奇心和足够的耐受力，在臭味上也不乏"收获"。

最早的经验是在两岁时，去天津姥姥家对门的崔家屋里玩，得到的零食是烙饼卷臭豆腐。那个臭啊，超过北京的王致和。

14岁的时候去上海南市亲戚家小住，一天忽然从邻居家飘来一股鸭屎的臭味，原来是在炸臭豆腐干，当时"惊臭"的感觉至今难忘。后来有机会吃到，蘸上辣椒糊或米醋，入口并不太臭，也不好吃，却是吃了一块就想第二块。

上大学时和同学游南京，在夫子庙故意带他们去油氽臭豆腐干的摊子，害他们掩鼻疾走，我却大嚼，以为笑乐。

在湖南湘潭吃到的臭干漆黑如墨，并不很臭，加剁椒煲熟，绵软、汁浓味厚，大概是臭卤里加了香菇、豉汁的缘故。

在中国，食臭的"状元"出在浙江宁波、绍兴一带，臭苋菜梗、臭冬瓜、霉千张都极咸极臭，尤其是霉千张，蒸熟上桌，臭气逼人，我从未吃完过，不只因为臭，也是真咸。

广东的曹白鱼鲞臭里带着鲜美醇厚，可以干煎、蒸肉饼，炒饭最妙。

其余如北京的腌韭菜花、卤虾油，大连的虾酱，广西的酸笋，都是臭味中的小巫了。

国外的臭味最著名的是奶酪，特别是山羊奶酪的味道，臭膻又重又怪，很多吃惯牛奶酪的人都无法忍受，我却不觉得有什么了不起。

比较深刻的经验有两次。

一次是在上海浦东香格里拉大酒店采访，沙拉里配了产自丹麦的一种蓝奶酪，点点蓝斑先让人产生心理压力，入口味道之怪为平生仅见，吃是吃下去了，却难以恭维。

另一次是2002年夏天在法国薄若莱，东道主薄若莱葡萄酒协会招待我们，地点是一座小镇上叫作 Aubege De Cep 的餐馆。酒过三巡，菜过五味，一股异味随一辆木制奶酪车弥漫开来。老板特别推荐当地最著名的一种软奶酪，稀软如泥，黄色，其臭在平生入口之物中堪称绝唱，同行者多不肯选，我勇敢尝试了一回，终生难忘。

平常最爱的臭味是上海的虾油卤黄瓜，细若柳枝，长约寸许，咸、鲜、臭之外还有虾油特有的醇厚。冬夜以茶炉滚水泡饭，缩颈而啜之，佐以两根虾油卤黄瓜，充肠暖胃，个中滋味，言语道断。

续《菌小谱》

　　汪曾祺先生是我景仰的前辈，尝作《菌小谱》，写坝上口蘑、云南菌子乃至冬菇、平蘑，穷形尽相，极笔墨渲染之能事；余每读之，总不免食指大动一番。

　　食用菌虽是素食，却饶荤味，其清新醇美又为肉食所不及，余所素爱。故不揣鄙陋，作《续〈菌小谱〉》。

　　小时候，每逢暮春，家里总要吃一两回对虾，做法是红烧——当年的对虾没有养殖一说，一煸就出红油——配料永远是罐头蘑菇，福建"水仙花"牌，圆滚滚的，径如纽扣，我们叫它"扣儿蘑菇"，大约就是汪先生所谓"平蘑"吧。蘑菇吸入了虾汁，鲜美无比，口感又细嫩弹牙，往往先被抢光。后来，这种蘑菇也有鲜品出售，固然鲜味十足且没有罐头气，但质地松而艮，远不如当年的罐头叫座。

　　冬菇是家里常备的干货，最常用来与冬笋同烧，是为"烧二冬"；发冬菇的汤一定要澄清后加入锅里，略爁，笋才入味。

读了《菌小谱》，才向往口蘑的美味，可惜市场上佳品难觅。偶尔去赵珩先生家吃打卤面，一定是鸡汤口蘑打卤，有时还用"蘑菇丁"，卤打好浇一点花椒油；那种醇厚的味道比冬菇的"格"又高多了。

汪曾祺先生是西南联大的高才生，对云南的菌子情有独钟。

我吃到油鸡枞是在读《菌小谱》之前，一位拐弯抹角的亲戚从昆明带来，当时就诧为异味。至今去云南驻京办的云腾宾馆小酌，总要点油鸡枞、金钱云腿下酒。盘底的一点鸡枞油也不浪费，可以加入过桥米线，味比红油远胜。

云南还产松茸，汪先生没有提到。这玩意儿墙里开花墙外香——为日本人所酷嗜，而且料理有术。我曾在北京滩万日餐厅招待一位美女，松茸土瓶蒸、烤松茸、松茸米饭——其味之美不可言状，直吃得昏天黑地，不知今夕何夕。

汪先生以为："菌子里味道最深刻，样子最难看的，是干巴菌。""干巴菌是菌子，但有陈年宣威火腿香味、宁波油浸糟白鱼鲞香味、苏州风鸡香味、南京鸭肫肝香味，且杂有松毛的清香气味。"（《汪曾祺全集》卷六，钟敬文、邓九平主编，北京师范大学出版社1998年版，第467页）真是知味者言。话让汪先生说尽了，我要续貂，只好说：粗头乱服，不掩天香国色。

湘西出产一种寒菌，小而碎，黑不溜秋，以茶油浸熟，炮制成菌油，可以致远。吃罢大闸蟹，来一碗菌油面，仍旧吃得出寒菌的鲜味，其鲜之浓之醇，可想而知。

世界上最贵的食用菌是松露，野生，有黑白之分，黑松露最著名的产区是法国佩里戈尔（Périgord）。在国内吃过几次，无非是榛子大小的一块，嵌在鹅肝批里。

2002年去波尔多，承蒙靓茨伯酒庄的庄主卡兹兄妹盛情，在波尔多市区一家他们名下的米其林两星餐厅用餐。餐厅原址是一座修道院，古老的彩画犹存。卡兹先生了解中国人的饮食习惯，点了一大桌子菜，大家西餐中吃，传盘取食。有一道菜是什么内容早已忘得一干二净，只记住服务员现场拿一把特制的刀往盘中片大片且厚的鲜松露，而且要多少随意。我趁机取了一块"黑钻"仔细把玩，黝黑，像一朵小菜花，有异味——有人说这种味道与猪有关，有人说是异香。我却尝不出有什么了不起的地方，只觉得吃松露可以不限量，不失为人生奇遇。

山有灵药 录于仙方

沾刘心武先生和央视《百家讲坛》的光，《红楼梦》今年又热了起来。刘先生的"秦学"天马行空，颇多奇思妙想，后生小子不敢置一词，对秦可卿我倒是也感兴趣——一是人漂亮，而且薄命；二是在口味上与之有同嗜焉。

第十一回中，秦氏向凤姐儿说："昨日老太太赏的那枣泥馅的山药糕，我倒吃了两块，倒像克化的动似的。"

关于这款点心，邓云乡先生在《红楼风俗谭》（中华书局1998年版，第134页）中有详细的说明：

　　山药泥是以山药削皮之后，入猪油、白糖蒸透，捣烂，十分滑腻……

　　所谓"枣泥馅的山药糕"，实际就是用山药泥作外皮，内包裹枣泥馅子的糕。……所谓"两块"，是用模子脱出来。所谓"克化的动",是北京土语,即消化的动。

　　枣泥则是把好红枣煮得稀烂,用粗罗一类过滤的工具,把枣核、枣子皮等渣滓过滤掉,让枣子汁澄淀后,去掉水分,加糖上油锅炒成酱状,就变成甜滋滋、腻笃笃入口即化的枣泥……

　　如此精致的甜品,即便是耳食,也足以使人口角流涎的。

　　山药是薯蓣科草本植物薯蓣的块茎,又名山芋、玉延、薯药、山薯、白苕等,有普通山药和田薯之分,外形又有扁块、圆筒、长柱之别。中医认为,山药性温味甘,有补中益气、补脾胃、长肌肉、止泄泻、治消渴、健肾、固精、益肺的功用。(《中国烹饪百科全书》,中国大百科全书出版社1992年版,第499—500页)

　　我查到山药食用的早期记载有宋朝陈达叟的《本心斋疏食谱》(中国商业出版社1987年版,第39页),上面说:"玉延山药也,炊熟,片切,渍以生蜜。"并赞曰:"山有灵药,录于仙方,削数片玉,渍百花香。"

　　清末民初薛宝辰的《素食说略》(中国商业出版社1984年版,第30页)中有"山药泥条",做法是:"山药去皮煮熟,捣碎,钉碗内,实以澄沙,入笼蒸透,翻碗,再加糖。"

　　清代《调鼎集》(中国商业出版社1986年版,第820—822页)

中的"山药糕"是"去皮蒸熟捣烂，和糯米粉、洋糖、脂油丁炸（'炸'当为'渣'字的误书）揉透，印糕蒸饼，可随意用馅"。与邓先生的说法大同小异，简直可以直接为《红楼梦》第十一回作注了。

《调鼎集》中还记有炒山药片、蒸山药、煨山药、煎山药饼、山药糊、假鲚鱼、蒸山药饼、山药膏、素烧鹅、山药粉等吃法——古人在饮食上远比今人有想象力。

《素食说略》里有一道"拔丝山药"，还说"京师庖人喜为之"，有趣的是，现在拔丝山药还是北京鲁菜馆的看家甜菜。此书印行于民国初年，90余年过去，北京城的变化岂止是沧海桑田，多少禁苑朱门、王谢堂前都已是"白茫茫一片大地真干净"，这小小的一道甜品竟自流传了下来。

我家日常吃山药不费如许力气，不过是去皮后或切成小方块加水、冰糖蒸烂，或切碎和好大米煮粥。冬日晏起，来一碗又香又热又滑腻的山药粥，加糖亦可，佐以扬州酱乳瓜亦可，暖身润肺，充肠适口，还可以遥想可卿当年——就不必考证她跟雍正的关系了。

第二十四回中写到薛宝钗"深知贾母年老之人，喜欢热闹戏文，爱吃烂甜之物"。刘先生在文学界的资望足堪媲美荣宁二府中的史老太君，大约也"喜欢热闹戏文"，又以为《红楼梦》是块"枣泥山药糕"，容易"克化"，这才开辟了羚羊挂角的"秦学"吧。

"新红学"的祖师爷胡适之先生说过,《红楼梦》"在中国文坛上是个梦魇,你越研究便越糊涂"——真是见道之言。

刘先生何不真去多吃点山药糕之类的"灵药""仙方",聊以补中益气、健胃固精。曹雪芹、秦可卿之流墓木早拱、安息久矣,就此罢手,放他们一马,如何?

汤

　　最喜欢煲汤的应该是广东人，我身为生长京华的广东人，对广东的汤却殊乏好感。一来未去过广东，反正在北京是没喝过什么出类拔萃的粤味汤品；二来近20年京城"粤菜"泛滥，满街不伦不类的生猛海鲜和汤煲，就算是好东西，滥了，也难免招人烦；三则香港肥皂剧中总有几张专演三姑六婆的熟脸，最爱说的一句台词就是："喝汤啦！"

　　不知道福建的佛跳墙算不算汤菜，我在人民大会堂吃过一次。参肚鲍翅十余种原料，质地不同，而火候全都刚刚好，汤味则中正醇和，好得让人说不出好在哪里。

　　杭州西湖莼菜汤，以越鸡、火腿提味，其鲜自不待言；妙在莼菜的口感，欲嚼似无，将吞还有，滑润清新，教人如何不起莼鲈之思呢？

　　武汉人也好煲汤。一次在武汉喝鸡汤，上浮一层黄色鸡油，正要撤去，却被主人拦住："有油才鲜。"一试，果然，不过嘴里烫掉一层皮。

在兰州吃全牛席，末了跟着牛肉拉面上了一小碗牛肉清汤，淡茶褐色，清澈见底，鲜美不输鸡汤。

烩乌鱼蛋是鲁菜的看家菜。底汤用鸡汤是不用说了，难在掌握胡椒粉和醋的比例。调和好的汤要经得起"三咂"——连"咂"三口：一"咂"，以酸为主，微辣；二"咂"，辣味上来一点儿了，还是压不住酸；三"咂"，酸辣适中。要是第一"咂"就又酸又辣，往后准是辣得没法喝——这是鲁菜大师王义均师傅的传授。

平生喝过的最奇怪的汤是贵州少数民族的酸汤鱼，竟然是用发酵后的淘米水做的，加上野番茄、鱼腥草、辣椒、鱼一锅煮，味道怪极。我居然喝下去了，还不止一碗——感觉不如北京的豆汁儿邪乎。

我喝过的最高级的汤是谭家菜的清汤。汤是老鸡、火腿长时间煮出来的，最后还得用鸡胸脯肉砸成的泥"扫"上两遍，"扫"出来的汤色泽淡黄，清澈如水，清而不薄，醇而不腻，回味悠长，达两三分钟。此汤实在害人，"曾经沧海难为水"，以后再喝什么汤，都难动我心了。

鱼翅

很多人不明白中国人为什么要吃鱼翅——它既没有特别的味道，也不含不可替代的营养。

人活着，难免做一点看来无益的事情，连吃饭都那么功利，岂不是很无聊、很可怕？何况，美食家自有美食家的理由。

美食的追求，除了味道，还包括口感。高档中餐做到极致无非是以好汤去熻鱼翅之类的食材，吊汤用老鸡、老鸭、猪肘、排骨、火腿、干贝，从味道上讲，已经无以复加；而对口感的追求，却是可以无穷无尽的。尤其是经过繁复的工序，使干硬的海货入味、软烂，又软而不烂，使之产生对牙齿的一种"轻微的抵抗"（梁实秋先生语），是中餐口感的最高境界之一。燕窝、鲍鱼、鱼翅、明骨、鱼唇、海参口感都各有不同，好厨师自能曲尽其妙。

近年，北京流行吃鱼翅，红烧鱼翅多是港式做法，合格的不多，主要差在火候——火候不足，鱼翅不够入味，还残余一点淡淡的腥气，所以要用浙醋、香菜来掩盖。但火候足了，鱼翅的出成率会下降，显得店家小气，不是生意经。

谭家菜的黄焖鱼翅比粤菜略胜一筹，就胜在"火候足，下料狠"上；不用酱油，颜色金黄，我也喜欢。

过去，老饕都喜欢吃扒烧整翅，而非时下流行的"粉丝汤"，仅仅追求翅针的长而粗——一来考校厨师大翻勺和"推芡"的功夫；二来裹住翅针的一层润滑丰腴的胶质远比翅针美味诱人。

一份合格的烧鱼翅，首先要有一位高明而用心的厨师；选料要精，有人认为尾鳍较长的一支（所谓"勾翅"）最好，有人推崇臀鳍（所谓"裙翅"），港澳重"天九翅"，谭家菜讲究"吕宋黄"；水发的功夫要到家，最好是厨师自己发制；吊汤要舍得下料；燠的时间要足够长；成菜要翅身完整而入味——说了半天，等于没说，上述条件具备，白菜豆腐烧出来也一样好吃。

蒲庵曰：这是十年前的旧作，略有改动。收入本书，是慎重考虑的结果。我赞成环保，也希望中国能像发达国家那样，通过法律在海洋资源的使用方面建立一种人与自然的和谐关系。关于鲨鱼的捕捞，有两种不同的说法，我是渔业的外行，无从判断。不过，无论如何，鱼翅的烹制是中国菜独有的传统技艺之一，推而广之既无必要，也有难度；但是，从文化遗产的角度，应该使之流传下去，大约是没有疑义的吧？

脍缕裁冰羊头肉

梁实秋先生的《雅舍小品》（中国商业出版社1993年版，第232—233页）中有一篇叫作《馋》的文章，描摹他抗战时期在重庆多年"痴想"之后，第一次与羊头肉重逢的时刻。传神阿堵，读者看了都会觉得解馋：

我曾痴想北平羊头肉的风味，想了七八年；胜利还乡之后，一个冬夜，听得深巷卖羊头肉的吆喝声，立即从被窝里爬出来，把小贩唤进门洞，我坐在懒凳上看着他于暗淡的油灯照明之下抽出一把雪亮的薄刀，横着刀刃片羊脸子，片得飞薄，然后取出一只蒙着纱布的羊角，撒上一些焦盐。我托着一盘羊头肉，重复钻进被窝，在枕上一片一片的羊头肉放进嘴里，不知不觉地进入了睡乡，十分满足地解了馋瘾。

我初读此文，在20世纪80年代末，还在大学读书，浑浑噩噩——当时读雅舍散文的动机主要还出于对鲁迅笔下"丧家的资本家的乏走狗"的好奇，结果竟发现这是一位幽默可亲的老人、写一手漂亮散文的文坛大家——但馋的程度绝不亚于梁先生，走街串巷的小贩早已绝迹京华，大学生尚不能自食其力，也就无法特地去找，但却记住了冬夜"暗淡的油灯"下"片得飞薄"的"羊脸子"和"蒙着纱布的羊角"。

以后，也吃过几次羊头肉——现在都叫白水羊头，白则白矣，却都是直刀厚片，片小而碎，肉本身又无味，吃起来还不如南方带皮的羊糕有意思，"片得飞薄"、半透明的羊脸子似乎已经是一个传奇。

这次《周末画报》约我写白水羊头，我想了想，还是去请教陈连生吧。

陈连生一辈子在南城从事餐饮业，任宣武区著名清真老字号"南来顺"经理达30年，堪称北京清真菜和小吃的"活字典"，与人合著有《北京小吃》一书。如今，"退而不休"，在牛街吐鲁番餐厅当总经理。

电话打过去，陈先生答应得很干脆："来吧。"

到吐鲁番餐厅一看才知道，白水羊头是他们日常供应的凉菜之一，而且加工过程基本遵照传统工艺——剥洗干净，旺火煮七成熟，出骨后入凉水中浸泡，最关键的是专门有一位厨师负责将肉横刀"片得飞薄"。为了拍照，特烦厨师当场表演，长刀薄刃，脍缕裁冰，洵是绝技。

梁先生文中的"焦盐"为"椒盐"之误，一般无非是将盐和花椒末混合而成，这里还是悉遵古法——以大粒粗盐入砂锅微火焙干，研碎；花椒也如法炮制成碎末，再加些许丁香粉、砂仁粉，拌成椒盐，另有一种略带药香的芬芳。

白水羊头色白洁净，薄如厚纸——薄到如此程度，椒盐方能使肉得味，每片皆有肥有瘦有皮有肉，入口冰凉爽脆，软韧细嫩，香肥咸鲜，有化的感觉；椒盐逐步化在口中，使味道富于层次变化，咸、香、麻之后，突出的是羊肉的本味。

如今，这种不带味精、虽淡却纯的食材原味在中餐里稀如星凤，难得尝到。以致多数国人出国要带方便面、咸菜，因为国外的厨师根本不会用味精、鸡精。

山厨松蕈不寂寥

　　秋风乍起，夜饮归来，风清月冷，走过楼下南窗外的小园，丁香丛中，已经可以听到促织的凄凄私语、断续哀音了。

　　不由人不惦念松茸的味道。

　　香港美食家蔡澜先生有专文介绍松茸，言简意赅：

　　　　松茸，可以说是世界上最贵的蔬菜。

　　　　松茸到底是什么东西呢？如果你去日本，可以在百货公司的食物中看到，一根根褐色的东西，和男性生殖器很像，也同样有大小。

　　　　日本人把它当宝，一根平均卖到一万日元，……

　　　　松茸，中国早有，称为松蕈，字典中说：属菌蕈科，生赤松树下，秋末茂盛。蕈伞径四五寸，表面灰褐色或浅黑褐色。伞之里面，生多放射状之襞，襞内有微细孢子。

此蕈美味，有芳香，为食蕈中最佳之品。

日本人将松茸做菜，最通常的是切成一片片放入土瓶内蒸，做成香味悠悠的清汤。不然，就是在火上烤后切来吃，撒点盐或酱油，已是无上美味。

所谓"土瓶"，其实是装有藤或竹提梁的陶瓷小壶，盖平，嵌入壶口，盖上覆小盅——上菜时盅底置日本酸橘一角。吃法有趣——先取下小盅，倒一盅原味的汤喝；再开盖，将酸橘放入壶内，盖盖，然后将汤倾入小盅品饮；也有把酸橘汁挤入小盅再喝的。壶内底汤是以木鱼花、昆布制成的清汤，除松茸外，多数会加入鸡块、银杏，甚至甲鱼——此即日本有名的"松茸土瓶蒸"。除了汤、烤以外，日本人还认为松茸与米饭焖在一起最能保持原味，我吃过，确实不是一般的好吃。

此蕈在朝鲜、韩国和我国东北、云南地区皆有出产，但以日本京都北山所产价格最高——是否物有所值，我没机会比较，不敢妄下雌黄。但如此美味的食材，在传统中餐里没有得到应有的重视倒是真的，主要用来出口换汇，只在少数地方风味里偶见倩影，知名度远不如猴头菇、竹荪、口蘑、鸡枞等其他食用菌。

以讲求山珍海味著称的粤菜也不例外，常用的所谓"三菇六耳"中就不含松茸。所以，听说北京丽思卡尔顿酒店"玉"

餐厅"新鲜出炉"的行政中餐主厨古志辉师傅将为我安排一个松茸套餐,第一个念头就是——"不会是在赶时髦,搞什么fusion吧?"看了简历才知道,这位厨师出身香港利苑酒家,还有大阪丽思卡尔顿的工作经历,总算多了一点信心。

未食菜,先见人——人,精明干练;菜,自然也不会令人失望。

鲜松茸炖响螺要加入老鸡块,三者一起隔水蒸七八个小时,味道似河蚌、似海鲜、似鸡,又比它们都鲜厚,鲜厚得出奇。

点心包括松茸虾皮、松茸粉果、鸡丝春卷、银雪鱼酥,充肠适口而已。

鲜松茸炒和牛肉里的"和牛"是澳大利亚养殖的日本黑毛牛,加豆豉和鲜松茸爆炒,素料的鲜味带出和牛的鲜味,牛肉嫩滑,略带弹性,松茸脆嫩,火候恰好。

茅台姜汁芥兰关键在于用广东的芥兰——取其肥而嫩——以茅台和姜汁来炒;姜汁芥兰是传统粤菜,加入茅台,大约是古师傅独有的心得吧。芥兰的爽绿脆嫩本在意料之中,茅台、姜汁与芥兰"合作"产生的香气却出人意表,既有鲜花的清新芬芳,又有腐乳发酵过的醇厚,沁人心脾。

胜瓜松茸鸡粒泡西施饭做法奇特,为我平生仅见——米饭分作三份,一份炸脆,与其余两份一起泡入老鸡浓汤,一勺入口,爆米花的香脆爽口与米饭的软滑入味在舌头与口腔黏膜间反复跳跃组合，汤鲜而肥厚，佐以蟹钳肉、胜瓜、松茸、鸡粒，妙不可言。

似与不似之间

　　我和北京东方君悦大酒店的金强很谈得来，他是很少见的能有耐心听我这样"外行里的内行"上下古今纵横乱谈，并能从中汲取养分、取精用弘的厨师之一。而且坚持每年两次拉上我一起到处寻觅有个性的食材，以改进菜单——虽然他从"长安1号"的厨师长升任北方菜行政总厨已经很久了，但依然是这间餐厅的灵魂人物。

　　今年春天旅行去了东北，白山黑水之间，本地风光无非粗犷豪迈一路，全国各地风味也在当地聚汇，互相渗透，烹饪艺术层面并无太多令人惊喜之处；原材料可是真好——松花江的"三花五罗"（指鳌花、鳊花、鲫花、哲罗、法罗、雅罗、胡罗、铜罗这八种江鱼），长白山的猴头松茸，鸭绿江的江鲜海产，无不令人悠然神往。

　　印象较深的如松花江刚开江时的鲟鳇鱼筋，红烧，有粗粉条粗细，柔中带韧，富于弹性，口感堪称奇妙；鸭绿江没什么污染，江鱼肥美，当地农家讲究用柴灶把鲢、鲇、鲫、鲤四种鱼一锅炖，称为"鲢鲇鲫鲤"，取"连年吉利"的口彩；丹东位于鸭绿江的黄海入海口——咸淡水交界处养料丰富，海鲜历来品质上佳——特产一种黄蚬，不过是比文蛤稍大的蛤蜊，壳米黄，肉杏黄色，以朝鲜族吃法直接把活蚬放在铁丝网上炭烤，壳一张开马上入口，连汁带肉，鲜甜无比，稍稍弹牙，不逊法国贝隆河口的生蚝。

东北是满族的发源地，清朝定都北京，很多关外的生活习俗随之进关，但经过三百多年，这些风俗也在与京华原有的各民族文化悄然融合中缓慢变化。到了民国初年，如张中行先生所见，旗下人的"生活态度，举止风度，都偏于细致，雅驯"（《负暄续话》，张中行著，黑龙江人民出版社1990年版，第103页），自然不见了当年八旗的剽悍之气，衣饰如旗袍长衫，饮食如烧燎白煮，也变得细致讲究起来。今天我们从东北回来，当然也不是为了引进原汁原味的酸菜、白肉、血肠，而是要把东北饮食的一些元素"化"入"长安1号"的新菜单。

酸菜白肉被改造成酸菜豆皮鱼片：北京难得找到合格的东北酸菜，于是以德式酸菜代替，因为原料是洋白菜，口感更加爽脆；鱼片用鲈鱼，雪白细嫩，鱼骨也不浪费，正好吊成奶汤，醇浓；豆皮在东北叫"干豆腐"，取其干香，使口感丰富；我最欣赏其中切细的嫩姜丝，一点倏忽而至的辛辣很配汤汁的酸鲜，去腥就不用说了。

在哈尔滨看到当地人把老黄瓜切片晒干，称为"黄瓜钱"，可以炒菜，也可以煮汤，口感柔韧中带脆，居然还有一点黄瓜的清香。黄瓜钱炒黑木耳，以五花肉片使口感肥润，黑木耳选长白山的秋后所产野生"秋耳"，肉厚，糯中带脆，有木耳香，再点染些许红辣椒，俏色，增香，开胃。

腊八蒜烧带鱼其实是北京菜的改良：北京人烧带鱼有放蒜、放醋的，但从没有放腊八蒜的；吃腊八蒜都是就饺子，没有配带鱼的。厨师这一点创新称得上奇思妙想，配得很"跳"，却并不生硬。做法是先用一半腊八蒜烧鱼，出锅前再加另一半——前一半去腥，后一半提色，还能吃到腊八蒜特有的酸、甜、香。

干煸冬笋辽参借鉴了川菜绍子海参和干煸技法，辽参事先卤过，使之入味，又不过咸过软，保持相当的弹性；再加入笋丁、芹菜丁干煸，以爽脆的背景突出海参的软中略带脆韧，很是别致，在海参的做法中可算有新的突破。

几道菜都用了不少心思，妙在与东北菜似与不似之间。齐白石说："学我者生，似我者死。"——此老画艺如何姑且不论，此语却是见道之言。

百年湘味
典型犹存

　　安排几位上海来的朋友去曲园酒楼吃饭，他们将每道菜都吃得盆干碗净之余的反应是："如果不说，不会相信这居然是湖南菜，更没想到湖南菜会这么好吃。"

　　近年流行的所谓"湘菜"，多是毛氏红烧肉、火焙鱼、酸豆角炒肉泥、剁椒鱼头、炒腊肉、炸臭豆腐干等湘潭农家菜和民间小食，真正富于技术含量、能体现湖南传统文化的烹饪艺术反倒被遗忘殆尽，日渐衰微——买椟还珠，莫此为甚。

　　据《中国烹饪百科全书》（中国大百科全书出版社1992年版，第242页）"湖南菜"词条，名列八大菜系的湘菜，包含湘江流域、洞庭湖区、湘西山区三大流派，其中湘江流域以长沙菜为代表，用料广泛，制作精细；常用煨、炖、腊、蒸、炒、煮、烧、熘、烤、爆等技法，注重刀工火候；菜肴浓淡分明，口味讲究酸、辣、软嫩、香鲜、清淡、浓香。

　　"曲园"就是长沙知名的老字号之一，开业时间有1890年和1911年两种说法，无论如何，总是百年老店了。百年店史，百年坎坷，从长沙到昆明、南京、北京，其间不知换了多少店址，历代业主之间也没有现代商业意义上的产权继承关系，只是字号尚在，湘菜的典型犹存——百年沧桑，小到湖南，大至全国，不知有多少风流人物、英雄事迹被雨打风吹去，一间小小餐馆的字号能断断续续，幸存至今，本身就堪称奇迹了。

　　据赵珩先生在《薄辣轻酸潇湘味》（《精品购物指南报·品位》，2006年10月号，第79页）回忆："四五十年代当红的湘菜馆，首推曲园酒楼。'曲园'开设在西单北大街路西，门面不大，弄堂且深，穿过一条窄长的过道，才能进入店堂。'曲园'意即'曲宴之园'，古时'曲宴'多谓私宴，曹植《赠丁》诗'吾与二三子，曲宴此城隅'即是此意。"

　　在"曲园"主理过厨政的湘菜名师有萧荣华、袁善成、丁云峰、史玉、石荫祥、邹桂生、杨西池、杨根生、凌振杰、周福生、刘汉松诸位，郇厨妙手，吸引了不知多少名流雅士——齐白石、梅兰芳都曾是座上客。北京西单的店址离白石老人的跨车胡同住家不远，老画师又嗜乡味，曾为店里留下"曲园饭馆"的题匾和一幅《白菜图》。现在说起来，是不可思议的事情，当时看来，也只是平常——我对老人的画，不爱写意，独好工笔草虫，在中国美术馆看过真迹，为当代人所不能。

现任厨师长张景严，40多岁，已是中国烹饪大师，人憨厚，木讷寡言，手艺却称得上北京湘菜厨师中的翘楚。我每到"曲园"，都特烦张师傅掌勺，料理几道手法、味型迥异的经典佳肴。

酸辣肚尖是我最喜欢的一道菜。猪肚只选最厚的部位，打十字花刀，急火爆炒，色泽银红，紧汁亮芡，酸辣脆嫩，厚实绵软，略带嚼头——这种菜最吃功夫，以高温的油为成熟介质，不熟、过熟都嚼不烂，要在将熟未熟之际出锅，上桌时才能恰到好处，仅此一点，没有十几、二十年的功夫和足够的天分，无论如何办不到；酸味主要来自泡胡萝卜碎，比单纯的醋酸味要醇厚鲜美得多。

红煨甲鱼裙爪在甲鱼的吃法里最为细腻——将甲鱼裙边、脚爪完全剔下，加香菇、葱、姜、蒜、酱油、绍酒煨烂，成菜色如琥珀，汁浓如胶，脚爪柔嫩，裙边糯滑，软烂香酥；原汤已被耗至极少，不用勾芡，入口粘唇，醇浓香鲜，以之捞饭，远胜有名无实的"翅汤""鲍汁"。

发丝百叶要求将牛百叶洗至雪白，煮七成熟，切得细如发丝，加笋丝爆炒，微酸微辣，爽脆鲜嫩，嚼之有声，佐酒最宜。

子龙脱袍是将拇指粗的小鳝鱼活杀去皮，开水余过，切丝，上浆，温油滑，热油炒，配笋丝、青红椒丝、香菇丝、香菜梗，点少许胡椒粉；成菜五色相映，干净利落，盘无余汁，咸鲜，微带胡椒香，鳝丝滑嫩中含一点脆劲——我吃过炒鳝丝去皮的只此一例，原料必选活鳝——一死，皮就剥不下来了。

"曲园"原有一道汤泡肚尖，把猪肚尖打鱼鳃形花刀，用沸水汆熟，上桌时浸入鸡汤。我跟景严商量，再加入打荔枝花刀的鲜鱿、打菊花花刀的鸡胗，三种原料不仅"花形"不同，色泽、口感、味道也迥异，比汤泡肚尖多一点变化，可名"三花汤"。原是自己吃着好玩，不料蒙酒楼贾经理青眼，竟被收入菜单——只是不知再过一百年，它还能和"曲园"的几道名菜一起流传吗？

持螯况味
清如许

时下国学当令，门庭若市，《论语》畅销，到处祭孔，季羡林、文怀沙、冯其庸诸先生都得到了"国学大师"的头衔，但很少听人提起国学宗师章太炎先生的名讳。我不懂国学，也不曾读过太炎先生的著作，却独爱太炎夫人汤国梨女士的两句诗："若非阳澄湖蟹好，人生何必住苏州。"（《天下味》，唐鲁孙著，大地出版社2009年版，第200—201页，下引文为同一出处）

另一位前辈唐鲁孙先生在阳澄湖吃蟹的经历，只读文字也令人口角生香：

> 阳澄湖在苏州东北，……湖的面积有一百二十里方圆，湖水却只有两丈多深。最妙的是水底平坦，水面如镜，不但清澈见底，简直和天下第一泉，北平玉泉山，同样的明净拔俗。湖里虽然也产鲑鳜鲫鲤一些鱼类，怎奈光影尽被

阳澄湖的大闸蟹掩住了。

　　湖面是烟波浩瀚，碧空尘洗。港汊曲折萦回，网罟处处。网上来的铁甲将军，个个活跃坚实，令人垂涎欲滴。

　　不但壳肉细嫩，就是腿肉都是鲜中带点甜丝丝的鲜味，至于膏黄的腴润醇厚更不在话下。笔者于是大饱馋吻，旁边还有人代为剔剥，最后还拿大甲（即蟹螯）氽汤来醒酒，……

　　我与汤、唐两位有同好，也是蟹味的"俘虏"，在各地不知吃过多少"大闸蟹"，去年还专程到昆山巴城镇阳澄湖边去访蟹，可叹的是这次去过"澜廷"，才晓得过去所食没有一次正宗。

　　阳澄湖澜廷度假酒店得天独厚，就在苏州工业园区阳澄半岛上，近接阳澄湖的波光潋滟，远听重元寺的暮鼓晨钟。我订的晚餐时间是7点，厨师特别安排，所用大闸蟹下午5点才出水以保新鲜，按当地的说法，这样才算标准的吃大闸蟹。而且由于湖水洁净，螃蟹不用怎么清洗，就直接上笼蒸熟，以保证原味。

　　中餐行政总厨祝敏华就是本地人，才30多岁，学艺四年，从业八年，时间不算长，资历却不俗：在中国驻伊朗大使馆主理过厨政，曾任苏州吴宫喜来登中餐厨房主厨。脸上总带着苏州人温和的笑容，说话慢声细语，有书卷气，看得出，是一位有想法、作风细腻的厨师。

一桌盛宴，我最欣赏三道菜：

蟹黄豆腐：绢豆腐（日本做法的豆腐，含水量高，表面光滑，质地特别细腻）先用鸡汤蒸两小时；以菜籽油炒蟹黄，制成调味汁，放入豆腐略烧即可。豆腐不易入味，由于事先用蒸的方法入味，不仅好吃，而且细嫩依旧，不会有煮出的"蜂窝"；蟹黄以菜油煸炒，是农家做法，乡土风味十足，汤汁色泽金黄鲜亮，菜油香与蟹的鲜味十分搭调。

鲃鱼捞饭：就是红烧鲃鱼配我酷爱的咸肉菜饭。鲃鱼的肝肥、皮润、肉细，丰腴醇鲜自不必说，配以江南常见的咸肉菜饭就多少有点出人意表，更妙的是菜饭用鲜荷叶垫底蒸过，荷叶的清香沁人心脾，令用来给鲃鱼垫底的炒金花菜（苜蓿的嫩芽，上海人叫草头）黯然失色。

神仙大白菜：就是把白菜、土鸡、咸肉、瑶柱一起文火炖4个小时，白菜清香腴润，汤肥菜烂，烂而不糟，吃起来虽不至于快活似神仙，也相差仿佛。

大轴自然是清蒸大闸蟹，什么白肚、金爪、黄毛都不在话下，我最看重的一是壳薄而脆，蟹脚用手就能掰断；二是肉清甜——尤其是雄蟹的大甲，味压瑶柱，完全可以不蘸姜醋，直接入口；三是吃完之后，手上只余蟹的清香，毫无腥气——堪称蟹中圣品。

吃了 30 多年螃蟹，才知道蟹味还可以用一个"清"字来形容，真是惭愧。

　　林洪所作《山家清供》是我喜爱的一本宋代食谱，所记皆为山野农家的粗茶淡饭，以素食居多，读之可知南宋江南乡间的食俗民风。按图索骥，试制部分肴馔，颇可下酒；文字清新，有东坡小品风味，亦可下酒。试选两则，以飨读者。

梅粥

　　扫落梅英，拣净洗之。用雪水同上白米煮粥。候熟，入英同煮。杨诚斋（万里）诗曰："才看腊后得春烧，愁见风前作雪飘。脱蕊收将熬粥吃，落英仍好当香烧。"（《山家清供》，林洪著，中国商业出版社1985年版，第65页）

山家三脆

　　嫩笋、小蕈、枸杞头入盐汤焯熟，同香熟油、胡椒、盐各少许、酱油、滴醋拌食。赵竹溪密夫（福建人，南宋进士）酷嗜此，或作汤饼（面条）以奉亲，名"三脆面"。尝有诗云："笋蕨初萌杞采纤，燃松自煮供亲严。人间玉食何曾鄙，自是山林滋味甜。"蕨，亦名蓛。（《山家清供》，林洪著，中国商业出版社1958年版，第66页）

我家春节向例摆粉、白两树梅花盆景以应时令，加在一起花不过数十朵，梅粥是不用指望了；京华寒苦，嫩笋、小蘑菇、枸杞头都要从南方运来，估计只有"文奇"能够凑齐，春暖以后不妨一试。

文奇美食汇是我在北京发现的最重视食材品质的中餐厅，不仅重视参肚鲍翅之类贵重的原材料，于看似普通的禽畜蔬果乃至豆腐，都能认真挖掘，找出最顶级的货色，悉心烹制，于平淡处见精彩。

普宁豆腐是广东潮州特产，"文奇"在当地的一个手工小作坊订货，空运至北京。大约是大豆品种、水质和加工手法的因素吧，与北京的豆腐截然不同：第一是嫩，如果炸着吃，薄薄的金黄色外壳里包着的几乎就是一包豆浆，但又是完整的一块；第二是豆腐特有的鲜香味十足，鲜到你明明知道这是豆腐，还忍不住要问："豆腐能这么好吃吗？"吃法我喜欢炸，店里配的调料是潮州风味的汁水，我每次都要求上同样是潮州特产的普宁豆酱，极咸，带一点发酵产生的特殊臭味，臭中带鲜，跟炸豆腐真是绝配。

前几年常去青岛出差，尝过当地特产的马家沟芹菜，据说是用牛奶浇灌长大的，扔到地上能够摔碎。如此"尤物"在青岛也不是可以随意找到的，"文奇"居然把它运到北京。吃口确实脆嫩无匹，几乎找不到纤维的质感；普通芹菜不招人喜欢的"药香味"也变得清新而不刺鼻。最好的吃法就是生吃，蘸一点甜面酱，清甜爽口，与其说是蔬菜，还不如说是一种水果。

云南皱皮辣椒，辣椒香味十足，多数不辣，椒香里裹着淡淡的甜，偶尔吃到一个辣的就辣得不得了。以之炒日本"黑豚肉"片，猪肉的味道比我们常吃的要淡一些，而弹性十足；与辣椒一起入口，明明是荤菜却清新爽口，酒饭皆宜。

武夷山不仅出好茶，也出美食，"东笋"为其中隽品。此"东"非彼"冬"的笔误，乃"东部所产冬笋"的缩写耳——武夷山到处有竹林，冬季自然有笋可挖，而以东部所产最佳，故称"东笋"。鲜笋极易变质，北上京华，殊为不易，当地友人传一妙法——将笋去根，连皮煮熟，凉透，到京后冷藏。以鸡清汤瀹之，香鲜爽脆，不输鲜笋。

其余如富阳甜豆的清香甜嫩，西藏松茸的鲜美绝伦，缅甸甜瓜的甜润爽口，都值得一试。"文奇"此类佳构甚多，我每次去品尝都有新的惊喜，一点不比《山家清供》记载的差，可惜我的文笔不如前辈，好比把佳肴装在了平常盘子里，各位看官只能委屈一次了。

豆汁麻腐想旗风

几年前，我作过一篇《大城小吃》，开头写道：

北京小吃，品种之繁不如广东，滋味之富难敌四川，历史悠久略输西北，精美细腻稍逊江南。然"京"者，大也，其背负风度之大气，蕴涵风俗之淳厚，确为他处所难及。

谓予不信，姑举一例：我请教非北京朋友各地食风，少有不极言故乡饮馔之美而排斥他乡异味者——北京则信受奉行"拿来主义"，且不说今日随处可见的新疆烤羊肉串、兰州牛肉拉面、延吉朝鲜凉面，就是流传有序的小吃——奶酪来自内蒙古草原，萨其马来自白山黑水，豆汁儿、年糕、爆肚儿、茶汤、豆腐脑、羊头肉俱为元朝色目人后裔的回民经营，诸多风味皆非北京"土著"，但落地生根，从未听说过哪个北京人排斥这些新老"移民"。

时至今日，我依旧持此观点，以为包容性是北京小吃乃至文化的最大、最突出的优点，但不少细节，须加以说明、修订。

其一，"略输""稍逊"者，乃"艺术笔法"耳，实则还是有相当距离的，尤其是跟江南比细腻。

其二，列举的品种里有部分是老北京人不认为是小吃的，如萨其马属于点心，面条属于主食。

老北京小吃的外延自有其怪诞之处，与全国各地迥异，比如四川的钟水饺是小吃，而北京的水饺就算主食，可是烫面饺、锅贴又算小吃；上海的开洋葱油拌面、江苏的小刀面、四川的担担面是小吃，而北京的炸酱面、打卤面就算主食；上海的鲜肉月饼算小吃，北京的自来红、自来白月饼算糕点；加工方法极其近似的杏仁茶与核桃酪，前者是小吃，后者算甜品……如此种种，不一而足，颇让当代人莫名其妙。当然，认真思考，其中还是有规律可循的，主要看销售的场所和方式，大约当初为北京小吃分类的先生们把属于饽饽铺、餐厅的出品定为点心（如萨其马、月饼）、甜品（如核桃酪），把家庭常吃的或切面铺售卖的品种定为主食（如饺子、面条、烙饼），而只把走街串巷、庙会摆摊或虽有小门脸儿但只卖一两种小食的（如天兴居的炒肝）视为小吃，也未可知。60多年过去，沧海桑田，现代人的饮食生活远不如当年细腻、丰富，自然摸不着头脑；就连我的这一点诠释也是想当然尔，不敢说有多么准确。

其三，小吃里的"名件"——豆汁儿确是北京"土著"，而且特别值得提出讨论。北京人为什么要喝这种又酸又馊又烫的浓汁，还要配上极辣的咸菜，殊不可解。梁实秋先生说："就是在北平，喝豆汁儿也是以北平城里的人为限，城外乡间没有人喝豆汁儿，制作豆汁儿的原料是用以喂猪的。"（《雅舍谈吃》，刘天华、高骏编，中国商业出版社1993年版，第277页）

我怀疑这与北京旗人的特殊口味有关，尤其是清朝中晚期已经落魄又不事生产的旗人——"旗"是军事单位，"旗人"是常备军，不限满族，还包括蒙古、汉乃至鄂伦春、达斡尔、锡伯、朝鲜、俄罗斯等民族，"在旗"者不许务农、经商，月有钱粮，反而导致好吃懒做，寅支卯粮，坐吃山空，最后不等亡国，就已经穷困潦倒。这些人又要省钱，又要解馋，还要面子，所以发展出一种特殊的食风，就是怪异、味重、刺激，还附带许多琐细的"讲究"，以示"品位""范儿"。不仅是豆汁儿，与之同一来源的炒麻豆腐也是这一食风的反映，甚至包括非小吃范围的炸酱面，有研究者认为兴起于清末——满满一桌，五颜六色，十几个碟子，轻焯细切，都是"菜码"（拌面的蔬菜），加上酱、油、肉丁、面条，所费无几，而讲究极多，是典型的穷旗人的"排场"。

研究北京饮食文化，旗人的影响是不可忽略的重要因素。

我不是治民俗学、民族学的专家，谨贡献一点鄙陋浅见，望博学君子不吝赐教。

东瀛蟹味

　　我是蟹的爱好者，虽然比不上李笠翁对蟹的痴狂，但每年11月下旬都会专程去苏州阳澄湖吃大闸蟹——这时的雄蟹才肥——也算捧足螃蟹的输赢了。

　　一直以为中国人是吃蟹最讲究、最不怕麻烦的，区区一只螃蟹，可以分出蟹粉、蟹肉、蟹钳、蟹黄、蟹膏、蟹腿、蟹盖，可以炸、熘、煎、炒、炖、焖、扒、烧、蒸、烩、焗、烤、拌、腌、醉、糟，除了首选的整只清蒸以外，家常吃法有面拖蟹、蟹粉烧豆腐，而炒蟹粉、蟹黄鱼翅、蟹白炒银皮、清蒸蟹黄油、蟹黄狮子头在任何餐厅都算大菜，蟹粉小笼包、蟹黄汤包、蟹黄煮干丝、蟹黄烧卖则是南方的名点，总之无论白菜豆腐，还是猪肉粉皮，只要沾上哪怕一丝螃蟹的边，马上就变成上品美味，当然也即刻变得金贵起来。

　　没想到的是，日本人也把螃蟹条分缕析，做成一系列美味——当然是海蟹——最近在北京的"蟹道乐"连吃几次螃蟹，别有风味。以我最欣赏的雪蟹套餐为例，就包括如下内容：

　　蟹腿刺身

　　盐烤蟹腿

　　蒸蟹腿

　　蟹腿寿司卷

　　蟹肉排釜饭

　　蟹肉排酱汤

　　蟹腿刺身是将蟹大腿完全去壳，留下带壳的小腿和爪尖，我老实不客气地抓在手里，涂上现磨的山葵，蘸一点土佐酱油，直接送入口中——霎时清凉甘甜鲜嫩柔滑在嘴里融化，而且毫无异味，远胜象拔蚌、甜虾，只比牡丹虾少一点脆劲，比扇贝多一点黏度，其特殊的口感无可比拟。

　　盐烤蟹腿最精彩的是蟹钳部分，由于是带壳烤熟，上桌前再将壳钳裂，所以鲜味丝毫没有流失，也没有烧烤的焦煳味渗入蟹肉，肉味单纯而浓郁，佐以用日式高汤特制的"蟹醋"——木鱼花的鲜味使酸味变得格外鲜美柔和，也提升了蟹肉的鲜美；最可口的是钳肉的纤维，一丝丝清清楚楚，柔软细腻，仿佛瑶柱丝，而柔滑胜之。

所谓蟹肉排是指蟹身，加蘑菇丝，入陶煲与大米同焖，蟹香与米香非常协调，肉排中间的蟹黄略带螃蟹特有的腥气，而最为醇浓的鲜香恰恰蕴含其中，相当诱人。

蟹肉排酱汤是我最喜欢的酱汤，两种醇鲜碰到一起，一个天然，一个人工，居然相得益彰；原来喝过的酱汤都是加入梭子蟹，稍带一点咸腥味，而雪蟹所制则多了一份清甜。

该店还供应其他种类的蟹馔，只是季节性比较强，如大蒜黄油煎面包蟹、意大利式海鲜锅、帝王蟹意大利面完全是日本洋食的风格，多加黄油、奶油、奶酪、香草、胡椒，香浓味厚，可以佐冰镇的白葡萄酒。

中式的蟹馔多数以醇腴浓厚取胜，配以滚烫的绍兴花雕，是深秋时节熨烫五脏六腑、抵抗飒飒西风的恩物。日本厨师料理螃蟹，追求原汁本味，以清鲜淡雅见长；酒也是冰镇的纯米吟酿，与中国酒比起来，几乎就是软饮，而滋味淡远，使食客仿佛在海滨小屋中与隐士娓娓清谈，斗室之中充盈着"寒夜客来茶当酒"的逸趣禅味。

面揉玉尘

饼似雪

　　月饼，年年都要吃几块，不过虚应故事而已，实在没有太高的兴致。

　　少年时候在上海吃过的鲜肉月饼——街头食品店现包、现烙、现卖，门前永远排着一小队顾客，似乎专门烘托热月饼特有的香气，每出一锅，顷刻售罄，酥皮、肉馅又热又鲜又香，靠近馅心的酥皮被肉汁浸润，尤其美味；代价不过一只一角钱、一两粮票——似乎还有些滋味。

　　这种酥皮月饼是苏（州）式的，时下常见的以模具"范"出来的是广（州）式的。

　　我于苏式，情有独钟。

　　王稼句先生所著《姑苏食话》对历史上的苏式月饼介绍甚详："其花色品种繁多，以口味分为甜咸两种，以做法分为烤烙两种。甜月饼以烤为主，品种有大荤、小荤、特大、大素、小素、圈饼等，其味分为玫瑰、百果、椒盐、豆沙四色四品，还有黑麻、薄荷、干菜、枣泥、金腿等。咸月饼以烙为主，品种有火腿猪油、香葱猪油、鲜肉、虾仁等，其味各有千秋。苏式月饼的精品有清水玫瑰、精制百果、白麻椒盐、夹沙猪油等。"

（苏州大学出版社2004年版，第255页）

每读这样的文字，总会觉得与李笠翁、张宗子、董小宛、沈芸娘辈擦肩而过，一瞥惊鸿，怅惘久之。

苏式月饼，对皮、馅要求都很高，在北京吃到合格的出品甚难。没想到，节前"欣叶台菜"的朋友送来台湾手工咸味月饼，居然是酥皮的，而且皮、馅都有可观之处。

皮，层多而薄，其薄如纸，稍一触动就片片分离，入口即化，酥软不腻。更为难得的是馅料，计有"私房五仁""知味咖喱""馨绿香兰"及"干贝菜脯"四款。

"私房五仁"以金华火腿拌炒古早橘饼、橄榄仁、松子、杏仁、瓜子仁，经由手工切碎再以橄榄油烘焙搅拌，加一点咸蛋黄碎，食之橘香满口。

"知味咖喱"则是将咖喱反复爆香，掺入猪肉、油葱、肉脯、白芝麻、冬瓜，辛辣开胃。

"馨绿香兰"于白凤豆沙中拌入揉制过的南洋香兰叶，甜而不腻，细润绵柔，余韵是一抹淡淡的馨香。

"干贝菜脯"夹藏干贝丝，鲜甘味美的台湾菜脯（萝卜干）

混拌其间，再辅以猪肉、冬瓜、白芝麻、肉脯、白凤豆（肾脏形的乳白色豆子，利马豆的一种，原产南美洲）豆沙，与内地所产风味迥异。

四种口味，一样一块，都是口感细腻、咸甜适中、淡雅宜人，食之使人神清气爽。

有这样细巧的月饼，再泡一壶醇酽的台湾苗栗乌龙"东方美人"，今年中秋也还值得一过。

别
样
酸
咸

日餐餐桌上的味碟品类繁杂，号称烹饪艺术极致的"怀石料理"更是讲究多多，国人享用起来难免缚手缚脚。幸好，以"京怀石"著称、有296年历史的京都老店"美浓吉"去年秋天在北京开设分店，使我得以就近学习，获益匪浅。"美浓吉"京怀石的内容包括：前菜、汤品、海品、烤品、小菜、主菜、锅品、饭品、甜品、抹茶。一吃就是一套，没有零点一说。品尝几次之后，发现每次菜品都不一样，哪怕是连去两天，也会截然不同，可见厨师用心的程度；味碟虽然比普通日餐复杂，倒是万变不离其宗，有规律可循。

海品通常是刺身，味碟有三种。

土佐酱油——将酒和甜料酒煮好加上浓味酱油，在马上就要沸腾的时候投入木鱼花过滤而成；鲣鱼的醇鲜味较浓，适合配皮泛银光的小型鱼——如青花鱼、竹荚鱼刺身。想更爽口的话，先在刺身上抹好鲜山葵泥，再蘸酱油。

煎酒——在日本酒里放上梅子干，煮浓，再加木鱼花，过滤；极淡的黄色，很酸，但不像酱油有浓厚而特别的味道，故能有效衬托材料的原味，很适合于白色鱼肉、虾和贝类。

黄芥末酱油——土佐酱油里加上吉野葛粉勾芡成黏稠状态，拌上黄芥末；刺激程度超过土佐酱油加鲜山葵泥，适合配油脂大的金枪鱼腩和拟鲹鱼，解腻效果突出。

烤鱼要配日本酸橘——大小如黄岩蜜橘，深绿色，比普通黄柠檬酸，香味极浓而芬芳，解腻，去腥。

冷乌冬面除了特制汤汁，还有四款调料。

乌冬面汤汁——在鲣鱼汤汁里加甜料酒和浓味酱油，鲣鱼干使用的是"宗田鲣鱼干"，比起普通的汤汁香味更浓厚。

海苔丝、姜末、熟芝麻和葱花——根据个人爱好投入汤汁。

面要挑起刚好一口的量，将约三分之二的部分蘸上汤汁再吃。

炭火烤日本牛肉也有三个味碟。

味噌酒酿——是日本传统的酱，黏稠，味醇厚而甜。

柚子胡椒——将辣椒和柚子皮做成的泥加盐搅匀，再调入酒酿；味辛香，在日本料理的调味料中属于比较辣的。

香调酱——酒和甜料酒煮好后放入酱油，蔬菜泥——包括萝卜、胡萝卜、洋葱、芹菜——调出香味。

天妇罗的味碟。

天妇罗汤汁——木鱼花和海带煮出的汤汁里加上甜料酒和淡味酱油，味清鲜；配上手工研磨出的萝卜泥；吃天妇罗之前，把汤汁浇在萝卜泥上，可以蘸食，也可以把它当作配天妇罗的小菜。

抹茶盐——把抹茶和盐拌在一起，有茶香，清雅，能更好享受食物的原味，而且不影响天妇罗裹衣酥脆的口感；也有直接用海盐的。

柠檬——根据喜好挤到鱼、虾天妇罗上。

甲鱼泡饭的两种味碟可以同时加入，辛香酸辣。

黑七味——在日本想增加辣味的时候一定会用到"七味"，是把辣椒、胡椒、山椒等混在一起做成的；京都特有的黑七味，是炒出来的——装在小巧的竹筒里，火辣、刺激。

柚子醋——海带和木鱼花煮汤，加入甜料酒、浓味酱油、柑橘汁，酸味淡，鲜味浓。

盛装调料的容器主要有两类——较深的小钵和较平的小碟，蘸调料时小钵一定要拿在手里，小碟一定要放在桌上，才不会被笑话是外行。

煮酒烹牛
消苦寒

冬天是吃火锅的季节，老北京讲究涮羊肉，日本人爱的是寿喜烧（すきやき）。

吃牛肉是纯粹的西方饮食习惯。在农耕文明发达的东方地区，牛曾经是非常重要的生产资料，是既不允许也不舍得随意屠宰食用的。直到19世纪西方文明前来叩门，牛肉才慢慢走上餐桌。特别是明治维新以后，天皇带头食用，日本人逐渐爱上了牛肉。

日本人的特点是：凡事不做则已，一做就认真到"一根筋"的程度，于是把西方与本土的牛种杂交，培育出了世界顶级的"和牛"。其中的黑毛牛不仅是和牛中，甚至是所有肉牛中的极品。它的后腰脊肉即所谓"西冷"（Sirloin）肉质富于弹性而柔软，纹理细致，生鲜亮泽的红色瘦肉上有像下霜一般的白色脂肪纹理，被称为"霜降"；入口之后仿佛要在舌尖融化一般。和牛以松阪、神户、近江、米泽、佐贺、上州等地出产的最为著名。

欧美最重牛排，烹制手法以烤、扒为主；同一部位，中国以烤、炒、涮见长，日本则东西兼顾，刺身、烤、涮皆备。烤、扒、炒的要领在于使牛排中的脂肪与高温接触，产生诱人的醇香，不过口感容易粗老；涮则强调肉质的鲜美、细嫩，惜乎香气不足；唯有寿喜烧，且煎且煮，特别适合霜降牛肉——先稍稍煎一下，爆出牛排的香味，再煮至将熟未熟，使牛排中的脂肪和水分不致过度流失，保证了足够的嫩度，这是我相当欣赏的吃法。

"すきやき"写成日本汉字是"鉏烧"——传说这种吃法源于江户时代，农民把报废的锄头洗净，烧热，在上面烤熟食物；到了明治时期就借鉴此法烹制牛肉，故名。

在不大的日本，以东京为代表的关东地区和以京都为代表的关西地区，有数不清的不同和矛盾，在中国人看来相当琐碎、无聊，日本人却一本正经，比如寿喜烧的制作就分成两派：关东的做法是用甜料酒、酱油、酒、砂糖调成汁，和肉、菜一起煮；关西则先把肉煎一下，用酱油和砂糖调制出喜欢的味道，之后放入蔬菜，等少量的调味汁全部耗干，才加入水和酒——据说这样滋味会更加浓厚。

国内日餐厅的寿喜烧以关东风格较为常见，我在"美浓吉"尝试的却是关西手法。

其实，寿喜烧美味的关键不在关东、关西，而在牛排的品质。"美浓吉"的牛排选用"A—5—10"级——这种由日本食用肉等级规格协会制定的标准，兼顾牛的成肉率和"脂肪混杂""肉的色泽""肉质紧致和纹理""脂肪的色泽和品质"等指标，因为日本人考虑问题的特有逻辑，解释起来有点啰唆，只要记住最高级的是几乎不存在的"A—5—12"级，"A—5—10"级在日本本土也是难得一见的稀罕物就是了——白色的脂肪纹理布满鲜红润泽的瘦肉中，像雪花一样。女侍当面涮好，入口软嫩化渣，肉香满口，丰腴醇厚，丰富的脂肪并不使人感到油腻。蘸料也有两种——生鸡蛋加强滑嫩浓腴的口感；日本特产的酸橘清口，把甜中带咸的味道变成酸甜。

遗憾的是店里只有自酿的大吟酿，冰过之后是刺身的绝配，与如此滚烫汁浓味厚的牛排却有点隔路。下次挑个风雪天再去，自备一大壶烧酒，烫热之后，与牛排在口中一起化掉，滋味定然大佳——倘若连胸臆中、天地间的寒意也一并化掉，岂不更好？

酒馔

　　这里所说的酒馔不是下酒菜，而是特指烹饪过程中大量加酒或以酒为关键调味品，而且以酒香突出为卖点的菜肴。

　　酒之为物，其来远矣，中国人在史前时期就开始以稻米、蜂蜜和水果混合发酵酿制饮料。以酒入馔的时间却晚，南北朝时期的《齐民要术》（贾思勰著，中国商业出版社1984年版，第204页）记载有"乐安令徐肃藏瓜法"，即以盐、好酒（三斗）、炒过的赤小豆和秫米腌渍越瓜，"经年不败"——可见，大量加酒在食物中，一开始是利用酒精的防腐功效以延长保质期。在这以前，主要的加工防腐手段只有干制（包括晒、烘、熏）和腌制（包括盐渍和发酵），酒的加入，不仅是技术层面的创新，也使先民发现了一种新的美好滋味。

　　酒馔的流行始于宋代。《梦粱录》（吴自牧著，中国商业出版社1985年版，第133—134页）记载的北宋汴京酒馔就有酒烧香螺、酒烧江瑶、酒炙青虾、酒法青虾、酒掇蛎、生烧酒蛎、姜酒决明、（**蒲庵曰：疑为鲍鱼。**）酒蒸石首、酒法白虾、五味酒酱蟹、酒泼蟹、酒烧蚶子、酒焖鲜蛤、酒香螺——由于多是海味，其中若有冷食的，还不乏防腐的意味。南宋的《山家清供》（中国商业出版社1982年版，第57、88页）干脆提供了两道热菜——酒煮菜（纯以酒煮鲫鱼）、酒煮玉蕈（鲜蘑）——现煮现食，不图防腐，只为追求这种特别的滋味。

发展到今天，酒馔品种生熟、冷热、荤素、咸甜俱备，蔚为大观。

冷菜中，生食的有醉虾、醉蟹，熟食则鱼肉、鸡肉、凤爪、胗肝、鸭舌、猪肚、猪蹄、猪尾尽皆可醉，多见于江南，用的当然是黄酒。

热菜则各地皆有，各领风骚：福州佛跳墙大量加入当地特产米酒——青红酒，粤菜的玫瑰豉油鸡、琵琶乳鸽、玫瑰酒焗乳鸽离不开玫瑰露酒，素菜如上海的干煸草头要加曲酒，北京"全聚德"的火燎鸭心事先必须用茅台酒腌制，杭州的东坡肉干脆以黄酒代水，河南名菜酒煎鱼以黄酒烹制，简直就是为了印证《山家清供》中的宋菜。

还有甜品：四川名菜"醉八仙"——用醪糟煮葛仙米、莲子、桃油（桃树树脂）、皂仁、橘瓣、菠萝、樱桃、小圆子。

酒者，天之美禄。酒香是迷人的，就算你不好酒，也很容易迷上酒馔。

但取清茗一脉香

国人谈茶的历史，少不了要引《诗经》里的"谁谓荼苦，其甘如荠"。想来当时并不饮茶，而是吃茶，吃法多半是水煮作羹，就像吃荠菜羹一样，连汁带叶，一起吞下——对先民来说，茶只是一种蔬菜而已，可能会看中它有一定的药用价值，而不会视之为一种像酒一样的特殊饮品。

唐宋时期，茶道分为两途，有用沸水冲泡的，也有加入姜、葱、橘皮、盐之类煎煮的——前者将茶视为讲求生活艺术的饮品，已接近现代的茶道；后者则延续古风，依旧把茶汤当作汤羹的一种。

直到明初，朱元璋禁造饼茶，中国的茶饮与茶馔才彻底分开，除了少数民族地区之外，饮茶只用冲泡法，净饮，不加调料；而以之入馔则属于厨师的手法，与茶道无涉了。

虽然如此，上自宫廷，下到民间，以茶入馔的生活习惯不绝如缕，一直存留着——京剧名净裘盛戎就有用龙井茶包饺子的创举，被汪曾祺先生称为"别出心裁"（《汪曾祺全集》卷四，北京师范大学出版社1998年版，第408页）；最常见的茶馔则是茶叶蛋，最著名的当属龙井虾仁。

几年前的春天，我去杭州访茶，朋友介绍了一间不大的餐厅，位置真好——在苏堤的北头，西窗外就是"曲院风荷"。厨师是朋友的熟人，于是趁机提一点要求——现剥的河虾仁以明前西湖龙井茶汁上浆，炒的时候加入龙井茶青的嫩芽——这比传统的龙井虾仁只是在即将炒熟的虾仁里加入少许茶叶、茶汁要得味：一是茶味深入虾肉，吃起来未必有茶香，却更加清爽鲜嫩；二是茶青的颜色远比泡开的茶芽翠绿、漂亮许多。

还有一类茶馔是把茶叶当作熏料，与糖、米、锯末等混合，加热，使之不完全燃烧而生烟，以赋予食物特殊的香味，代表作是四川名菜樟茶鸭子——传说此菜由四川烹饪史上的奇人黄敬临设计，要经过腌、熏、蒸、炸四道工序，其中的"熏"就是以福建漳州的茶叶熏制。徽菜的毛峰熏鲥鱼、熏鸭也是这个路数。

以茶入馔，除了取其香气，还可解除油腻，当代人更多的是为了健康。清代烹饪史料《调鼎集》中记载了一味"茶叶肉"，制法是："不拘多少茶叶，装袋同肉煨，蘸酱油。"既得其味，又得其养，远胜烟熏、爆炒。

糟味

1949 年之后成名的美食大家，有唐鲁孙先生和王畅安（世襄）先生。畅安先生学问涉猎之广，汪洋恣肆，非小子可以窥其堂奥；治学之余，于饮食小道，亦坐而能言，起而能行。余每读王世襄先生自选集《锦灰堆》都有意外收获，最近又读了一遍与饮食有关的篇章，发现与前辈的差距固然不可以道里计，却有一点同好——都喜欢"糟味"。先生在《鳜鱼宴》一篇中写道：

> 山东流派的菜最擅长用香糟，各色(**蒲庵曰:** 原文如此，疑为手民误植，原文应为"名色"，即"名目"之意。）众多，不下二三十种。由于我是一个老饕，既爱吃，又爱做，遇有学习机会绝不肯放过。往年到东兴楼、泰丰楼等处吃饭，总要到灶边转转，和掌勺的师傅们寒暄几句，再

请教技艺。亲友家办事（**蒲庵曰：此"办事"指办红白喜事。**）请客，更舍不得离开厨房，宁可少吃两道，也要多看几眼，香糟菜就这样学到了几样。

......

又一味是糟煨茭白或冬笋。夏、冬季节不同，用料亦异，做法则基本相似。茭白选短粗脆嫩者，直向改刀后平刀拍成不规则的碎块。高汤加香糟酒煮开，加姜汁、精盐、白糖等作料，下茭白，开后勾薄芡，一沸即倒入海碗，茭白尽浮汤面。碗未登席，鼻观已开，一啜到口，芬溢齿颊。妙在糟香中有清香，仿佛身在莲塘菰蒲间。论其格调，信是无上逸品。厚味之后，有此一盏，弥觉口爽神怡。糟煨冬笋，笋宜先蒸再改刀拍碎。此二菜虽名曰"煨"，实际上都不宜大煮，很快就可以出勺。（《王世襄自选集——锦灰堆》，生活·读书·新知三联书店1999年版，第715页）

我对糟味的热爱自问不输先生，刚好武夷友人馈我以武夷"东笋"，于是商诸出身泰丰楼的鲁菜名厨张少刚，可否照方抓药，恢复一下如今已经没有店家肯供应的糟煨冬笋。少刚慨然应允，几番试制，居然成功。平生食笋多矣，以地域论，则苏州、安吉、宜兴、杭州、黄山、武夷、扬州、上海、湖南、四川、重庆，等等，不可胜数，品类甚繁，滋味各有所长。念念不忘者，是武夷山的"东笋"——武夷名产，号称"东笋、西鱼、南茶、北米"，竹笋产量极大，尤以东部所产冬笋为佳，故名——味鲜而甜，无泥土味，脆嫩之中含有酥润，佐以香糟汁的芬芳清甜，一时间明艳不可方物，确实可称逸品。

以糟入馔，见诸文字始于南北朝《齐民要术》的"藏越瓜法"（贾思勰著，中国商业出版社1984年版，第204页），盛行于赵宋。发展到现代，用糟有生熟、冷热之别。生糟自然用冷糟，关键在于食材是生的，代表作是浙江平湖糟蛋。熟糟则有冷热之分，热糟如鲁菜之糟熘三白、糟蒸鸭肝，苏菜的糟熘塘（鳢鱼）片，沪菜也有糟钵头；上海的糟货则属冷糟范围，内容极其丰富多彩，常见荤味有糟脚爪、猪耳、头肉、门腔、猪肚、白肉、鸡、翅尖、凤爪、鸭、鸭掌、鸭舌、鸭胗、虾、蟹、田螺、蛏子，素食则有糟毛豆、冬瓜、茭白、莴笋、冬笋、花生、百叶、水面筋……

花样虽多，糟的来源却无非黄酒糟和江米酒糟（又称酒酿、醪糟），以黄酒糟为基础，又生发出鲁菜的香糟酒、沪菜的糟卤、苏菜常用的太仓糟油——如能熟悉不同糟的特点和用法诀窍，运用之妙，存乎一心，自然能创出别具一格的美味佳肴。

去年，我和张少刚师傅合作，试制了糟香法国肥鹅肝、糟南极深海螯虾、糟蒸舟山小黄鱼；糟带鱼确非新创，但用当地人认为最肥美的冬至舟山带鱼制作，风味大大不同——这都不是什么了不起的大菜，以之佐酒，却是齿颊生香，滋味之醇，言语道断，使人容易沉醉。

吃小馆儿

吃小馆儿是一件别有兴味的事：不衫不履，不必正襟危坐，没有应酬，无人闹酒；点上几个小菜，可以独酌，可以二三好友，无话不谈，在熙来攘往的时代，算得上一段清福。

这里说的小馆儿固然不是星级饭店，不是动辄成千上万平方米全国几百家联号的餐饮巨无霸，不是供富豪一掷千金的"燕翅鲍"、会所、私房菜，不是各领风骚一两年进门黑灯瞎火找不到卫生间的时尚餐厅，也不是小吃店，不是川鲁湘黔全敢来的杂食馆——它大小适中，环境也就是窗明几净，总得有点历史，大家都知道它属于哪个菜系，有几样典型犹存的看家名菜，丰俭由人，人均五六十元就能登堂入室，一百多块就能吃得相当不错，您付的餐费主要用来购买食材和厨师的烹饪技术而非某著名设计师设计的既不好看又不舒适莫名其妙俗气入骨的装修桌椅，服务员的热情适度，绝不会利用您请客的机会在奉送职业微笑的同时推荐龙虾鲍鱼痛下杀手。

20世纪80年代之前，鲁菜是北京餐饮业的半壁江山，如今跟川菜、粤菜的风光根本没法比了。有200年历史的同和居曾经离寒舍不远，我时常出入，上上下下都熟，尤其欣赏于晓波厨师长的手艺，葱烧海参、油爆肚尖、糟熘鱼片、三不粘、烩乌鱼蛋汤都是他的拿手菜。除了上述名菜，我特爱他做的爆炒腰花，干净利落，盘无余汁，腰花软嫩中带一点脆韧，葱蒜香扑鼻，咸鲜微酸。一次闲聊，他告诉我，炒好之后一定要带一点血丝，火候才算合适，我接了一句："还不许渗血水，芡汁不能澥。"于师傅许为知味。糟熘鱼片则风格迥异，清淡，咸中带甜，糟香浓郁，鲜嫩爽滑。我一般都点一条活鳜鱼，两吃——中段糟熘；头尾做醋椒鱼汤，酸辣鲜香，解酒。

曲园酒楼1949年迁到北京，经营传统长沙风味，当年齐白石、梅兰芳都曾是座上客。经典菜品有酸辣肚尖、红煨甲鱼裙爪、发丝百叶、子龙脱袍、海味全家福等等，我时常在这儿宴客，给只知道酸豆角炒肉泥、剁椒鱼头、毛氏红烧肉的人一点惊喜。厨师长张景严是中国烹饪大师，店里所有的名菜我都不知烦他做了多少回，有时故意请他做个小菜——左宗棠鸡，就是鸡腿肉切丁，先挂糊炸一下，再烹汁，紧汁亮芡，酸甜微辣，妙的是直到吃到菜都凉了，依然外脆里嫩，绝不疲软，我叹为绝技，问他，不过是烹汁的时候炒了点糖。

每年冬天都要去一次天津，吃津菜名店红旗饭庄，银鱼紫蟹火锅、罾蹦鲤鱼、家常熬鲽鱼、酱飞禽都肥厚入味，量大实惠。我尤其欣赏他家的一道家常菜——煏面筋。天津的面筋与无锡不同，个儿大肉厚，加几瓣八角红烧，小火"咕嘟"一会儿，勾芡，淋明油，这就是所谓"煏"，入口丰腴，虽为素菜却具荤味；韭菜盒子讲究吃素的，要烙，不能煎，薄皮大馅，最大的优点是吃完口中没有"遗臭"。

这样的小馆儿我在法国、意大利、西班牙都吃过不少，在国内反倒是日渐衰微了，硕果仅存的几间多数由于厨艺失传也名存实亡，我每每大快朵颐之余，又怅然若失。

淡中求鲜
话潮菜

　　亲密接触并喜欢上潮州菜是近年的事，主要是三到潮州问茶，在当地茶人叶汉钟先生、美食家张新民先生带领下吃了不少正宗潮菜，又有幸结识了文史专家曾楚楠先生、名厨方树光先生，始窥潮菜门径。此文所录，不过是一个好食者对潮菜的粗浅认识而已。

　　潮州背山面海，气候温暖湿润，物产本来就丰富多彩。潮人对于食材的选取又有独到之处，堪称细大不捐，取精用弘，名贵如参肚鲍翅，家常如地瓜、芋头，乃至番薯叶、猪肉皮、芥菜根，都可入馔，而且都能制成美味、名菜。

　　潮人先民多居于海滨，自然视海鲜为家常食材，有六成潮菜以海鲜为主题。在当地吃点鱼贝虾蟹也不是什么了不起的事情，且不说廉宜的薄壳、豆腐鱼、巴浪鱼，就是在内陆省份可以卖出高价的膏蟹、龙虾、石斑、响螺在食肆要价也并不夸张，完全可以坦然食之，埋单的时候绝不会有被宰的感觉。

海鲜追求生猛尽人皆知，就是常见的卤水，无论鹅头、鹅肉都比北京所食美味，尤其是鹅肝，浓腴香滑，入口即化，堪称绝品，问诀窍，答曰："无他，现杀现做，不进冰箱而已。"

更夸张的是牛肉火锅，为了让客人涮到最新鲜的牛肉，屠宰厂一天要杀两次牛，分别供应午餐和晚餐，由此还滋生出一个职业——骑着摩托专门从屠宰厂往涮肉馆速递牛肉；有的涮肉馆干脆就开在郊区屠宰厂附近，环境简陋，居然顾客盈门。

我为了满足口腹之欲，也算去过不少地方，而且于川菜并无成见，但对任何餐厅都卖鱼香肉丝，到处都有麻辣烫、水煮鱼，无辣不成席的现象深恶痛绝，到了潮州颇有耳目清明的快感——我就没见过一间以麻辣烫为号召的餐厅、小摊，当地人只用当地、当令食材，以当地手法烹出当地口味的佳肴，并没有胡乱掺杂时兴的别的菜系的手法（正常的借鉴、创新不算），食之不胜开心、痛快之至。

在潮州，筵席大菜与日常小食同样精彩。堂灼响螺片一类的名菜固然令人心醉，街边小摊点一份牛杂粉、一煲鹧鸪粥同样可以一膏馋吻。配白粥的各色小菜称为"杂咸"，数以百计，精彩纷呈，我特别欣赏，百吃不厌。

总结潮州菜的特色，可称其为："淡中求鲜，清中取味"。正如曾楚楠先生所言："清淡，要求菜式的色泽淡雅，气味芬

芳，不油不腻，突出主味，去除杂味。清淡并不意味简单、简
易，不是淡而无味，而是淡中求鲜，清中取味。"（《潮菜掇玉》，
方树光著，香港中国旅游出版社 2009 年版，第 20 页）

我有一个梦想

　　北京人爱吃羊肉，刚一立秋，"秋老虎"还在肆虐，就嚷嚷着要"贴秋膘"了。传统意义上的"贴秋膘"就是吃羊肉，而且特指炮（读如"包"）、烤两种吃法。

　　烤的炊具叫炙子，是个有炉门的空心扁圆柱，上铺扁平的长铁条，条间留缝儿；烤肉时炉内燃起松枝，松烟透过缝隙往上飘，肉能染上松香；按金受申先生的说法，"作料以酱油为大宗，少加醋、姜末、料酒、卤虾油，外加葱丝、香叶，混为一碗"，讲究自烤自吃，可以"就蒜瓣、糖蒜或整条黄瓜"。如今则松枝换作煤气，且于遥远的后厨烤好上桌，烤羊肉已被"阉割"殆尽了。

　　炮分勺炮、铛炮。勺炮就是餐厅里常见的葱爆羊肉（清真餐饮的前辈陈连生先生告诉我，"爆"字在此也应该写为"炮"）。铛炮羊肉是小吃——用生铁加铜铸成的平底大铛，加香油，旺火烧热，放入羊腿肉片、葱姜蒜末、酱油、醋、料酒，翻搅至汁水渐干时，投入大量葱丝，略加翻炒即可装盘；如果继续炒至肉片色泽酱红，外酥里嫩，微带煳香，就是北京独有的"炮煳"——故老相传，这道"名吃"是前门外小吃店"馅饼周"为等候鼓王刘宝全散场后宵夜，歪打正着创制出来的——可惜广陵绝响久矣。（**蒲庵曰：**去年发现牛街的吐鲁番餐厅居然有炮煳供应，而且白水羊头、酱牛肉、油爆牛肚仁儿的品质都还不错，每到马连道喝茶，晚餐就安排在那里。）

早年间北京人"炮烤涮"的羊肉都来自内蒙古草原，我最早知道草原上羊肉的吃法还是看了汪曾祺先生的散文《手把羊肉》：

> 手把羊肉就是白煮的带骨头的大块羊肉。一手攥着，一手用蒙古刀切割着吃。没有什么调料，只有一碗盐水，可以蘸蘸。这样的吃法，要有一点技巧。蒙古人能把一块肉搜剔得非常干净，吃完，只剩下一块雪白的骨头，连一丝肉都留不下。咱们吃了，总要留下一些筋头巴脑。蒙古人一看就知道，这不是一个牧民。
>
> ⋯⋯ ⋯⋯
>
> 我们在达茂旗吃了一次"羊贝子"，羊贝子即全羊。

这是招待贵客才设的。整只的羊，在水里煮四十五分钟就上来了。……我们同去的人中有的对羊贝子不敢领教。因为整只的羊才煮四十五分钟，有的地方一刀切下去，会沁出血来。本人则是"照吃不误"。好吃吗？好吃极了！鲜嫩无比，人间至味。蒙古人认为羊肉煮老了不好吃，也不好消化；带一点生，没有关系。（《汪曾祺文集》，陆建华主编，江苏文艺出版社1993年版，第337页）

同样是羊肉白煮，西北地区称为"手抓羊肉"。自从各省驻京办纷纷开设对外营业的餐厅，我就有了饱尝各地不同风味手抓肉的机会，从宁夏一直吃到甘肃、新疆。据说驻京办的羊都是从原产地空运而来，吃起来确实比一般市售的羊肉鲜美。做法没有什么大的区别，煮得比内蒙古的制法要熟一些，而调料各异——就我个人的记忆，甘肃是一碟盐、一碟辣椒面，宁夏则是用酱油、醋、蒜兑成汁，新疆在肉上直接浇盐水、撒洋葱碎——这是哈萨克牧民的食风。

单就肉味而论，我更喜欢宁夏的滩羊肉。据说，宁夏黄河河滩上长满了一种碱性的野草，羊吃了以后就变得毫无腥膻之气，而且鲜美至极。这种在河滩上放牧的羊称为"滩羊"，以盐池地区所产名声最著。我在银川既吃过街头餐厅的手抓肉，也尝了凯宾斯基饭店用滩羊的羊羔肉烤成的西式羊排，俱鲜香无比，在我吃过的羊肉中堪称神品。

关于羊肉，我有一个梦想：去内蒙古草原，燃起篝火；羊，现杀即煮（一般情况下，冰箱是摧残食材的"暴君"），嫩得带一点血丝，连盐都不蘸就入口（这是最原始的吃法，蘸盐水还是把汪先生当干部照顾了一下），佐以腌草原野生韭菜花（有异香，跟北京酱园的出品完全不是一码事），纵饮马奶酒，听着马头琴和长调，仰望一天星斗，就此醉倒在草原上。

白芦笋·龙须菜

正是春风骀荡的时节，去波尔多考察鱼子酱。我有 10 年不到这世界著名的酒乡了，但觉阳光依旧明媚，风景依旧迷人，美食美酒依旧使我食指大动。

最大的收获是吃到了当令的新鲜白芦笋——最肥的比大拇指还粗，当地只是白煮，浇一点奶油汁，细嫩而带轻轻的一点脆劲儿，甜美多汁（某一株的尖端偶尔微苦，无伤大雅），入口略嚼即化，却与春笋尖、茭白、蒲菜、芦蒿、山药不同，使牙龈有一种特殊的快感，这种感受难以言传。

吉伦特河边的早市上它也是主角，一捆捆地摆在最显眼的地方，长约尺许，嫩尖上带一抹淡淡的紫色，衬得茎部越发雪白耀眼，望之使人垂涎。

芦笋属天门冬科，学名石刁柏，原产欧亚大陆，有绿、紫、白三色，古希腊、罗马时代就是备受珍视的美味。因为必须手工采收，价格本不低廉；由于白芦笋还需要人工培土覆盖，以防止光合作用使色泽变绿、纤维变老，采收时必须从地下割断、挖出，考虑到欧洲的人工费，其滋味又远胜有色品种，价值更加不菲。

中餐也用芦笋入馔，美其名曰"龙须菜"。

梁实秋先生记载他尝试过的中式吃法有：龙须菜配鲍鱼片冷盘（都是罐头货）、上海的火腿丝炒新鲜龙须菜、北平东兴楼和致美斋的糟鸭泥烩龙须。第二款写明是绿芦笋，另外两款我相信是白的。老先生尤其赞赏最后一款，以为"两种美味的混合乃成异味"。（《雅舍谈吃》，刘天华、高骏编，中国商业出版社 1993 年版，第 151、152 页）

天坛"龙须菜"是清代北京有名的时鲜，惜乎早已销声匿迹，也就无从考证北京地区是否有过土生土长的芦笋了。

齐如山先生以为北京原产的所谓"龙须菜"是野生蕨菜，但又说"西洋龙须菜"就是蕨菜，只是比中国野生的更加肥嫩（《华北的农村》，齐如山著，辽宁教育出版社 2007 年版，第 243 页）——这当然不对，两者根本无关。王世襄先生则认为北京天坛和"四郊有松柏树的坟圈子内"所产的"龙须菜"就是石刁柏。（《锦灰堆》二卷，王世襄著，生活·读书·新知三联书店 1999 年版，第 706 页）

余生也晚，这笔烂账实在算它不清，只好两说并录，以俟来者。

江左风华　饮食清嘉

　　自东晋南渡、开辟江左以来，中国的经济、文化重心逐步从中原南移，到了明清时期，长江三角洲一带被称为"东南财赋之区"，亦是文化中心，尤其是苏南的苏（州）、松（江）、常（州），浙北的杭（州）、嘉（兴）、湖（州），号称"鱼米之乡"，通江济海，河湖纵横，舟楫往来，利擅渔盐，精耕细作，桑蚕锦绣，物产丰富，工商繁荣，文风素盛；英雄豪杰、状元宰相、名士巨贾、能工巧匠、游侠名妓，多如过江之鲫，层出不穷；雄姿英发，文采风流，为天下冠，实系华夏文明的精华所萃。

　　生活在这里的人民，自然讲究生活艺术，消费欲望强烈，消费水准较高，以儒家的道德标准，社会风气堪称"淫靡"，其实不过是第三产业发达而已——追求口腹之欲更是题中应有之义，尤以苏南地区为盛，不要说金陵、姑苏之类的大城市，甚至每个县城、村镇都有自己独特的饮食文化传统。

京苏大菜知何处

诸葛亮也有不靠谱的时候，他老人家有句名言："钟阜龙蟠，石头虎踞，此帝王之宅。"南京倒真成了"九朝古都"，可惜沧海桑田，或短局，或偏安，故张之洞诗云："鸩毒山川是建康"——金陵的风水实在是靠不住的。

虽然如此，从东晋到民国，从《世说新语》到《板桥杂记》，从桃叶渡到乌衣巷，从王谢子弟到秦淮八艳，千百年夸不完的风流富贵、享不尽的锦绣温柔，令人悠然神往，复黯然神伤。

这种地方，一定会有数不清的郇厨妙手、金炊玉馔，《随园食单》"盒子会"，秦淮画舫六华春，李香君、袁子才早成古人，姑且不论，宋美龄、汪精卫、胡小石辈去今不远，他们吃过的炖菜核、美人肝、清炖鸡孚还有当年京苏大菜全盛时的风光吗？

第一次去南京，还是25年前，大学生吃不起高级餐馆，"蒋有记"的牛肉锅贴、"刘长兴"的荬儿菜蒸饺滋味之美至今难忘。后来再去，吃过"马祥兴"的盐水鸭、"韩复兴"的鸭油烧饼，也还不错，只可惜美人肝徒具虚名。

北京王府井北口儿童剧院附近有家南京大饭店，开业之初颇有几道可以吃吃的南京菜。最爱他家的生炒六合龙池鲫鱼，鱼体肥硕，与北京所产不同，斩成大块，先炸后炒，火候甚佳，外脆里嫩，鲜甜适口，略无腥气；以鲴鱼肉代替猪肉制成清炖狮子头，生面别开，腴而能爽；最早认识菊花涝也是在这里，开始不识其妙，最后终于上瘾。

近年的南京餐饮风格似乎也日渐粗糙，且与其他城市渐趋雷同，现在流行的小吃居然是鸭血粉丝汤——这都是从哪里说起？

苏州菜的"楼上楼"

苏州菜当地称为"苏帮菜"，其实是苏锡菜的一支，虽未能跻身"八大菜系"，却是中国美食的重镇，堪与扬州菜、福州菜、潮州菜并称。由于过度依赖当地物产（这也很难被称为缺点的），固然行之不远，不能如川、鲁、粤菜之广泛流布，滋味之美却高居湘、徽、闽、浙诸菜系之上。

我每年至少两次去苏州，说是春天去喝碧螺春，秋天去吃阳澄湖和太湖的湖蟹——其实是爱煞苏州的物产之丰（"太湖三白"之外，"水八仙"、杨梅、枇杷、水晶石榴皆脍炙人口）、菜品之美，乃至昆曲之婉转、昆石之玲珑，情难自已。

京戏里有一种翻高再翻高的唱法，叫"楼上楼"，典型如李多奎《四郎探母·见娘》的西皮导板，"一见娇儿泪满腮"一句，就是"楼上楼"翻着高唱，真如鹤唳九霄，听起来过瘾至极。苏州菜也不乏类似手段——往往于极工细处再求工细：在其他菜系炒蟹粉已经算是功夫菜，秃黄油居然单用蟹膏、蟹黄；小小一条塘鳢鱼，仅取其身上的两小片净鱼肉用于糟熘；其余如蟹黄裙边、得月蟹鲃——蟹粉炒去皮、骨的鲃鱼肉、肺（其实是肝）——也是如此，尽态极妍，令人咋舌。

苏州菜另一桩可人之处是滋味平和，当咸则咸，当甜则甜，妙在咸甜皆恰到好处，不掩食材的本味，更不会有时下流行的满口辛辣之弊，充肠适口，食之使人意远。

常州点心

平生足迹未到常州，对常州美食印象最深的是两道点心。

耳食的是常州菜饼，唐鲁孙先生有专文介绍云：

> 中国饼类最好的一种，不是山西的饼，而是江苏的"常州菜饼"。
>
> ……
>
> 做菜饼馅子、和面是两项最重要的工作，做菜饼的菜以菠菜小白菜各半为正宗，没有菠菜小白菜的时候，用野生荠菜或是苋菜萝卜的也可以。不论用什么青菜，总以剁得越碎越烂越好，三七成肥瘦猪肉剁成肉酱，加油、酱、姜、葱炒成细肉末，小河虾剁烂加少许胡椒粉，一并加入

菜里拌匀。馅做好就要和面啦，和做菜饼的面是需要高度技巧的。面一律用高筋的，先把面粉放在盆里用凉水稀释后，拿擀面杖或是搅拌器顺着同一方向，慢慢地搅和；搅到面已起劲，然后揪下一块，捏成一块面片，把菜馅放在其中，从四边把面拉起包好；在平底锅上，用铲子压成饼状，轻油文火慢慢烤熟。这种菜饼以季节来说是朝霞沆瀣，四季咸宜，盘香翡翠，对于老人更能促进食欲，膏润脏腑。在南方面点中常州菜饼的确称得上是逸品。（《故园情》，唐鲁孙著，大地出版社2011年版，第78、79页）

吃过的是北京常州宾馆的小麻糕：外形像"全聚德"的空心烧饼，个头儿略大，烤制的火候恰好，色泽淡黄，面上有芝麻；看起来清清淡淡、平平常常，用筷子一夹才知道，分量甚轻，酥得几乎是一触即碎；中间层数不多，每层皆极薄，入口疏松，香甜细润；黄发垂髫，最为相宜，也不失为一种清雅的茶食。

那里的菜也不坏，典型的江南家常风光，淡而有味；秋冬时节有咸肉、河蚌、豆腐应市，在北京是独一份，每年少不了去吃两次。

无锡菜之甜

第一次到无锡，自然要尝尝老字号"王兴记"的小笼包，我算爱吃甜食的，入口还是大吃一惊——馅心肉肥、酱油重还则罢了，要命的是还加入白糖，分量之多绝对超过上海八宝饭、苏州玫瑰猪油年糕！

无锡土产夸称"三宝"——惠山泥人、三凤桥肉骨头和清水油面筋，肉骨头依然是一味齁甜，未见精彩；倒是有人说"三宝"充分反映了无锡人的精明，泥巴用模子一磕就当工艺品卖，肉骨头多骨少肉，小小一块水面筋炸成轻飘飘一大篓面筋泡。我有一友，出身宜兴紫砂世家，一次闲聊，我随意提起宜兴也归无锡管辖，他马上正颜厉色地声明——宜兴人不是无锡人，搞得我好不尴尬。

无锡人的特点我不敢妄加议论，对无锡菜的评价倒有个现成的案例——无锡荣氏号称素封，是所谓上海"民族工商业的代表人物"，家厨用的却是扬州饭店的创始人莫氏兄弟——当地闻人如此，我辈思过半矣。

腌菜小谱

　　一直想写一点关于腌渍食品的文字，却踌躇延宕，难以下笔，因为它们并非什么奇特的食材、大师的创作，不过是来自家里或亲友的坛坛罐罐，乃至街头巷尾的小店、小贩，是千家万户甚至蓬门荜户的日常小食而已；况且严格来说，腌渍发酵属于食品工业范畴，并非我的专业，写出来难免支离破碎，仿佛人家老屋外墙上的土花水渍，斑驳散乱，不成其为文章。

　　概括命名也有难处：国产腌渍食物的品类极为繁复，有腌、酱、泡、渍、糟、醉、臭诸多手法，原料则蔬果豆腐、禽畜水产、肉蛋下水、山珍海味，无所不包，无论是古称的"菹"（读如"租"）、"酱"，日本的"渍"都难以概括；潮州的"杂咸"固然涵盖广阔，但其中居然有卤水和鱼饭（其实是盐水煮海鲜），与发酵无关；倒是浙东一带，把一切腌渍过的食品统称为"咸下饭"，雪菜、蟹糊、腐乳、泥螺、臭冬瓜、霉千张皆入范围，庶几近之，惜乎方言土语，行之不远。实在没有办法，勉强以"腌菜"二字概括名之——以"腌"涵盖所有的类似加工手段，盐腌、酱渍之外，糟、醉、臭亦无非用糟、酒、臭卤腌渍而已；"菜"则弃"园蔬"之狭义，取"佐餐食物"之广义，因作《腌菜小谱》。

腌渍并非简单的盐渍脱水，而往往包括发酵作用，其原理，简单说主要是利用了食盐溶液的高渗透压作用、微生物的发酵作用和蛋白质分解的生物化学作用来抑制有害微生物的活动，达到防腐的目的，并使腌制品形成特殊的风味和色泽。微生物的发酵，主要包括乳酸菌的乳酸发酵、酵母菌的酒精发酵和少量醋酸菌较轻微的醋酸作用。依靠这些微生物的发酵作用，不仅能防腐，更可使腌制品获得特殊的色、香、味。在腌制和后熟过程中，原料中所含的部分蛋白质，在其水解酶和微生物的作用下，能逐渐被分解生成具有鲜味和甜味的氨基酸，这些氨基酸又能与乙醇及一些糖类等发生化学反应，形成酯类等更复杂的物质，从而进一步改善腌制品的色、香、味。（《雪菜的腌制与加工》，唐爱章、叶培根著）

国人腌渍食品的历史其来久矣，先秦时期把鱼、肉等原料经过腌制、发酵制成的酱称为"醢"（读如"海"）、"臡"（读如"泥"）、"醓"（读如"谈"），在瓜果蔬菜中加入盐、饭腌制、发酵而成的食品称为"菹"，《周礼·天官·冢宰》中已经记载了不少"醢""臡""醓"和"菹"，原料荤的包括麋、鹿、鱼、兔、雁，素的包括韭、菁（韭菜花或芜菁）、茆（读如"毛"，孔颖达认为是莼菜）、葵（冬寒菜，又名"冬苋菜"）、芹（水芹，我们现在常见的旱芹出现较晚）、箈（读如"台"，《说文解字》解释为"水衣"，估计是某种藻类）、笋——还有几十种或原文失记，或由于输入法里找不到对应的字，或不知道到底是什么东西，没有一一列举——品类之繁如此，可见"美食王国"之号，还真不是自吹自擂。（《中国食料史》，俞为洁著）

腌菜的滋味是温润的，由于发酵和蛋白质的分解作用，原本的单调变为丰富，直接变为圆融，明朗变为暧昧，这些因素的组合衍生出亲切的家常风味。我尤其重视其在烹饪中的应用，蒸煮炒炖，冷热咸甜，手法之繁，覆盖之广，运用之妙，变化之奇，举世无双。以下是我喜欢或以为有特色的腌菜及其吃法，獭祭敷衍，就教于博雅君子。

榨菜

榨菜应该是全体国人都喜欢的咸菜——由于工作在饭桌边上，平生听说过忌口无数，常见的如忌香菜、茴香、韭菜、生葱、生蒜、内脏、羊肉、鳝鱼、奶制品——最可笑者我有一师辈的公子居然忌鸡蛋和粉丝，真是奇哉怪也——但从来没听说有谁不吃榨菜的。

榨菜的吃法最简单，除了当咸菜吃之外，就是两种——榨菜炒肉丝（或片）、榨菜肉丝（或片）汤。20世纪七八十年代副食供应紧张，没少吃这两样菜，奇怪的是，真是百吃不厌。特别是榨菜肉丝汤，加一点粉丝，三种食材都没什么特别的滋味，清水煮成一锅，就好吃得不得了，而且少了几乎无味的粉丝还不行。我平生第一次独自下馆子是小学四年级，在学校附近的峨嵋酒家——那时候的店址还在月坛公园的北墙外，马路对面就是前两年着实风光了一阵的庆丰包子铺——记得就点了榨菜肉片汤，此情此境，恍如昨日，37年的光阴就这样流逝了。

小时候吃的榨菜都归副食店卖，进货的时候装在大坛子里，不知是售货员偷懒还是确实难以好好打开，我见到的做法都是把坛子敲开一个大口子，取出来完整的榨菜头，零称着卖，而且在小黑板或纸板上大书："破坛榨菜"——这是北京地区的传统吗？我不是老北京，一直没闹明白。这种榨菜表面还裹着鲜红的辣椒面，咸鲜酸辣，脆中带韧，看着就觉得仿佛川妹儿一般泼辣爽快，滋味比如今装在真空铝箔袋里、被吃不惯外餐的国人打入行囊运到世界各地的、加了味精还淡而无味软塌塌的榨菜丝不知高明多少倍。

涪陵榨菜举世闻名，上海人也腌榨菜，却完全不辣，一味酸鲜，口感以爽脆胜。

汪曾祺先生有文曰《自得其乐》，其中有榨菜的特别吃法：

> 有一道菜，敢称是我的发明：塞肉回锅油条。油条切段，寸半许长，肉馅剁至成泥，入细葱花、少量榨菜或酱瓜末拌匀，塞入油条段中，入半开油锅重炸。嚼之酥碎，真可声动十里人。

用平实简约的文字，把家常菜乃至普通人的日常生活写出滋味、意境，在运用现代汉语的作家中，汪先生不作第二人想。

雪菜

雪菜又名雪里蕻、春不老，学名"分蘖芥菜"。明王磐《野菜谱》称："四明有菜名'雪里蕻'，雪深，诸菜冻损，此菜独青。"又因其"隆冬遇霜不凋，暮春迎风不老"，保定一带称之为"春不老"。(《中国蔬菜名称考释》，张平真主编) 鲜品微苦、辛，腌后其味始佳；腌菜与鲜品同名。

四明是宁波旧称，时至今日，宁波所产的雪菜还是中国第一；说"雪菜大汤黄鱼"是甬菜第一名馔，亦不为过。

雪菜的好处在于"和光同尘""随遇而安"，与鱼、肉配则解腻、去腥、提鲜，使之有素味；与笋蔬配则圆融浑厚，使之有荤味。可以炒墨鱼、炒肉丝、炒笋丝、炒宁波年糕；野生大黄鱼成了稀罕物，就用雪菜蒸梅头鱼，俏一点笋丝，同样诱人；还可以蒸包子，荤馅的雪菜肉包固然不错，素馅的雪笋包也清隽有味。

有趣的是雪菜与蚕豆的组合，沪菜的雪菜豆瓣酥就不用说了，我小时候家里常常把干蚕豆用水泡过，置诸温暖处，盖上湿毛巾，使它发芽，成为上海人俗称的"独脚蟹"，以之与雪菜一起加水煮烂做汤，调味只用盐，绝不用味精——有鲜笋就加几丝，没有也不妨事——其味之鲜没吃过的人无法想象，虽然比不上鸡汤，却不逊一般的肉汤，而清鲜过之。

平生吃过最美的雪菜在上海南市父亲的姨母家，大约是郊区农民自己腌的，只取肥厚根部的内芯，切成薄片，早餐的时候用来下泡饭——色黄如金，不很咸，吃口爽脆，酸鲜醇厚，滋味之美，言语道断。

潮州咸菜

到了潮州，又是另外一番光景，与其他地区不同，所谓"咸菜"，成为一个小概念，特指用大芥菜腌制的咸菜；更高一级的概念叫作"杂咸"——指一切佐食白糜的小菜，品种一百以上，鱼饭虾苗，泥螺薄壳，榄菜香腐，菜脯杨桃，都收归名下。我每到潮汕，必食宵夜，到大排档喝粥，最喜欢就着或明亮或昏黄的灯光，在十几甚至数十种杂咸中挑挑拣拣，然后一边尝试干湿咸淡不同的新鲜味道，一边稀里呼噜地喝粥，痛快淋漓，乐而忘倦，个中况味，非经过者不足与之言。

潮州咸菜品种有二，一酸一咸。酸味的是腌制时加入了米汤，主要用来佐白糜。咸味的用来烧菜，常见的除了咸菜炒猪、牛、鱼肉，还有咸菜响螺汤、咸菜蚝仔汤，以猪肚汤流传最广。我爱佐粥的咸菜之酸爽脆嫩，也喜欢咸菜猪肚汤的醇香。

其他加入"杂咸"的菜品也自不少，知名者如菜脯条煮沙虾、菜脯卵、贡菜炆伍鱼、冬菜煮枪鱼，等等，皆脍炙人口。

（《潮菜天下》，张新民著）

菜脯——萝卜干是另一种重要的潮州"杂咸"，我却不知道好吃在哪里。

酸菜

最著名的酸菜出在东北和西南，而原料不同——东北"渍"的是大白菜，西南泡的是叶用芥菜——用途却相仿佛，主要用作烹饪的辅料。

川菜江湖菜流行全国，在北京"打头阵"的就是酸菜鱼，个人更欣赏同样用酸菜料理的酸菜鱼肚——不仅是多了一个字，格调也有上下床之别：用最廉宜的辅料配上鱼肚、海参之类的食材，使之具有家常风味，是川菜的拿手好戏，细料"粗"

做，俗不伤雅，举重若轻，正是高手境界。

东北酸菜最常见的吃法是氽白肉或者酸菜白肉火锅，我曾经稍加改良，用天福号的老北京炉肉（烤熟的带皮猪软肋五花肉）代替白肉，再点缀些许大闸蟹的蟹黄，酸鲜爽口，使董秀玉先生大为叹赏。其实这种做法其来有自，据唐鲁孙先生《岁寒围炉话火锅》记载：

> 东北的火锅以酸菜、白肉、血肠驰名，……讲究的火锅紫蟹银蚶、白鱼冷蟾，众香杂错，各致其美。从前北宁铁路局局长常荫槐最讲究吃这种东北式火锅，他又得交通运输上的便利，所以，他冬季在北平请客吃火锅，什么白鱼、蟹腿、山鸡、蜊蝗（即生蚝）、蛤士蟆、鱼翅、鹿脯、刺参，东北的珍怪远味，无所不备……

这种火锅的"豪华版"锅底除了酸菜、白肉，还要加梭子蟹——我不过是略师其意，偷梁换柱而已。

冬菜

因为只在冬天腌制，故名。北京、天津、四川都出冬菜，川冬菜我不熟悉，也就罢了，奇怪的是，生长京华，不加大蒜的京冬菜似乎也没吃过，常吃的皆为有浓郁蒜香（或臭？）的津冬菜。

津冬菜在国产腌菜中也算一绝——没有人单独用它来佐餐，只做调味料用，而且仅见于京津一带的馄饨汤中，与葱花、香菜末、紫菜、海米做伴，把一碗皮多馅少、浸在一点都不浓厚的猪骨汤里的馄饨调和得有滋有味有嚼头。

北方曾经有一道名菜"烧三冬"，融冬菇、冬笋、冬菜于一炉，滋味难以想象，我也只是听说过，大约早就没人做了。

泡菜

韩国人把自己的泡菜夸得天好地好，殊不知四川的泡菜文化足堪与之匹敌，原料之丰，料理菜品之富，犹有过之。

我以为四川泡菜的最伟大之处在于为川菜贡献了泡辣椒（又名"鱼辣子"），能够赋予非河鲜类食材以"鱼香"，使得川菜在复合味型创作的想象力层面达到其他菜系难以企及的高度，提升了中餐的调味境界，仅此一点，就足以笑傲世界烹饪之巅矣。

酱枳壳萝卜

这应该是最小众的腌菜了，名字是我杜撰的。

枳的形状像一个小橘子，在其顶部开一直径寸许的圆形小口，掏空枳肉，保持枳壳的完整；酿入手切的细萝卜丝，装满，把切下的一小块枳壳再盖回去，用线把口缝上；稍稍风干，浸入熟酱油，腌渍入味。

最早知道枳，是小时候读晏子的故事，晏婴说："橘生淮南则为橘，生于淮北则为枳，叶徒相似，其实味不同。"其实晏子错了——橘和枳虽然都是芸香科，但一为柑橘属，一为枳属，即使种植环境发生变化，橘也不可能变成枳。枳虽然没有柑橘甜美，但枳壳、枳实都是很好的药材，中医认为其性温，味苦，辛，无毒；有舒肝止痛、消食化滞、除痰镇咳之功。

送我酱枳壳萝卜的是太仓的朋友殷继山先生，太仓当地是把枳壳也切成细丝与萝卜丝同食，据说可以醒酒。酱萝卜丝只是爽脆微甜；枳壳吃起来稍带韧劲，馨香仿佛橘皮，略苦，咽下去之后口中有点麻酥酥的感觉，倒是别致、爽口，佐白粥极妙。

腐乳

腐乳是国人独有的伟大发明，中国之大，似乎到处都有出产，京、沪、苏、浙、川、滇、粤、桂，各有其味，各擅胜场——这个题目没法写，因为是一本大书的内容。

仅就烹饪而言，腐乳入馔往往用来配合重味大荤，如北京的涮羊肉、江南的腐乳肉、广东的打边炉之类；天津小吃尤喜用之：锅巴菜、老豆腐、煎饼果子、石头门坎素包里边都离不开腐乳汁，它和芝麻酱、香菜的组合能使素食产生"荤味"。

绍兴是黄酒的故乡，发酵几块小小豆干那才叫波澜不惊、手到擒来，计有醉方（辅料中有绍兴老酒）、红方（红色来自红曲米）、青方（又名"臭方"）、棋方（小如棋子，色泽酱黄，味醇暖胃）诸多名目，还能加入麻油、香菇、火腿、玫瑰等配料，形成新的风味，品类之繁，天下独步。（《中国土特名产辞典》，赵维臣主编）

云南人称腐乳为"卤腐"，"路南卤腐"有大名，我独爱加了鸡枞油的那种。据说楚雄牟定人讲究吃陈年的"天台油卤腐"，朋友到厂家库房找来陈放十年的货色，千里携来以馈我。开瓶视之，上浮一层红油，是用菜油熬制的，色艳香浓；一大半"卤腐"已经糟烂成泥，用筷子难以夹出，却是醇鲜无匹。以之蘸食黄焖新疆羊肉，异香满口；将嫩豆腐用开水烫过，拌入"卤腐"，风味亦自不恶。

咸鸭蛋

高邮不仅出了秦观、王磐、王念孙、王引之、汪曾祺，也出大麻鸭和咸鸭蛋。

汪先生写过一篇《故乡的食物·端午的鸭蛋》，其文曰：

> 我对异乡人称道高邮鸭蛋，是不大高兴的，好像我们那穷地方就出鸭蛋似的！不过高邮的咸鸭蛋，确实是好，

我走的地方不少，所食鸭蛋多矣，但和我家乡的完全不能相比！曾经沧海难为水，他乡咸鸭蛋，我实在瞧不上。……

高邮咸蛋的特点是质细而油多。蛋白柔嫩，不似别处的发干、发粉，入口如嚼石灰。油多尤为别处所不及。鸭蛋的吃法，如袁子才所说，带壳切开，是一种，那是席间待客的办法。平常食用，一般都是敲破"空头"用筷子挖着吃。筷子头一扎下去，吱——红油就冒出来了。高邮咸蛋的黄是通红的。苏北有一道名菜，叫作"朱砂豆腐"，就是用高邮鸭蛋黄炒的豆腐。我在北京吃的咸鸭蛋，蛋黄是浅黄色的，这叫什么咸鸭蛋呢！

父亲生长沪滨，喜食咸蛋，我也跟着吃了几十年，没吃过高邮咸蛋之前，总觉得汪先生爱屋及乌，未免夸张；吃过之后才知道，高邮的出品确实与别处不同，我吃咸蛋，蛋白往往是弃之不顾的，只有高邮所产，一点都不肯浪费，以蛋白嫩而有味，与蛋黄成一有机整体耳。

蒸肉末蛋羹，往往患肉末沉底、与蛋羹分开，我家的做法是将蛋液、肉末在大碗中调匀，入锅前打一个生的咸蛋在表面，不搅碎；蒸好之后蛋羹分为三层，上层亦有滋味。

承汪先生的公子汪朗先生见告，名声在外的双黄蛋其实倒没有什么意思。

今春去高邮瞻仰汪先生故居，少不得到城西的高邮湖看看，好大一片水呀！波光粼粼，浩渺无涯，帆影斜阳，气象万千，亦不让我去过的洞庭、太湖——有法国人看出汪先生的"小说里总有水"，"即使没写到水，也有水的感觉"，真是独具慧眼！倘或没有城西这一片烟波氤氲滋养，苏北小城逼仄的小巷里未必能走出汪曾祺这样的人物来吧？

醉蟹 · 醉麸

"醉"这种手法在"腌菜"中比较少见，大家都知道的有绍兴的醉方（腐乳的一种，卤汁中加入黄酒）和长三角一带的醉蟹。

我吃过最好的醉蟹是上海致真酒家自制的，不知用了什么秘方，能把蟹膏腌得漆黑，芳凝脂润，甜味重而腥气绝无，颇为难得。

新近吃到一味更小众的醉麸——是上海朱家角的特产——用面筋发酵、腌制而成，并不曾加入酒类而有酒香（据说宁波也有出产，是要加黄酒的）。看起来像切成小块的烤麸（蒸熟的大块面筋，上海特产，主要吃法是加入香菇、花生、黄花、木耳红烧成四鲜烤麸），吃起来咸鲜隽永，潺暑苦夏，早餐拿来下泡饭，甚妙——只是不可纵情大嚼，要像吃腐乳一样一口只是一点点，否则真会咸死人的。

糟蛋

酒糟在很多地方是用来喂猪的。欧洲国家只会用水果酒糟蒸馏出白兰地。

国人用酒糟调味总有千年以上的历史，北宋时候已经十分流行了，《东京梦华录》里糟制的市肆美食着实不少。时至今日，烹制菜品时用糟的例子较多，长期腌制的食品却已罕见。

浙江平湖、四川叙府的糟蛋皆称名产，是将鸭蛋浸在醪糟（即江米酒）中制成的，讲究糟好之后还是完整的一只蛋，而蛋壳已经变得既软且薄，自然脱落，蛋白、蛋黄呈半凝固状，可以直接冷食。

平湖糟蛋我吃过，可能是不习惯吧，没觉得有多美味。

叙府糟蛋关乎川菜的一个经典名菜——怪味鸡，此菜调料之繁在传统川菜中堪称第一，而必须有糟蛋在内。如今叙府糟蛋日趋没落，鸡也变得"没香没味"——怪味鸡不吃也罢，只可惜川菜的一个重要味型就此消失！

大澳咸鱼

大澳是香港大屿山西北一个历史悠久的渔村，几百年来在珠江口一带的港湾中最称繁盛，一度是香港海鱼的主要供应基地，加上宋代以来就盛产海盐，地利如此，咸鱼如果不出名，反倒是一桩怪事。

提起大澳咸鱼，莫不推崇马友、曹白。马友鱼学名四指马鲛，脂肪比一般的鱼类高出甚多，蛋白质含量丰富，肉质细嫩；特别与众不同的是腌制之后其肉会一层层分开。曹白鱼又名鲙鱼、鲞鱼，学名鳓鱼，味鲜肉细，号称海鱼中鲜味第一；鳞片脆嫩酥香，亦属不可多得的美味；惜乎其刺细如牛毛，错杂参差，如欲鲜食，非海滨老饕难以应付。

大澳咸鱼的炮制自有其独到之处，不像有些地区不得已才把挑剩下不新鲜的鱼腌成咸鱼，而是在合适的季节专为炮制咸鱼而捕鱼，批量的鲜鱼经过简单处理，直接放入盐箱或盐桶，腌够时间后捞出，再进一步加工、晾晒。炮制咸鱼的方法主要有汤捞法、插盐法——前者不去内脏就腌，后者去内脏后通过鱼鳃插入海盐再腌——渔民会根据季节和天气变化选用。腌制过程中，某些微生物的繁殖能产生特殊的香（有人以为是臭）味。同一鱼种由于发酵时间长短不同，能制成不同风味的咸鱼——发酵时间较长的肉质松软，香味浓烈，称为"霉香"；时间较短的香味清淡，鱼油渗出较少，称为"实肉"。（《香港海味事典》，郑裕棠著）

咸鱼，爱之者以为馨香无匹，为之胃口大开；恶之者以为腥臭难当，为之掩鼻疾走——人之于味，实有不同嗜焉。

咸鱼蒸肉饼是以清鲜著称的粤菜中的另类。除了讲求咸鱼的品质之外，想做好此菜，肉馅必须手剁，而且要掺入肥膘，如果借助绞肉机，蒸后凝结成僵硬的一坨，绝无松软腴美可言。

北京此菜做得最好的是"家全七福"。一次和朋友在那里小聚，有人携来21年陈的苏格兰单一纯麦芽威士忌一瓶；我福至心灵，请店家香煎一份马友咸鱼佐酒，阖座称善，以为绝配。

蟹糊

宁波一带把充满红膏的生梭子蟹治净，剪碎，连壳盐渍，装瓶密封一段时间即成蟹糊；佐酒佐粥皆宜，橘红色的蟹膏似凝似化，尤其鲜美不可言状。

惜乎今人知味者稀，以健康为由，减少了盐的用量（怕咸，少吃几口不就完了，何必焚琴煮鹤，跟蟹糊过不去呢？），且改"老腌"为爆腌——放入冰箱，一天一夜就可带着冰碴斩件上桌款客，风味自然大减。我今春去象山一带吃海鲜，遍寻传统蟹糊不着，深以为恨。

黄泥螺

一种蚕豆大小的薄壳贝类，形状如舌，宁波人腌渍食之，亦为"咸下饭"之一，上海人也喜欢得不得了，我却始终没吃出好来——无论味道、口感，皆无动人心魄之处。

也是今春，到宁波附近的大雷村去寻"黄泥拱"新笋，承当地朋友在家里招待一桌"全笋席"，旋挖旋煮，大锅柴灶，自然是鲜得人"眉毛都要掉下来"；最难得的是最后端上一个小小深盘，里面是浸在葱油里的鲜泥螺，做法是活泥螺用开水烫过，拌入葱花、酱油，再浇上一勺滚开的沸油，食之鲜嫩润滑，令人难以停箸，火候之妙，不知胜过多少名厨。于是请出主妇当面致谢，一问，原来是宁波一家连锁海鲜餐厅——"竹林人家"的总厨。

虾酱

虾酱应该是先民最早发明的酱之一（早期的酱都是用动物性食材发酵而成，用大豆制酱是后来的事情），把小虾加盐，发酵，磨碎，即成。我国沿海直到东南亚一带皆有出产，特点是极咸，味厚而臭。

国产虾酱除了当咸菜吃之外，无非用来蒸鸡蛋、炖豆腐，皆未见精彩。倒是泰国料理中，虾酱用途广泛，提香增鲜，手法巧妙，浓淡适宜；特别是以之炒空心菜或米饭，味腴而爽，逗人食欲，深获我心。

臭货

这又是一个我杜撰的名词——浙东一带，特别是宁波、绍兴两地，现在我不知道，至少是曾经嗜臭如命，除了长江流域常见的臭豆腐干之外，另有臭（霉）冬瓜、臭（霉）苋菜梗、霉千张（南方的薄豆腐皮）满足逐臭之夫的爱好，当地并没有一个概括它们的统称，只好名之曰"臭货"。

臭冬瓜可以直接食用，其余"臭货"是要蒸熟再吃的；臭豆腐干用途较广，还可以油汆，蒸的时候加点其他食材亦可，杭州知味观有臭干蒸小黄鱼，绍兴有臭干蒸咸肉——我还行，都见识过，都能对付。

"臭货"都是用"臭卤"浸泡出来的，制作臭卤需要经过发酵，主要原料在宁波是老苋菜梗和水；上海的做法就复杂了，除了野苋菜梗，还要投入竹笋老根、草头、胡椒粉、花椒、盐。曾经想安排一个摄制组去宁波拍摄"臭货"的加工工艺，当地朋友很实在，直言奉告："别来了，没法拍。"

北京的"王致和"臭豆腐属于腐乳，是另一种玩意儿。

这些"臭货"，爱之者以为人间至味，恶之者远远闻到臭（香？）味即刻掩鼻而走。我的态度是：有，就拿来尝尝；没有，也不惦记。往近了说，对北京的豆汁儿、炒麻豆腐；往远了聊，对法国的蓝纹奶酪、山羊奶酪，都是这样。而且也不觉得吃一口这些臭烘烘的东西即刻热泪盈眶，就能变身地道老北京或者就具有了某种国际化的品位。

为什么古今中外都有一部分人喜欢逐臭呢？这倒是一个值得研究的有趣课题。

　　人类发明腌渍，最初无非为了突破气候、地理、储藏运输条件等因素的制约，以延长食材的保质期，既能避免夏秋丰产季节的浪费，又能在冬春青黄不接的时候用来调剂口味；还可以致远，运到其他地方作为礼物、贡献或者用于交换本地缺乏的其他什物。

　　这种发明，相信最早是不得已而为之，由于其味重价廉，佐餐成本较低，后来大多成了穷人的恩物；但我们的先民聪明智慧，在腌制过程中运用不同原料和加工手法创造了种种全新的特殊滋味，并以之入馔，产生了不可胜数的廉宜的美味，动人心魄处不逊甚至超过参肚鲍翅，使寻常百姓也有享用美食的机会；这些菜色往往极具地方风味，最能引动游子的乡思、离人的愁绪，也给中国菜平添了一段不可或缺的风致。

　　蒲庵曰: 葱油泥螺一菜，余望文生义，认为是以葱、油生炒，偶读柴隆先生《宁波老味道》（宁波出版社 2016 年版，第 140 页），始知正确做法，遂据以改之。

叁

近庖

带着感情做菜

　　近年来，粤菜、川菜生意兴隆，鲁菜、淮扬菜门庭冷落。其实，前两者的"繁荣"也是表面风光：粤菜被锁定为"燕翅鲍"，聊供新富们一掷千金，交际炫富；川菜被阉割成"麻辣烫"，不过暂时刺激一下生存高压下工薪阶层苍白、紧张、麻木的神经——这些人云亦云的拥趸者有几个懂得欣赏川菜"一菜一格，百菜百味"和粤菜的"清而不淡，鲜而不俗"？所谓"四大菜系"表面上仙凡异途，骨子里其实是一样的凄凉落寞。

　　在这种时代背景下，我在苏州认识薛大磊师傅，两人都有知音之感。

　　薛大磊是中国烹饪大师，曾在南京丁山宾馆、丁山香格里拉主理厨政——20世纪90年代，在南京曾有"食在丁山"的说法——此人中等身材、瘦、宽额头，眼睛有神，操一口淮安口音浓重的普通话，朴实、稳重中透出灵活、机敏，据说平时不善言谈，大约是酒逢知己吧，我们谈得逸兴遄飞——每聊到一个有趣的兴奋点，他就马上打电话，让厨房送一道菜点来印证——若不是他要开会，估计能聊个通宵。

薛师傅毕业于江苏省旅游学校烹饪专业，淮扬菜门里出身，擅治河鲜，于烹饪技法最重炖、炒——他以为前者可得食材的原汁原味，后者可见厨师的基本功。我们都同意在掌握传统烹饪技法的基础上，当然需要对淮扬菜进行改良，比如过去高档菜常用的以鸡、鱼、虾的细糜塑形的"缔子菜"，无论从营养还是烹饪技术层面都有问题，确实不再适应市场和时代；装盘完全可以向西餐、日餐借鉴，向立体化发展。同时我们都对目前一些根本不懂中国烹饪艺术甚至连技术都不到家的厨师搞的所谓"创新"深恶痛绝；也都为大量中餐传统原材料品质下滑而使厨师陷入"巧妇难为无米之炊"的境地唏嘘不已。

薛大磊主张："带着感情做菜。"我想这里面包括对客人的热情、对烹饪的激情，也有一点与淮扬菜一样的寂寞、失落、伤感之情吧。尽管如此，香格里拉这个平台和客人的水准，还是允许他在原料、技术、艺术上精益求精、有所追求的。当天菜品的亮相堪称精彩。

双味湖虾是本地风光的创新菜，特选太湖白虾和阳澄湖青虾，白虾壳软肉嫩，适合干炒，成菜色泽鲜艳、壳酥香辣；青虾挤出虾仁，加上太湖特产鸡头米一起滑炒，虾仁滑嫩咸鲜，芡实清香而微带弹性。一菜双味，各尽其妙。

清炖蟹黄狮子头是淮扬经典名菜，用上等黑猪的五花肉，细切粗斩，再加入阳澄湖蟹的蟹黄、太湖马蹄，装入宜兴产的砂锅小火清炖三小时，原汁原味，入口酥烂，细嫩如腐，肥而不腻；多数狮子头都在表面嵌一块形迹可疑的蟹黄而毫无蟹味，薛师傅的作品则是蟹在肉中，蟹味十足；底汤绝非白水而是鸡清汤，清澈醇鲜；马蹄清爽脆嫩，调剂了荤素和口感。

小笼汤包皮薄而白，褶细而匀，仿佛菊花盛开；汁多卤清，佐以香醋，醇鲜不腻，回味微甜。汤包不论大小，难度有二：一是皮要薄而不漏汤汁；二是馅心中的卤汁其实是肉皮冻，汁要多，味要厚，又不能油腻。薛师傅的做法是把猪皮钳毛削脂，再加鸡汤蒸成皮冻，与传统的熬制皮冻相比有雅俗之分。

其余如肴肉大片改条，肉、皮、冻三层清清爽爽，肉酥，皮化，冻鲜香；浓汤煮干丝里的生姜丝改为油炸，去辣增香，口感酥脆；烧裙边的丰腴鲜滑；小刀鱼汤面以鲫鱼吊汤，汤白似乳，鲜厚粘唇等，无不令人激赏。

我最欣赏的是最后一道荠菜汤团：以江苏上好糯米磨粉做皮；取洞庭东山、西山野生荠菜，掺入等量猪肉——要稍肥，使口感不柴，并托出荠菜的清香——和成馅心；客人点菜之后，现调馅、现包、现煮，以保持荠菜风味的清新。端上来的白瓷小碗里，清水中只有两粒汤团，面皮雪白，润滑软糯，馅心清香，色泽碧绿，滋味淡远，大江以北，无此佳构。

难在拿捏分寸

　　每到杭州，总有几个"保留节目"，比如去龙井村茶农戚邦友家喝茶，比如去孤山转转，当然也少不了去"湖滨28"吃顿饭。今春访茶杭州，自然一切照旧。

　　负责杭州凯悦酒店中餐厅"湖滨28"的行政副总厨傅月良是临安人，10多年的厨师生涯中，先后任职于杭州南方大酒店、上海知味观酒店，曾任杭州知味观精品店"味宅1913"的厨师长。傅师傅对烹饪的见解并不新奇，但在急功近利的时风下颇似空谷足音："厨师做菜，烹饪方法大同小异，但最重要的还是用心。厨师工作摆第一位的是'厨德'，其次才是厨艺，比别人多一份责任心，在工作中花多一点心思，就能把菜做好。"他在菜肴的营养价值、烹饪方法的配合、饮食文化的继承等方面，投入了大量的时间和精力，从原料到配料，每一个细节都亲自把关，菜单上的每一道菜都经过反复尝试，抛开过度的装饰和调味，力求返璞归真，体现江南菜式独特的魅力。

我希望尝几道有杭州特色的创新菜，傅师傅做了精心安排。

冷菜是梁溪脆鳝、青藤炝莴笋、XO酱素鸡、牛肉芝麻拉皮、镇江肴肉、江南陈醋茄、香醇鹅肝。我尤爱脆鳝的松脆香酥、莴笋的鲜、花椒些许的麻香、拉皮与牛肉的配搭以及中西合璧的肥鹅肝的醇浓糟香。（**蒲庵曰：我后来创作糟香肥鹅肝的部分灵感就从此而来。**）

几道传统名菜或复古，或改良，分寸拿捏得恰到好处，颇见功力。

宋嫂鱼羹以鲫鱼、黑鱼等淡水鱼去骨熬成奶汤，以汤出羹，以盐提鲜，不用味精、鸡精，再加姜丝、香醋，酸鲜香辛，清爽醇厚，是解酒的妙品。

酒酿蒸鲥鱼依古法一定要裹以猪网油，取其能使鱼肉滑嫩润泽，且有特殊的脂香，如今不知是为了健康还是怕麻烦，几乎无人再用，"湖滨28"特地恢复；鲥鱼不去鳞，配以香雪酒、酒酿、盐、姜、葱，隔水蒸熟，酒香浓郁，油而不腻，又值清明前，鲥鱼当令，鲜美非常。

江南富贵鸡脱胎于叫花鸡，按传统烹制方法将鸡用荷叶包裹后，以绍兴黄酒酒坛封口泥密封烤制；开封以后，荷香扑鼻，鸡肉酥烂，就算合格，难在鸡肉饱含汤汁，鲜嫩滑润。

蜜汁火方是杭州名菜，厨师将原来的大块火腿改为片，并用冰糖多次浸蒸，卤汁透明，减咸增甜；配以莲子、黄瓜、炸腐皮，裹在"荷叶夹"中食用，增加了酥脆的口感。

盐甑笋我是初尝，据说源于南宋食谱——将春笋挖空，填塞入拌匀的糯米、咸肉丁、豌豆粒，用竹叶和麻绳封口；海盐放入大甑，加胡椒、八角炒热，将笋埋入盐中，其间不断加水，慢慢焗熟。上桌时由客人自己撕开笋衣，春笋与糯米混合的馨香扑鼻而来，笋嫩米糯，口感亦佳。

这道菜要现场操作，傅师傅客气，到包间亲自动手，我顺便请教。他要言不烦，人显得安静，谈到烹饪理念，他说："中餐厨师，火候、分寸感很关键，需要集中全部精神，才能做出一道好菜。"真是旨哉斯言。

梦幻饕餮之夜

初夏的北京，忽风忽雨，阴晴不定；晴，就晴得骄阳似火；雨，就下得滂沱倾盆——不论阴晴，满城永远熙来攘往，心绪难得平静，常去的几间餐厅似乎也吃厌了，忽然得到素无往来的王府井希尔顿酒店的邀请，说有一个"米其林 & 明星厨艺梦之队"光临，多少打起了一点精神。

不过，并没抱太大希望——每年都有几位拥有米其林"星星"的厨师（**蒲庵曰**：准确地说，米其林的"星星"都是颁给餐厅而非厨师的，为了方便表述，这里采用了约定俗成的说法，下同。）来京献艺，以我个人的看法，有真砸实砍的，也有走穴作秀的，"星星"与美食的联系不一定密切。

6月8日，下了一整天大雨，不是一般的大——幸好，"梦之队"没让我失望，我在"星光"闪耀的"灯笼"宴会厅享受了一场如梦如幻的盛宴。

"梦之队"的成员分别来自意大利、美国、德国和哥伦比亚，五位大厨加上酒店行政总厨顾宇翔，每人料理一道拿手好菜。

大卫·伯克号称美国厨行的传奇人物，拥有厨师、艺术家、企业家和投资人等多重身份。在美国纽约拥有八家自有品牌的餐馆。开胃菜是他的西洋菜和葱挞配烟熏鲑鱼及鱼子酱，装在鸡蛋壳里上桌，在时下流行的西餐创新手法中颇为常见，中规中矩而已。

顾宇翔的生切鳕鱼配松茸海参小米汁呈现了目前中国厨师典型的中西合璧式手法，时下颇为流行，不少厨师都在尝试，也不乏消费者的追捧，京城颇有几间餐厅以此为号召而门庭若市。但这种风格能否站得住脚，我以为还要经过时间考验。

豪尔赫·劳斯克来自哥伦比亚，其位于波哥大的餐馆有"南美餐饮界的新坐标"之称。他料理的香煎带子配西班牙Chorizo香肠、甜玉米奶油，搭配甚为得体——带子极鲜嫩，带一点海鲜的甘甜；Chorizo香肠又咸又香，味厚微酸，代替盐的咸味作用又能增鲜；用风干番茄紫苏酱和番茄油调制的酱汁酸得不得了，可以去腥；玉米清甜爽口，奶油增加滋味的厚度。玉米、番茄的原产地都是美洲，难怪他用得如此出神入化。

安妮·费奥尔德是意大利第一位获得米其林三星厨师的女士，常常活跃于托斯卡纳和东京。她贡献出一道无比淳朴的传统美食——意大利面配咸肉奶油汁——这三样食材的搭配看似平平无奇，殊不知对经典能做一点改进、突破都异常艰难。咸肉分为两份，一份切大片，炸脆；一份切小片，煮汤——前者酥脆，调节口感；后者鲜香，增加汁的醇鲜。有意思的是：意大利面都做成米粒大小——这是安妮的独创，她称之为"婴儿"意大利面——爽、滑、软、韧、入味，创新而不失规矩，又足够美味，收获了当晚最热烈的掌声。

压轴的海因兹·温克尔，1981年获得米其林三星时，年方三十有二，是历来三星厨师中最年轻的一位，同时他还是第一个获此荣誉的意大利人。如今，他在德国经营自己的酒店和餐馆。他烹制的千层酥鸽子配松露汁，鸽胸软嫩香鲜，鹅肝肥润细滑，松露鲜美无比；千层酥只有一片，香酥脆，与前两种食材口感相辅相成，不可或缺；汁浓味厚，咸中带甜，即便是不习惯西餐的国人也会喜欢，确是人间美味。

如此一连串美食之后，甜品师的压力应该不小，来自意大利的海因兹·贝克足堪当此重任——作为意大利最为知名的厨师，他获得的奖杯早就难以计数。他出生在德国，餐厅却在罗马，最擅长地中海美食和研发新的烹调秘方——香橙味啫喱配柠檬冰淇淋集香草、香橙、杏、覆盆子香味于一体，酸甜适中，紫苏的使用尤其出人意表，略带刺激性的辛香奇特、别致、清口。

平时最不耐烦出席冗长无趣的晚宴，这次宴会虽持续了很久，但我的味蕾和神经被一道道美味"轮番轰炸"，丝毫不知疲倦。离开酒店，已近午夜，微雨清风拂面而来，顿觉神清气爽，踏月而归。

附：米其林三星女厨师的童话

（**蒲庵曰**：这篇采访刊登于2009年9月号《罗博报告》，专栏和采访的内容源自同一场宴会。采访是现场或通过邮件问答，还是由采访对象提供资料，我来编辑，抑或二者兼而有之，时间过去太久，已经完全记不起来了。虽然难以确认其中是否有编辑的成分，而且文集原则上不收入采访报道，我还是忍不住把它附录于此，主要是因为非常欣赏安妮·费奥尔德关于烹饪创新的理念，特别是她对"分子厨艺"的态度——面对现代科技，厨师不能忘记本分，"那就是为人们提供真实而简单的食物，以回敬自然的赋予"——这句话说得多么好啊！而且历久弥新，愈觉珍贵。）

作为意大利第一位米其林三星称号的女厨师，安妮·费奥尔德在托斯卡纳和东京都十分著名。她的传记读起来就像一个童话：一个小女孩在法国南部长大，去意大利发现了托斯卡纳并在那里建立了她的王国。而这个故事的"爱情版"是，安妮为了英俊潇洒的葡萄酒经销商吉奥尔吉自学厨艺，进而摘取米其林三星的桂冠——当然，吉奥尔吉成了她的丈夫，而佛罗伦萨也记住了夫妻俩的名字。

戴：获得米其林三星是哪一年？一直都是吗？

安妮：1993 年，第一次获得米其林的三颗星，后又应日本之邀在东京开了同样一家 Enoteca Pinchiorri 餐厅和后来的 Cantinetta。1995 年，餐厅遭遇意外，变成两星。2004 年，又成功地夺回了第三颗星。

戴：一位法国姑娘怎么会想到去托斯卡纳？

安妮：童年，我在尼斯度过。我的父母都从事酒店行业。在那个时候我认识到尼斯及周边地区的地理环境非常优越，那里有大海和自由的生活。20 岁那年，我在巴黎的邮政厅谋得一个职位。很快我发现自己的工作太过单调，很不适合我的性格，就决定离职前往英格兰强化英文。在那之后，我又去了托斯卡纳，在那里认识了吉奥尔吉。

戴：你的餐厅如何取得成功，有什么特别与众不同之处吗？

安妮：我们的餐厅位于一个古老的佛罗伦萨文艺复兴宫殿，与 Santa Croce 教堂和米开朗基罗居所旧址举步之遥。它的建筑构架让人的敬慕之心油然而生，我们竭尽可能地保留它的华贵气质，而不情愿把它变成一个博物馆。

吉奥尔吉决定放弃传统的餐厅经营模式，创建一个专门的"葡萄酒吧"，这个概念在当时还是全新的，人们在他的酒窖里可以买了瓶酒后回家喝或在品酒室里单杯品尝，那是1972年的事了。要知道，这不是个秘密，空着肚子品尝葡萄酒可能是很危险的。这也是对我的呼唤，我开始创制一些小菜来和酒搭配。就这样，小食很快扩展成自助餐，然后又演变成整家餐厅的招牌菜。渐渐地，食物变成了人们关注的焦点，而吉奥尔吉则引导客人们如何在汇集了意大利、法国还有美国加州的15万瓶葡萄酒的酒窖中选择合宜的一款。就这样，美食配美酒的模式使我们很快声名鹊起，我们俩也在各自的领域里不断提升和发展以追求完美的就餐体验。

戴：请描述一下你的烹饪艺术风格。

安妮：作为一个意餐厨师，我喜欢创新，同时又希望我的客人欣赏意大利的传统。所以我用的原料全部是意大利本地产品，但在搭配、技法、工具上力求创新。

戴：既然如此强调创新，你对时下流行的"分子厨艺"怎么看？

安妮："分子厨艺"开创了一个全新的概念，即运用现代科技手段和产品烹制食物。没有人可以阻止发展的脚步，新厨具的出现为我们提高厨艺创造了更多可能性，但这并不意味着我们可以忘掉自己的本分，那就是为人们提供真实而简单的食物，以回敬自然的赋予。有趣的是，我昨天在飞机上读到一本杂志，里面写道："简单是如此之难。"我的想法是，尽管"分子厨艺"非常流行，我还是要说：这未必是非做不可的事，还是让我们保持本色的好。

另外，"分子厨艺"的发明者没有公布所有的配方，模仿者要注意化学成分的控制，以保证食品安全。

戴：厨房历来是男人的世界，作为厨师长难免要在厨房中大喊大叫，甚至说粗口，你如何对待你部下的男厨师？

安妮：我掌握全局，出主意，命令由丈夫来下；我在托斯卡纳有两个助手，在东京有一个，由他们负责具体执行。

口
福
临
门

　　没想到深圳会这么热，一下飞机就被一团湿热的空气"拥抱"住了——这才6月份啊！我这个生长京华的广东人，虽未衣锦，也敢还乡，第一次踏上故土，就受到如此热烈的"欢迎"。直到入住福田香格里拉，一颗躁动不已的心才安定下来。

　　此行纯为美食而来。在北京吃过无数粤菜名店，我得承认，其整体水平在中餐里算高的，但是，总觉得有什么地方有点不对劲儿，就像三里屯的酒吧，有些装修得比香榭丽舍大街上的都"巴黎"，可惜，总像在隔靴搔痒，让人觉得差点什么。终于有机会到广东吃粤菜，可以一探究竟，实在是一件快事。当然，始料未及的是，给我留下深刻印象的却是广东的点心。

　　第一餐在酒店的自助餐厅——"鲜Café"。"大排档"里的面点无非是常规的面、饭、蒸点、凤爪、排骨之类，但吃起来有滋有味。

第二天的早点在豪华阁贵宾廊，中西合璧——为了健康，我的早餐一贯是西式的蔬菜、水果、牛奶、麦片，本来只想点两样广点调剂口味，谁知一碗燕窝虾粒粥又香又滑又鲜，充肠适口，一举征服了我，又接连点了瑶柱杞子灌汤饺和鲍鱼鸡丝粥。

重头戏是午餐，在酒店里的福临门鱼翅海鲜酒家。

"福临门"是香港家喻户晓的顶级食府，有人称之为"香港最昂贵的餐厅"，1948年由厨艺大师徐福全创立，专为香港达官贵人提供私人晚宴服务。时至今日，福临门鱼翅海鲜酒家的分店已遍布中国香港、中国大陆及日本。"福临门"的经典菜式包括极品网鲍、上等官燕、鱼翅、时令鲜活海产、上汤龙虾球、酿焗鲜蟹盖等，价格着实不菲。台湾食家杨怡祥先生以为："他们的点心也是一流，如果吃点心，再来只当红炸仔鸡、一盘豉汁龙虾球、一盘咸鱼鸡粒饭再加生磨核桃露甜品……味道也从未令人失望。"（《世界第一美食》，杨怡祥著，新星出版社2006年版，第78页，下引文为同一出处）巧了，餐厅当天为我们安排的就是一份类似的菜单。

点心有笋尖虾饺、蟹黄蒸烧卖、上素蒸粉果、香煎萝卜糕、瑶柱荷叶饭、榄仁马拉糕、特色萍叶粿，再加上冷菜、霸王花煲鸡汤、XO酱炒安格斯牛、脆皮炸仔鸡、竹笙扒上素。

虾饺皮薄而爽滑；烧卖馅心滑润，不像有些店做成死疙瘩；

粉果全素而吃口不柴，香厚肥润；萝卜糕配蚝油、辣酱，外脆内软；荷叶饭内含蟹肉、烧鸭粒、瑶柱、冬菇粒、鸡蛋、鸡粒，入口丰腴甘香；马拉糕内遍布"蜂窝"，绵、软、松、香，富于弹性，咸中带甜，口感上佳；萍叶粿无非以糯米面裹豆沙，衬以萍叶，蒸熟，香滑、软糯、甜润。

最精彩的当属脆皮炸仔鸡，也就是所谓"当红炸仔鸡"，据杨先生介绍，"特选内地龙岗地区每只约1.3千克重的土鸡，龙岗鸡皮特薄，最适合做脆皮鸡。制作方法是先把鸡放入卤水中浸透，使鸡身入味，取出抹干，用白醋、粟粉加麦芽糖抹匀鸡身内外后，吊起风干至表面完全没有水分，再进行泼油。以六成满滚烫油锅，先炸鸡的上半身，一面炸一面用滚油注入鸡腹，使里外齐热；再炸下半部，用滚烫的油一勺一勺泼在鸡身上，约过10分钟直至全部呈现金黄色，鸡肉脆嫩程度但凭师傅泼油的功夫了"。我们桌上的这只炸鸡皮脆、肉滑，"入口生香，肌骨相连处正巧断生，……由于先前浸过卤水早已入味，完全不劳椒盐蘸料，一口滑入喉内"，确属炸鸡中的极品。

传统粤菜有"五滋六味"之说，"五滋"是"甘、酥、软、肥、浓"，"六味"指"酸、甜、苦、辣、咸、鲜"。通过这次旅行，我发现今日之中餐各个地方风味，堪称"六味"俱全，但谈到对"五滋"——美好口感的追求，就不能不让正宗的粤菜出一头地了。

食材是根本

　　很多国人吃西餐、日餐都有吃不饱的感觉，有人戏言："中餐和西餐饱的不是一个胃。"我原来也不例外。随着年龄渐长，口味渐渐趋于清淡；各国美食尝多了，也积累了一点经验，终于发现问题不在菜肴的数量——外餐的菜量并不一定比中餐少——而在口味。外餐多数味型比较单调，基本不使用味精，除了个别国家之外，也少用辣椒、花椒之类辛辣刺激的调料。反观中餐，味型之丰富堪称天下第一——仅川菜中常见的基本味型就有 24 个之多，这本来是长处、优势，但对调味料的过度追求，再加上味精、鸡精、辣椒、花椒的滥用，已经形成某种生理甚至心理依赖。准确地说，我们吃外餐的时候胃已经饱了，但味蕾还处于饥饿状态，这就是所谓"饱的不是一个胃"。

　　这种依赖的最大恶果，就是使我们的食客忘记了欣赏食材的原汁本味，大家的味蕾都已经成为味精和辣椒的俘虏；而厨师也就懒得去找优质的食材，只要向菜里大把加调料就是了。而了解食材、物尽其用恰恰是厨师的基本功，放弃了对食材品质的追求，舍本逐末，难免走火入魔，这就难怪中餐的艺术、技术水准日渐陵替了。

幸好还有例外。

我认识"致真"的老板好几年了，很爱他家的现剥蟹粉豆腐、清蒸童子鸡，并每每为其对食材的苦苦追求而感动——这年头为一份合格的红烧肉就去养猪的人毕竟少见。上个月去上海出差，他们特地在致真会馆请客，由集团总厨丁金喜师傅亲自操刀。

野生东海大黄鱼是前一天钓上来的，雄鱼，有1斤半重，堪称时下的珍稀食材（我小时候不过五角多一斤，每年春天都能吃上几回），用最简单的做法——加雪菜清蒸，恰能体现它特有的鲜香，食之令人感慨——真是不尝此味久矣！

走油肉是沪滨的家常菜，用两头乌的五花肉来做却大不相同。这种猪的特点是不饱和脂肪酸含量高，肥而不腻，皮薄肉细，瘦而不柴，肉香浓郁，肥肉仿佛雄蟹的膏，能粘在上颚上，美不可言。

玻璃明虾球所选野生明虾一只有三两多重，入口虾肉的纤维质感极强，弹牙，与黑菌汁、鲜芒果味道很搭，吃完以后，口中依然虾味十足。

蔬菜能出彩殊为不易，更何况是用家常"土"法——蛋皮粉丝煨青菜共用三斤菜心，只取中段；土鸡蛋以小火摊成蛋皮，一起煨酥，蛋香，菜糯，有菜香，无菜腥，清口开胃。

扁尖老鸭汤又是一道通俗得不得了的菜，一般餐厅用的鸭子都不够老，可偏偏鸭子够老是关键。"致真"收购江苏宝应农家散养四五年的老鸭，加上等扁尖，砂锅小火炖六个小时；汤清，笋鲜，鸭香，奇怪的是鸭越老肉越滑，不存在所谓"汤渣"。此菜的鲜度出人意料，真是"鲜得人眉毛也要掉下来"。

个人最欣赏的是"三虾"豆腐。"三虾"者，虾脑、虾籽、虾仁之谓也。每年端午前后，江南的河虾头内会有一粒橘红色的虾脑，质感、味道都像蟹黄；虾腹则饱含虾籽。手工将这三者剥出，用来烧豆腐，是苏州木渎石家饭店的名菜。不过近年少有人做，无他，嫌麻烦而已，而且卖便宜了亏本，卖贵了客人还真未必识货。这次吃的正是太湖虾，清鲜、嫩滑以外，满口都是"三虾"的馨香，久久不散。

问起丁师傅烹饪的心得，他说："选好的食材，用心去做。"——不过如此而已。

漳茶鸭子

据说，漳茶鸭子是一道被误解了的四川名菜。

晚清四川饮食业有位奇人黄敬临（又名晋临），传说他曾进京，在光禄寺之类的衙门做官，其间为慈禧太后创作过几道佳肴，漳茶鸭子就是其中之一。（**蒲庵曰：**黄曾出仕清廷的说法为误传，其实是民国时期在四川当过两任县长——但这与他发明漳茶鸭子并不矛盾。）（《川菜杂谈》，车辐著，生活·读书·新知三联书店2004年版，第160—161页，下文引文为同一出处）后来他辞官回到成都，在少城包家巷开了一间"家常包席馆子"，就是著名的"姑姑筵"——这里的"姑"字读如"家"。四川美食名家车辐先生解释："'姑姑筵'本是成都小孩子们模仿大人做饮食炊爨的小玩具：小炉子、小锅铲、小菜刀，在当时的杂货铺可买到，小孩们玩得很有兴趣。""黄敬临老先生取这个好玩的'姑姑筵'作招牌，一方面是'不失其赤子之心'；另一方面，……表达了他对生活的态度，在幽默而机智中，展示出他的理趣。"

据《北京饭店的四川菜》（程清祥主编，经济日报出版社 1990年版）一书介绍，"清朝御膳房做的都是满汉菜，熏烤的多，黄晋临把满汉'熏鸭'改用从福建漳州运来的嫩茶芽来熏，鸭、茶相得益彰，奇香扑鼻，……后来有的知其名不解其意，把'漳'字写成樟木的'樟'"。

此菜的传统做法是将肥嫩公鸭宰杀煺毛，背部开口，治净；加花椒、盐腌渍；沸水烫皮；以花茶、樟叶、柏枝、锯末熏制；加醪糟汁、料酒、胡椒粉蒸熟，凉凉；下菜油炸酥，刷芝麻油；最后切条，拼成整鸭形装盘，以荷叶软饼佐食。（**蒲庵曰**：见《中国烹饪百科全书》，第 728 页"樟茶鸭子"条，中国大百科全书出版社 1992 年版。释文作者蒋荣贵认为"樟茶"是指香樟叶和茶叶。）

这道菜也是 1959 年开业的北京四川饭店的看家菜之一，我 20 世纪 90 年代初去品尝过，他们已经有所改进，主要是出骨，方便食用；外皮也蘸了面包屑之类再炸，口感酥脆很多。

2008 年，四川饭店并入全聚德集团，在王府井全聚德五楼挂牌新张，原总厨中国烹饪大师郑绍武成了集团的技术顾问，而全聚德王府井店的总厨，同为中国烹饪大师的徐福林本来就以鸭菜创新见长，两位高手"双剑合璧"，又一次对漳茶鸭子进行了改良——鸭子用蔬菜、盐腌渍入味，熏好，然后按北京烤鸭的做法，制胚，烤熟；上桌前片片，皮肉分吃，并命名为"漳茶烤鸭"。

这种做法的妙处在于油炸固然能使部分鸭油渗出，但同时也会有部分菜油进入皮肉，而烤的过程中，只有鸭油渗出，没有别的油再进入，油走得更干净彻底，解决了现代人怕油腻的问题；烤出的鸭皮比炸出的厚，口感更为酥脆，晶莹光滑，色泽枣红，逗人食欲；另外，油炸的香味往往掩盖了熏香，有的店家干脆就省略了熏的工序，而烤制过程中产生的香味，与熏香更加协调，能相互生发；鸭子片薄片，以荷叶夹食。

采访过程中，郑、徐两位始终相陪。两位大师个儿都不算高，稍胖，面貌徐白郑黑，总微微笑着，恂恂如也，风度甚好，不像有些"名厨"，菜不知道会做几道，派头比大师还像大师呢。

黄金花蕊

历史上，藏红花的价格曾经比黄金还要昂贵，迄今为止，它依然是世界上最昂贵的香料之一。它的颜色也与黄金相近，干品呈深橘黄色；取少许投入热水中，稍浸，就把水变成了明艳照人的金黄色。事实上，我们使用的"藏红花"并非这种植物的花朵的全部，只是摘取它蓝色花朵的雌蕊，再进行干制而已。它们无比纤弱，非常轻，而且只能手工采摘，每1克干品包含200～500个柱头——这也是藏红花贵重的原因之一。

藏红花原产于希腊、土耳其及其周边国家，中国也有出产。

藏红花用于食品调味和着色的历史悠久，意大利米兰烩饭、法国马赛鱼羹、西班牙什锦饭等传统美食都离不开藏红花，更不用说藏红花蛋糕了；西餐烹制贝类、鱼类时，有时也会把藏红花当作调味料。使用藏红花的方式主要有两种：或者把花丝撕碎，用热水浸泡，然后将过滤后的汁水加入食品里；或者将花丝烤干，弄碎，直接投入菜肴中。

来自风尚之都米兰，享有盛誉的 Ristorante Sadler 餐厅主厨克劳迪奥·萨德勒，在他新近开设的 Sadler 北京餐厅请我尝试他的郇厨妙手。

这位备受追捧的意大利名厨是米其林两星的拥有者，《红色指南》对这位米兰仅有的两位"两星"之一的评价是："菜品有严谨的创新特色。"萨德勒在米兰土生土长，他的烹饪艺术复兴了意大利北部的美食——尊重传统的浓重风味，更融汇现代食材和创造性手法建立起自己的风格，尤其擅长烹制海鲜。

我去过米兰，知道藏红花烩米饭是当地厨师的看家本领，于是趁机特烦萨德勒先生为我料理一席完整的藏红花盛宴，他慨然允诺。

于是，我就在一餐饭中干掉了前半辈子都不曾吃下的、来自意大利阿布鲁佐（Abbruzzo）大区的巨量藏红花。

开胃小吃是里窝那式迷你甲壳类海鲜汤配藏红花及面包脆片。里窝那位于托斯卡纳大区，滨海，自然以海鲜菜品见长，口味略带辛辣。所谓"甲壳类海鲜"是龙虾螯、皮皮虾肉、海虾肉，火候都是刚刚熟，海鲜味扑鼻，还略带一点新鲜的海腥气；汤汁以虾头、蟹肉加藏红花、一点辣椒粉、鲜番茄汁、蔬菜炖煮而成，虾、蟹膏的醇鲜和藏红花香在口中纠缠，浓得化不开——没想到的是藏红花特有的药香会与海腥气相得益彰，使海鲜味更加诱人。

生片龙虾配香橙茴香沙拉、藏红花味蛋黄酱和橄榄做头盘，感觉是无比的温柔——龙虾刺身微甜，口感温柔；淡淡甜、酸的橙肉散发出温柔的果香；橄榄、橄榄油、蛋黄酱与藏红花香温柔地混合。清淡的温柔，让夏日的午后显得气定神闲。

米兰风味藏红花烩米饭金黄灿烂，加了特别多的藏红花，芬芳鲜美至极；烩饭的汤以小牛肉、牛骨、鸡肉、鸡骨、蔬菜、香料经过四五个小时炖成，加上意大利著名的帕玛森奶酪，其醇厚不输中国的顶汤；米粒的口感一级，软而韧，糯而爽，有硬芯而顺滑，把藏红花的香味体现得淋漓尽致，很快被我一扫而光。

主菜是香煎羊排裹藏红花酱及葵花籽，把白豆酱、藏红花调制成酱，加入葵花籽，裹上面包屑、香草，以轻黄油（黄油加热后只取浮在上面的轻油，除去下面的奶质）炸熟。羊肉的火候恰好自不待言，外面形成脆壳，壳肉之间还有肉汁，壳、汁、肉的口感、味道层次分明，变化多端，佐以甜酸的巴萨米克陈醋，解腻开胃；而葵花籽香与藏红花香又是绝配。

作为甜品的藏红花冰淇淋配香蕉味杏仁时，冰淇淋的柔滑衬托出杏仁糖的酥脆，出人意料的是当香蕉味遭遇藏红花香，居然又表现得非常融洽；红色啤酒蛋泡糊的温热与冰淇淋的冰冷在口中相遇，激发出藏红花的另一种奇妙滋味。

萨德勒就这样纵横捭阖，把藏红花与不同的食材、不同的味道、不同的口感、不同的烹饪手法乃至不同的温度，分别排列组合，挥洒自如；而且，由于投入了足够的分量，我第一次体会到藏红花竟是如此芬芳，遂有观止之叹。萨德勒的口头禅是："烹饪就是我的生活！如此美味！"——此言不虚。

东方元素和欧洲大厨

相当一个时期以来，欧美厨艺界流行在西餐中加入东方元素，但手法巧拙不一，境界高低不同，失败的案例自然居多，问题往往在于对东方食材缺乏基本的认识，盲目用于西餐烹饪，结果当然是生硬甚至可笑——就像一些爱好中国传统文化的外国人收藏中国画，完全按西方油画传统生吞活剥，结果挂了一屋子各家各户来历不明的"喜神"（又叫"喜容""影"，是先人去世以后，亲属请专画遗像的画匠照遗容画成草稿，再由亲属提意见，修改而成的遗像；有仕宦经历者，一定按品级着官服；主要藏于祠堂，于祭祀时展拜，一般没有文物价值，中国历来无人收藏——盖各家有各家的祖宗，请来别人的祖宗无处安放耳）。

最近，有机会品尝中国大饭店行政副厨师长鲁尔茨的创新菜，这位来自德国的年轻主厨运用起东方元素来，居然另有一番境界。他在阿丽雅餐厅特别为我准备了一个套餐。

日式酱味鳕鱼配脆皮乳猪烩大葱和香草胡萝卜：将煎成金黄色的鳕鱼抹上日本白大酱，烤熟。最好吃的是鳕鱼表面与白大酱接触的部位，有一点焦脆，酱香浓郁，再加上炒熟的大葱白，入口滑润，鲜香不腻；乳猪皮的香、酥、脆与鱼肉的肥嫩润滑互为背景，相得益彰；香草棍煮的小胡萝卜香甜脆嫩，可以解腻。

龙虾片生吃：关键在于焯龙虾的火候，只要两三成熟，将熟未熟的龙虾味道鲜甜，柔嫩而略带韧性，配上馨香爽脆的茴香头丝，口感迷人，还能去除龙虾的些许腥味；再佐以咖喱酱、菠萝、椰奶，充满浓郁的东南亚风情。

炖小牛脸：将小牛脸去筋和肥油，煎上色；加百里香和蒜碎一起抽真空，腌24小时；洋葱、胡萝卜、芹菜炒出香味，加番茄酱炒成深色，加入红酒，最后加入牛肉汤做成汁；将汁加热至62.5摄氏度，把牛脸放进汤中炖24小时——这套低温熟成的手法眼下十分流行，优点是保持了醇浓的牛肉原味，口感香、酥、软、嫩，入口化渣。世界各国都有炖菜，一般都会惹人喜爱，中国也有小火——甚至小到用蜡烛头——炖菜的传统，并特别追求这种风格，在这一点上，倒不存在谁学谁的问题，应该说是不约而同。

美食的『韵味』

　　中餐传统的菜品评价标准主要是："色、香、味、形、器"，近年来又被加上"创新""营养"——按照某些营养学家或时尚人士的理想，人最好像兔子一样生活，只是愚顽如我始终不明白就算这种生活方式能使人长寿，每天吃着红萝卜白萝卜胡萝卜蹦来蹦去的一生再漫长又有什么意义呢？另外，我私下以为"口感"之重要在不输于"味"——中餐如果失去了软、滑、脆、嫩、酥、糯、柔韧、细腻、弹牙、外焦里嫩、入口即化……恐怕就不能算中餐了。

　　不过最近一直考虑是不是应该再增加一个标准——"韵"。主要是受了"创新菜""江湖菜"泛滥的刺激，这两路玩意儿一"细"一"粗"，至少目前颇有市场，特别是前者中的"中西合璧""分子厨艺"，有一些人认为不仅"色、味、形、器、营养"突出得好，"香、味、口感"也不错——关于这一点我们不争论，因为我发现"口之于味"，真是"有不同嗜焉"，所以我从来不试图说服喜欢大豆卵磷脂泡沫或水煮鱼的朋友们——但我就是觉得什么地方有点别扭，不对劲儿，思考一段时间之后，我认为问题出在"韵味"上。

关于食物"韵味"的定义，很难用几句话说清楚，几年前曾经写过一篇关于茶的文字，关于"韵味"我是这样表述的：

> 韵味只可意会，难以言传。清新还是混浊，强劲还是散漫，高雅还是低俗，这与味觉、嗅觉乃至视觉、触觉有关，但又不是味觉、嗅觉、视觉、触觉所能穷尽的，而是意、是心灵层面的感受。

现在让我来阐释菜品的"韵味"，应该也跳不出这个范畴——这样"空口说白话"，当然没什么说服力，姑举一例。

"东方亮"只是北京东方君悦大酒店里一间小小的餐吧，但厨师长王辉的厨艺在我心目中属于可以放在"韵味"层面讨论的。京华秋意渐浓，不由人不惦记他那里有什么应季的新花样，于是提前六天打招呼，说要采访，王辉知道"醉翁之意不在酒"，用心提调，结果当然是醉饱而归。

吃刺身，我喜欢白鱼肉超过红鱼肉，加吉鱼、比目鱼都当令，现杀，前者入口鲜到极点，后者薄切，弹牙滑韧。

　　云南松茸正是好时候，烤熟，切片，没有作料，只吃本身的鲜甜。

　　主角是一条比常见的货色大出一倍的西班牙青花鱼，一半刺身，一半盐烤。青花味重，脂肪本来就肥厚，一到秋天就更甚。刺身的要点在于充分发挥其香肥的特点，而不使人觉得腥、腻——醋渍的手法完全保留甚至浓缩了脂肪，而用醋、糖、盐、葱花、姜末来扬长避短，入口极肥厚，香而不腥，调料的比例甚为合适，满口都是鱼的滋味，而不觉醋酸、糖甜、盐咸、葱姜辛辣。盐烤则是把部分脂肪烤出来，调味就是常规的海盐、青柠、白萝卜泥，吃起来口中有融化了的脂肪，但觉其香，不觉其腻，腥味则完全被青柠、萝卜除去。鱼盛在黑色的长方粗陶盘里，醋渍的部分银灰色的皮、象牙黄色的肉与葱绿、姜黄配得娇艳；盐烤的一半已经是棕色，配上青柠角的黄、绿，萝卜的雪白，清清爽爽，简简单单，自然动人。

　　精选应季的食材，用最简单的——不是粗率、糊弄、漫不经心的——手法料理，尽量保持原汁本味，以最适当的方式——考虑温度、配菜、色彩、形状、方便食用——装盘，呈献给客人，这就是美食"韵味"的基础所在吧。

前尘梦影 『黄金十年』

　　20 世纪 70 年代，我刚刚 5 岁，真正是略识之无的时候，第一次到上海，几乎以为是另外一个国度——与北京完全不一样的语言、建筑风格、生活习惯，感觉有种特别的说不出的味道。商业特别是餐饮业的发达程度尤其令我兴奋——临街的铺面房几乎都是形形色色的商店，各种饮食门店更是"三步一岗，五步一哨"——这方面北京至今还有很大差距。那时不懂什么叫"城市风格"，什么叫"小资""海派"，只觉上海的一切都让我感觉暖暖的，跟"我的北京"比，一洋一土、一细一粗、一柔一刚，当然，我很是享受这种"洋""细"和"柔"的——从奶油蛋糕到吴侬软语，都让我的心变得软软的。

　　而思南路一带，在老上海的心目中，正是上海的"上海"。20 世纪二三十年代，上海经济飞速发展，一些房地产商抓住机会，开发了一批闹中取静的花园洋房，程潜、梅兰芳、柳亚子、薛笃弼、李烈钧等人都曾在这条幽静的小街上留下了足迹，独特的建筑风貌、人物的传奇故事，使思南路两侧法国梧桐蔽日的浓荫都带了一点历史的厚重和静谧。

去年深秋时节，到姑苏吃蟹，回京路上在上海打尖，入住思南公馆酒店。整个酒店就是一个深深庭院，院中当年的花园洋房被完整保留，经过重新设计成为全部由独立花园别墅构成的酒店，建筑外观依然是红瓦屋顶、赭色百叶窗搭配卵石饰面的墙壁，15栋别墅式客房全部整幢出租。我入住的一栋略带上海特色的欧洲古典主义风格，拥有客厅、餐厅、厨房、书房、娱乐室、管家用房、专用车库、四间卧室，由别墅底层可以去往私属花园。

午餐就在酒店的法式餐厅 Aux Jardins Massenet。我最欣赏菜单中的两道：法国鹅肝酱配果酱及甜吐司、法式洋葱汤，这两道看似简单的法国菜普通得就像中餐里的鱼香肉丝，当然也像鱼香肉丝一样难做，可以用来考验厨师的水准。

洋葱汤的关键一要用事先吊好的清澈肉汤作底汤，滋味才会醇厚鲜美；二是洋葱要炒成金黄色，才不臭不辣、又香又甜；三是虽然加入了奶酪、洋葱、肉汤，但要厚而不腻、清而不薄——这三点都达标，并不容易，而我尝的一盅居然点点到位，汤自然美味了。鹅肝酱也是个"矛盾体"：不肥固然不香，但吃起来要浓厚又不能感到油腻；鹅肝非常娇嫩，经过化冻、清洗、除筋、腌制、低温煮、整形、冷藏、切片等工序之后还要吃出原片鹅肝的质感，又要入口即化；鹅肝是内脏，必有腥臊之气，不仅要将之清除净尽，还要表现出它特有的馨香——该店的出品算我在国内吃到的顶级货色了。此外，如生蚝、香煎鸭胸、焦糖布雷亦清新可喜。

几杯葡萄酒下肚，听窗外西风飒飒、鸟鸣啾啾，别墅群被桂花、竹林、香樟、榆树及各式石雕和水景所包围，一片金灿灿的阳光温柔地触摸一切，其中几方透过落地窗铺向地板、桌面和每个人身上，一时仿佛时光倒流，回到民国的"黄金十年"。

亮马河畔的鲁菜

30 年来，中国的变化天翻地覆，北京城也没安生，其中一个重要变化就是城市中心至少是商业中心的东移——东二环内的西单、王府井、前门大街久已不是最繁华的所在，从东三环的国贸桥到燕莎桥一线即所谓 CBD 商圈到燕莎商圈成了新北京的经济中心和现代化象征——谓予不信，可去搜索北京奥运宣传片。

对一个热爱美食的家伙来说，这种变迁的好处在于全国乃至世界的各色风味荟萃于这一带，吃上一两个月也不会重样——正宗或美味与否则是另一回事；坏处是人不可能永远待在玻璃、钢筋、水泥、石材营造的雄伟壮观的高楼大厦丛林里，偶尔也会向往旧京风光——住住四合院，到北海茶座安安静静地小憩，去同和居点个油爆肚仁，发点怀古之幽情，这却成为大难。以鲁菜为代表的北京风味的式微也同样使人有种难以言表的落寞、凄凉。

就中国的历史、文化传统而言，怎么评价鲁菜的地位都不过分。齐鲁之邦，襟山带海，利擅鱼盐，物阜民丰，文教昌明，钟鸣鼎食；当今中国的四大菜系中，鲁菜应该是与中原文明同步且最早发育成熟的，历史最悠久，覆盖黄河中下游及其以北的广大地区，辐射全国，影响最大；烹饪技法最为复杂，名菜繁多，名厨辈出。当然，鲁菜也不是没有缺陷，有些菜品口味偏重、油大就一直为人诟病，这里面有技法的因素——比如爆炒的菜品必须火旺油大，也有北方地区经济、环境、风俗、口味的原因；其实，鲁菜也不乏清新淡雅的菜品。我于鲁菜有"三爱"——鲜嫩爽脆的爆菜、浓腴软烂的扒菜、清澈如水醇鲜不腻的清汤。

没想到东三环边上燕莎商圈的昆仑饭店里最近居然开了一间叫"易舍"的鲁菜餐厅，而且菜品中规中矩，实属难得：葱烧海参，乌润油亮，柔软滑嫩，葱香浓郁，醇厚入味，食毕盘无余汁；蟹黄扒鱼肚，鱼肚雪白，蟹黄橙红，菜心翠绿，干净漂亮，软滑酥润，醇鲜腴美；烩乌鱼蛋以火候十足的鸡汤烹制，柔滑软嫩，酸鲜爽口，略带胡椒的辛辣，开胃解酒；抓炒大虾是清宫有名的"四大抓"之一（其余三款分别是抓炒里脊、腰花、鱼片），虾肉红润，外壳金黄，入口酥脆，口味讲究是"小甜酸"，比一般的"糖醋口"清淡一些，小甜小酸中略带咸味，清鲜不腻，据传是当年清宫名厨王玉山的杰作。酒足饭饱后，再叫北京奶酪、红果酪各一碗，清凉酸甜，清口消食。

请出厨师长吴疆一看，小伙子还不到40岁，而且跟我"论（北京方言读如'赁'）得上"——他是烹饪大师曲浩的弟子，我高攀曲浩，算是朋友。回家的路上，赶紧打电话祝贺曲师傅收了个好徒弟。

庖丁和北京范儿

早就听几位朋友介绍北京嘉里大酒店"海天阁"的烤鸭不俗，我这两年懒于应酬，与美食圈也好，酒店业也罢，日渐疏远，听听也就过去了。

大约20年前，刚开始写美食专栏，不知天高地厚，居然连写三篇关于烤鸭的文字；2006年以后，专栏写得多了，写烤鸭却很少很少。原因有二：

一是与当年只有全聚德、便宜坊两家的情况不同，北京以烤鸭为号召的字号总有10家以上吧，各开分店，保守估计也得超过百家了。其中有熟悉的，也有陌生的，有些还成了朋友；烤鸭的风格、追求、价位也各不相同，有以传统经典自豪的，有以创新时尚著称的，其中优劣，我自有权衡，但并不想单纯从个人好恶出发说长道短。况且，多一些烤鸭店，多一些不同风格的出品，使食客有更多的选择余地，无论怎么说都是一件好事。

二是经过学习，才了解到烤鸭工艺的繁难和厨师的辛苦——传统工序包括：

活鸭宰杀：宰杀、烫毛、煺毛、择毛。

生鸭制胚：剥离食气管、充气、拉断直肠、切口掏膛、支撑、洗膛挂钩、烫胚挂糖色、晾胚。

烤前准备：堵塞、灌汤、挂糖色。

烤制：鸭胚入炉、转烤、燎烤、烤煮、出炉。

片鸭：拔堵塞、摘钩、片鸭、装盘。

上述过程几乎完全手工操作，可以想见，能吃到一只合格的烤鸭是多么幸运，即便操作稍有失误也是可以谅解的，轻率发言未免不够厚道。

我和美食还是有缘，偶然的机会得到邀请，终于去了"海天阁"。

烤鸭的确名不虚传：端上来一看，漂亮，通体枣红，而且色泽均匀；形体饱满，没有凹凸不平之处。趁热先吃胸脯的皮，香、厚、酥、脆，肥而不腻，入口即化，既没有一嚼一嘴油，吃完之后也没留下嚼不动的"肉核儿"。

个人以为，上述两点是判断烤鸭品质的重要标准，其余皮肉是否分吃，一只鸭子能片多少片，调料有什么新花样，都是皮毛，可以各有所好，各取所需。

很多人吃烤鸭忽视鸭饼，以我的经验，在北京，找一笼好的鸭饼远比找一只好的烤鸭为难——要想大小、冷热、薄厚、柔韧度俱合适，殊非易事。说句实话，要能长期手工把鸭饼做到如此水平，白案的功夫相当了得，就不必天天以做鸭饼为生了。此处的鸭饼比常见的要大一圈，真正是其薄如纸，而且擀得匀，雪白，半透明，覆于报纸上可以见小字，攥在手中反复揉搓，不粘不糟不破，卷起烤鸭来格外顺手，吃起来也特别痛快。

鸭汤浓如酪浆，有烤鸭特有的香肥滋味，亦与寻常店家的寡淡迥异。

厨师长袁超英师傅是一位妙人。您要问他，这儿的烤鸭为什么好吃，他的答复干脆而简单：尊重传统。

每天进新鲜鸭子，只限三四十只，自己制胚，为此还专门预备了晾胚间；鸭堵用秫秸，自己削；用果木烤，一定要烤够火候——不够枣红色的那也叫烤鸭？鸭饼手工擀，高筋粉、低筋粉按比例搭配，和面时还得有一部分烫面；鸭汤更没什么窍门，无非是放够鸭架，大火滚开，专人负责续开水，熬够火候。

意外的是，从他身上，我又找到了久违的"北京范儿"——一技傍身（有时甚至只是痴迷于一个爱好），视为性命，虽不敢说就此浮云富贵，笑傲王侯，但却能够箪食瓢饮，有所不为，乐天知命；待人接物，礼尚往来，客气礼貌之中暗含着保持距离、讲究分寸、不就尺蠖、不肯仰面事人的"范儿"。这种"范儿"在中国的手艺人身上是有历史传承的，谓予不信，可看《庄子》，庖丁解牛之后，"提刀而立，为之四顾，为之踌躇满志，善刀而藏之"。——就是这种"范儿"！

烤鸭，堪称中国名菜里炮制最为繁难的，够得上庖丁说的："道也，进乎技矣。"凡事到了"道"的层面，执事者没有点儿这种敬业自重的"范儿"，专靠哗众取宠，是做不成功的。

蒲庵曰："鸭胚"亦写作"鸭坯"，未知孰是。此文中涉及烤鸭技术方面的内容主要参考了前门全聚德烤鸭店编写的《全聚德菜谱》（新世界出版社1990年版），该书一律写作"鸭胚"，故从之。

此文在《橄榄餐厅评论》刊出时，为迁就专栏版面大小，做了部分删节，现将原文收入本书。

吴门真味

市面上以"宫廷菜"为卖点的高档餐饮着实不少，不知多少次有人希望我推荐正宗"宫廷菜"——这大概也算职业"美食家"理当付出的代价吧——我也不止一次向各色人等反复解释何谓"宫廷菜"，食肆所售如何不靠谱，唇焦舌敝之余犹不能取信于人，真是难矣哉！

其实，宫廷菜未必是美食，但自有其特殊的规矩，比如：清宫膳房做什么菜用什么汤——氽羊肝用事先熬好的羊肝汤，烩腰花用腰子汤；除了斋菜，烹调油全用动物脂肪；菜品命名鸭就叫鸭，羊就叫羊，白菜就叫白菜，豆腐就叫豆腐，绝无"龙凤呈祥""富贵如意"之类令人费解的"花名"；海味多用干品；重视关东野味；有很多北京和辽东家常菜；与所谓"满汉全席"毫无关系。

去年橙黄橘绿时节去苏州吃蟹，秋风细雨中，寻味到了在狮子林附近潘儒巷里的"吴门人家"。这是一座苏式老宅，庭院深深，最后一进还有一汪小小水面。主人沙佩智女士退休前供职于机械行业，却爱好苏州美食，有志于恢复康乾南巡时苏州织造供奉御前的"织造菜"。（**蒲庵曰**：乾隆帝欣赏苏州名厨张东官的手艺，屡有赏赐，是见诸野史笔记的。）我提前一周预订，沙总精心准备，端的是异彩纷呈，令人食指大动。您别说，还真有点宫廷菜的意思，比市售货色靠谱多了。

清炒虾仁不算什么了不起的珍味，但在北京却难得吃到合格的出品。首先得用河虾，再加上手工活剥——北京市面的钱好挣，哪有人肯下这份功夫，于是冰冻的货色隆重登场，还有用海虾充数的，那就更是自郐而下了。（**蒲庵曰**：海虾并没什么不好，如果够新鲜，大小也合适，油焖、炸烹都不错，只是用来做清炒虾仁，口感、味道都远逊河虾，这就像从来没听说有人用梭子蟹来做炒蟹粉一样。）其次要用大油炒，炒出来色泽白亮，吃口也腴美润滑——如今烧菜讲究健康，于是改用素油，颜色就黯淡了不少，口感、香味也要差一些。在苏州不要说餐厅了，普通面馆做浇头的虾仁也比北京讲究，"吴门人家"的手法更是"老尺加三"，事先用小一点的河虾熬出虾油，以此油烹炒虾仁，滋味之美在我吃过的同类菜品中堪称翘楚。

芙蓉蟹粉妙在蟹粉中蟹膏、蟹黄之多已经接近"秃黄油"，却肥而不腻、腴而能爽，既没有大量的姜末掺杂其中，也不用醋来解腻去腥，只是一味的香鲜醇厚。我请教沙总窍门所在，她微笑不语，我就不好刨根问底了。此菜以"芙蓉"——炒的极嫩的蛋清围边，入口爽滑软嫩，火候恰好，与蟹粉搭配无论色泽、味道、口感，都得红花绿叶之妙。

葱烤梅花参整只上桌，长约尺余，乌润油亮，肉刺肥大而且分叉，仿佛梅花，气势不凡；火候适中，海参肉厚，入口酥糯而弹牙，足够入味又不过咸，少许汤汁醇厚鲜甜，略带葱香。梅花参是南海特产，价格虽然不如辽参昂贵，但如此硕大的海参从水发到烹熟，仅保持外形完整，就有相当难度，对厨师的耐心也是一大考验，时下餐饮市场中极为罕见——整只料理的大型海参多为大乌参，其个头、品质、口感、烹制难度远不能与梅花参相提并论。

其余如莲子鸭、鱼油鳝片、樱桃肉、河塘水仙、枸杞菊花豆腐、赤豆糊糖粥也无不细腻精巧，各有动人之处。

鄙人贪爱甜食，醉饱之余，一而再，再而三，又添了酒酿圆子和八宝饭，方肯罢休。

同行者有北京"天地一家"餐厅的总厨张少刚兄，回京途中一锤定音："什么叫菜？这才叫菜！"

侉炖与糟熘

我交往最深的两位厨师朋友——"太伟高尔夫"的王小明和"天地一家"的张少刚都是鲁菜高手；另一位山东朋友胡日新，莱州人，能把当地特产冰鲜的野生半滑舌鳎鱼运到北京，一条重约三斤。如此机缘岂容错过？我特请两位大厨用传统手法各烧一道名菜。

小明烧的是侉炖鱼。

"侉"字有贬义，原来的意思是指口音不正，特指与本地口音不同。比如说，以北京的语音为标准的话，周边地区的口音就会被认为"侉"。这里用的是引申义，有"怯""土气""俗气"的意思。

这种烹饪方法之所以被称为"侉"炖，是相对于"清"炖而言的。所谓清炖，要求汤多色清，原汁本味，鲜醇不腻，不加有色调味料；而侉炖正好相反，不仅要加有色调味料，装盆之后还要撒上葱丝、香菜段，口味是酸辣的醋椒口，汤色略显混浊，而且汤的量也较清炖为少——站在清炖的立场上看，这种手法自然显得有点乡土气息，所以才被前辈厨师幽它一默，命名为"侉"吧。

其实这道菜一点都不"侉"，恰恰属于比较讲究的菜品。首先，即便是在讲究饮食的法国，也视鳎目鱼（学名舌鳎鱼）为高级食材，特别是多佛尔海峡的出品。我吃过，确是美味——莱州湾的出产一点不差，而且肥厚过之；此菜并不长时间炖煮，鱼的鲜味无从溶入汤中，所以和烩乌鱼蛋一样，底汤得用上好的高汤——汤的分量不大，介于汤菜和非汤菜之间，称为"半汤半菜"。

我跟少刚点的是糟熘鱼片。

北京鲁菜馆都少不了这道菜，但鱼和糟都到位的不多。

山东当地多选比目鱼类如鲆鱼、鲽鱼、舌鳎鱼的净肉，取其能出大块无刺的鱼肉，肉质结实而细嫩，切片不散，雪白洁净，成菜外形稍稍卷起，口感略带弹性，鲜滑肥美。北京普通餐厅多用草鱼，不仅多刺，而且养殖速成的货色肉质糟软，平摊在盘中，毫无嚼头，更谈不上鲜味了。能用黑鱼、鳜鱼就算不错，虽然一样是人工养殖，好歹肉质要紧实不少，而且鱼肉不含小刺，已算难得——但一定得现点现杀现烹，只要提前杀好，一进冰箱冷冻，就会变腥变糟，难以入口了。

名曰"糟熘"，调味主要靠"香糟酒"，过去都是由厨师以黄酒、酒糟自制，即所谓"吊糟"，固然麻烦，可是滋味大佳。如今则不然，有买市售"糟卤"代替的——那是江浙沪一带用来做冷菜糟凤爪、糟毛豆的，内含香料，与"香糟酒"淡雅微甜的风味完全不同。还有的干脆以黄酒顶替，殊不知酒香固然比糟香浓郁，但放少了一加热就会挥发一部分，显得香味不足，放多了会有酒精的苦味；而且酒香比较刺激，不如糟香来得柔和蕴藉、清新隽永、富于回味。

鲁菜口味以咸鲜为主，此菜则咸中带甜，清淡仿佛南味，加之色泽浅黄，芡汁较多而明亮，显得矫矫不群。

菜好吃吗？当然！好吃到两位大厨本人都赞叹不已。我于纵情大嚼之余，回思鲁菜的高明之处，入口只觉色香味形，恰到好处，行云流水，不黏不滞，美味天成，甚至认为这两种技法根本就是为这条鱼准备的，记忆中只有鱼的美味而忘了一切技巧——"大巧不工""得鱼忘筌"，此之谓也。

绚烂之味

蘑菇是最神奇的食材。

按中国传统的食材分类，如粤菜所谓"三菇六耳"，属于素食范畴。而究其实际，并非植物，乃是比植物低级的食用真菌，虽非肉类，入口却有一种近乎肉类又似是而非的香味，这种香味之绚烂、美好令人难逃诱惑，而且就此决定了它在烹饪中的特殊用法，与普通的动、植物食材迥异。

蘑菇口感柔弱，香味却极霸道，越是名贵的越是如此，配搭食材可荤可素，唯不可混入其他的食用菌，如果是味道上比较缺乏个性的黑木耳之类还好，否则将一堆不同香味的蘑菇混搭一处，彼此冲突起来，何止两败俱伤？所有美好的香味都被消磨殆尽，真正是暴殄天物——此所以我对"杂菌汤"一类的"创新菜"痛恨不置。

汪曾祺先生以为："口蘑宜重油大荤。"（《汪曾祺全集》卷六，北京师范大学出版社1998年版，第469页，下文引文为同一出处）**此语深获我心**。其实，所有的蘑菇都是不厌大荤的，只有足够的脂肪才能充分烘托出蘑菇的鲜香。汪先生在呼和浩特吃过的"炒口蘑，极滑润，油皆透入口蘑片中，盖以慢火炒成，虽名为炒，实是油焖。即使是口蘑烩豆腐，亦须荤汤，方出味"。东北的小鸡炖蘑菇，我在云南丽江吃过的土鸡羊肚菌火锅，乃至法国人用肥鹅肝配黑松露，都不脱此范围。

汪先生还说："口蘑干制后方有香味。"国外的蘑菇我不熟悉，国产的蘑菇炮制过的确实比鲜食更有味，比如云南的油鸡枞、宜兴雁来菌菌油（以雁来菌熬制的酱油）、湘西的寒菌菌油（用寒菌加茶油浸制而成），都比鲜食美味。我印象最深的是近年特别受珍视的松茸，一般吃法是学日本以鲜品直接烤、炖汤，或当作时蔬炒食；有学生送我一点干品，水发之后配羊肉打卤浇豆腐脑，或加五花肉打卤浇手擀面——当然要把发制时得到的松茸汤澄清掺入，滋味之美不可言状，远胜鲜品。

外国食用菌亦有珍品，比如意大利北部特产的白松露。金融街丽思卡尔顿酒店每年都不惜工本空运来京以飨我辈老饕，（**蒲庵曰**：据说，松露鲜品如今已不许进口，国产美食爱好者在家门口又少了一种享受。）今年的菜单是：

金枪鱼塔塔配白松露、海胆、鹌鹑蛋黄

洋姜汤配白松露、秘制猪腩、橄榄油

意式羊肚菌烩饭配白松露

秘制意大利细面配白松露

香煎鳕鱼配白松露、土豆、鱼汁

烤嫩牛柳配白松露、南瓜、时蔬

白巧克力配白松露、芒果意式饺子

其中金枪鱼、海胆、蛋黄、猪腩、橄榄油、奶酪（米饭、面条中都有）、鳕鱼、牛柳都属于"重油大荤"的范畴，除了米饭之外都很克制地没有再加别的蘑菇——他们的意餐厅"意味轩"以蘑菇为主题，意大利人之爱吃蘑菇不逊国人——这与中国传统料理蘑菇的手法不无暗合之处；以蘑菇配甜品、水果则纯粹是外国风光了。

个人最欣赏的是白汁细面配白松露——这又是烹制蘑菇的一个重要原则，像白松露，它的鲜香味已经丰富、美好得无与伦比了，盘中其余的食材最好乖乖地做好配角，而且配角越少花哨越得力。就白松露而言，我以为没有比看似简单的奶油意面更经典、更能烘云托月的背景了。

终极美味如螃蟹、蘑菇者流，跟简约才是绝配——古人云："绚烂之极，归于平淡。"如此领会，似乎也不算穿凿。

天妇罗之神

2016年1月5日的下午，我去高振宇先生家拜访，顺路看看有没有可以收藏的新作品，结果作品没能到手，意外得知"江户流三巨匠"中的"天妇罗之神"早乙女哲哉先生在北京展示绝技，并邀请高先生夫妇出席晚餐，高先生还请了另外两位朋友——我在美食问题上总是被上帝青睐，那两位临时有事，周桂珍大师有兴致赏光，剩下的一个位子就"便宜"鄙人了。

早乙女先生来北京是为了给徒弟张雪崴主理的日本料理开业捧场，只表演一天。吧台只有11个位子，每道菜都是大师亲自操作，只有张雪崴一个助手。

当晚主要菜品如下：

炸斑节虾：只留尾部一点壳，在距尾部三分之一处用手轻轻一折，并不折断——虾在此处有一关节，折断之后再炸，虾肉就不会弯转。虾肉鲜甜，有小时候下饭馆时热气腾腾的包子入口时的香味。

炸墨斗鱼：口感略似炸年糕，对牙齿有轻微的抵抗。

炸紫苏叶包海胆：几乎没有紫苏叶的味道，只是包装而已，海胆鲜甜嫩滑。

炸河豚精白：浓度介于牛奶与酸奶之间，雪白细腻，从金黄的外壳流出，直接烫了我的舌头，赶快吃一口萝卜泥，两者混合，居然产生难以形容的美味。

炸星鳗：当面用金属筷子切断，"咔嚓"一声，热气仿佛火山爆发般喷薄而出。

炸香菇：汁液之多令人咋舌，香甜，口感柔韧，毫无平常吃鲜香菇的苦味和软塌塌的口感。

以海盐蘸食，香味、鲜味更为突出，萝卜泥浇天妇罗汁最好作为两道菜之间的小吃，降温、解腻、清口。

昆布汤将昆布切成极细的丝，味道淡得几乎难以察觉。

茶泡饭上面盖的是用小瑶柱炸的一大团天妇罗，配上泡饭，吃起来鲜甜可口，毫不油腻——外行可能会看不起小瑶柱，其实它比大瑶柱要珍贵、美味得多。

10年前，高先生就送给我介绍江户前三大师（早乙女哲哉、小野二郎、野田岩）的著作，并承蒙早乙女先生签名，还画了一只大虾；这次我特地带来，请他再签一次，先生认真地画了两只大虾。

菜单是个精巧的小折页，某种食材都附有中、日、英文名称和大师手绘图。背面还印着这样一小段话：

> 对我而言，天妇罗是一种艺术创作，是在工作中对美学的实践。在日本饮食文化界中，如微风拂柳……虽然没有大的冲击力，但能使人感到其存在，体会到其魅力，享受到其优美，这是我真正追求的目标。天妇罗的口感，在时间、瞬间，甚至呼吸之间，都会有很大的变化，也可以说是时间的美味。在最短的时间内品尝，能体会到最佳状态的天妇罗，这也是我最大的荣幸。

话说得真好！我以为值得中国厨师认真学习、借鉴。

日本料理的精髓正在于此：厨师视料理为艺术，如性命，即使是某种看似简单的料理种类，也将食材季节、产地、品种到厨具、燃料、加工技法、盛器、食用方法等细节反复推敲、钻研到极致。即便是同一种料理，每个店也有不同的风格，甚至就是一个流派。有时候一个人一辈子就负责一个环节，把技术锤炼到炉火纯青的地步，多少代人坚守、传承，生生不息，历久弥新。

中国菜则不然，体系博大精深，无论哪个菜系，都足够一个厨师学习一辈子；对厨师要求全面，但学习难度大、菜品多，从选料、加工到调味、临灶，技法丰富，环节繁复，能坚持学下来就不容易了，遑论发扬光大、坚守、传承。而且厨师地位一直不高，教育程度偏低，加上微观如食材、厨具，宏观如政治、经济，几十年来剧烈变化，能守得住传统的厨师越来越少，多数皆以偷工减料为捷径，以表面文章为创新，这样的中餐国际地位比不上日餐，也就可以理解了。

早乙女先生瘦瘦小小，看不出实际年龄，走在路上也不会引人注目；工作时严肃异常，一但离开"板前"则庄谐杂出，表现出风趣的一面。他告诉我，晚上工作结束之后喜欢过丰富的夜生活，这是一种平衡，一位高先生师辈的陶艺大师就是因为缺少这种平衡，只会工作，所以早逝。这话虽然是笑着说的，但我相信他是认真的——一个人如果到了70岁还没有这份明净豁达的人生态度，恐怕也难以达到真正的大师境界吧。

蒲庵曰：此文应高振宇先生之约写成，尚未发表过。2016年9月，我和几位朋友终于有机会去位于东京江东区的"天妇罗·美川·是山居"欣赏早乙女先生的绝技，以江户前海鲜为主的一餐吃下来，技艺之精绝、滋味之美妙，言语道断，使我至今难以落笔成文。

清白认真
淡泊人生

我对面坐着一位相貌清癯的老者，戴一副金丝眼镜，头发花白、略显稀疏、一丝不乱地梳向脑后，说话慢条斯理，口齿清楚，除了他那浓重的胶东口音之外，我们交流没什么障碍。看面貌，也不过 70 岁上下，如果有人告诉我，他是一位退休教师，我绝对相信。其实，老先生已经 80 多岁，更想不到的是，他一辈子的工作竟然是厨师——他就是全聚德集团的烹饪大师王春隆。

结识王老的机缘有点奇特——我去全聚德清华园店采访，那里的行政总厨苏泽清是中国烹饪大师，人憨厚，不善言谈，聊了几句，苏师傅表示："您还是采访我师父吧。"我平生好结交各行各业的奇才异能之士，采访倒在其次，主要是在交流的过程中往往受益匪浅，收获绝非一篇文章。何况当今之世，追名逐利，视为当然，如此敬老尊贤，实在难得。喜出望外之余，请苏师傅帮助约王老一晤。结果，还是约在清华园店，苏师傅掌勺，料理一桌酒席，我采访。

王老1946年到全聚德学徒，按惯例得打杂3～5年，结果由于勤快、能吃苦，才干了3个月，就被掌灶的山东籍名厨吴行玉看中，从此负责给吴师傅打下手。

早先做芙蓉鸭腰，是先把鸡蛋清蒸成蛋羹——"芙蓉"，再把鸭腰焯熟，摆在"芙蓉"上，最后浇汁。王老开始负责摆鸭腰。传统做法摆得比较随意，王老觉得不好看，主动摆出花形，吴师傅既没夸奖，也不反对，但看得出是心许的，从此对王老更加另眼相看了。

名菜火燎鸭心的创制也源于学徒时的经验——一次偶然把鸭心掰开，蘸酱油，穿在火筷子上放入炉中烧烤，味道居然不错。20世纪70年代末，全聚德搞创新，王老想起此事，反复试验，把鸭心剖开，打花刀，用茅台酒、酱油略腌，腌的时候用指尖顺着花刀缝逐个擦一下，确保入味；鸭油烧至油面起火，用漏勺放入鸭心，推三四下，迅速起锅装盘；一锅放鸭心不能超过25个，否则质量无法保证；围边的香菜段、葱丝要撒上一点盐、味精，稍抖一下——吃的时候配鸭心一起入口。标准的火燎鸭心软、干、嫩、香、鲜，酒香淡淡，佐酒最宜。

王老从学徒到1994年退休，一辈子都在全聚德，听他聊全聚德的旧事，聊自己的工作，并无多少传奇色彩，但是，他曾经长期被派驻苏联、日本、德国，给国家创汇上亿元，自己却没多拿一分钱；他培养的杨学志、崔玉芬等已成为名师，又创制出火燎鸭心、烩鸭四宝等不少全聚德名菜，自己在社会上却籍籍无名，这种本分、清白、淡泊的人生，在熙来攘往、追名逐利的时代，不也是一种传奇吗？

最后的节目是陪王老吃饭，师父在座，苏师傅以"应试"的心态烹出的葱烧辽参、油焖大虾、火燎鸭心、糟熘鸭三白、梅花鸭舌、鸭汤醋椒鱼无不精妙，尤其是火燎鸭心的干嫩、酒香，糟熘鸭三白的鲜甜、糟香，梅花鸭舌以鸭舌摆成梅花，以香菇拼就梅干，摆在蒸蛋白羹上，造型清雅，口味清淡，颇能传王老心曲，皆堪称如今餐厅里难得的佳构。

蒲庵曰：本书中原则上只收入我的专栏创作，之所以破例收入这篇采访，主要是因为像王老这样的厨师越来越少了，物以稀为贵，人又何尝不是如此呢？鸿爪雪泥，谨留此文，聊记与王老及全聚德的一点缘分。

奇幻浓醇　秋之味

　　不足 10 平方米的中庭曾经是日式枯山水园林，铺满园地的是细小的白石子，几块山石，一条青石板铺就的小径，仿佛把日本古画中的庭院移到眼前。去年重新装修之后，面积缩小，只剩下一条"S"形白石子小路和两小块圆形的青石坪，新栽的乔木尚小，灌木、青草却是蓊蓊郁郁；青苔茸茸，有草木阴影的泥土上就有它的踪迹。中庭雪白的墙壁似乎被喝醉的泥瓦匠随手涂抹得毛糙不平，周遭屋顶围出一窄条不规则的四边形天空，坐在室内，难得见到太阳，云也阴凉，无云也阴凉，雨天的景致自然更为赏心悦目。

　　落地窗外的风光犹如盆景，窗内是表面留有斧子斫痕的木梁、木柱、木椽，连木桌、木凳都漆成淡棕色；贯穿散座大厅的、明档前的吧台桌面，干脆就是块又宽又长、根本没上过漆的整条木板。在如此朴拙的背景下，桥场君的厨艺越发显得奇幻莫测、机变百出。

总料理长桥场信行是京都人，有 19 年的从业经历，他融合了西洋风的日式料理吸引了足够多的食客——这间以他的姓氏命名的餐厅晚餐位子时常相当紧张——不过从不少菜肴的浓甜汤汁里还是能体会出关西料理的韵味。

我要求采访桥场君，他问我想吃点儿什么。

我说，随便，但要表现日本料理四季分明的特点，要有秋天的味道。

桥场君说，好。

一番手挥目送，一桌会席料理一道道端了上来。

前菜三道，最精彩的是甜虾拌蛋黄酱沙司。海胆卵、鲑鱼籽、蟹籽中随便哪一种都极其鲜美，何况三者的组合，想起其中超额的胆固醇，对自己的身体固然充满歉疚，但还是忍不住让它们的或软或脆或润或滑的口感和醇鲜甘甜的余韵在口中低回婉转，一唱三叹。甜虾的鲜味已经微不足道，但虾泥的细腻黏滑和洋葱碎的甜脆、蛋黄酱沙司的油润都成为海鲜卵的背景，微微的脆，微微的黏，微微的甜，洋葱、香葱微微的辛香，恰到好处地衬托出主料的滋味，从中还能充分体会日餐和风细雨的作风，而愈发厌烦如今充斥饮食市肆长枪大戟式的霹雳火爆。

秋天是吃松茸的季节，京都出产的松茸在日本最负盛名，料理松茸应该是桥场君的拿手好戏吧。用土瓶蒸的方法做汤，加鸡块、银杏，馨香清甜，是松茸的传统吃法之一。桥场君在松茸土瓶蒸中加入甲鱼，我没想到甲鱼和松茸的搭配会如此相得益彰——松茸清鲜，甲鱼醇厚；松茸松脆，甲鱼滑糯，各有各的鲜美和质地，又完全不矛盾，而且互补。汤面上的些许油花增加了一点秋日的丰腴，略无腥气，可以想见甲鱼是刚杀的。需要自己加入的鲜柠檬，桥场主张挤汁入壶；我却喜欢直接放入壶中浸泡，这样不会太酸——纵然酸度可以用滴数的多少调控，柠檬皮的香味与果肉的稍有不同，似乎浓郁清新犹有过之，浪费可惜。（**蒲庵曰：**柠檬其实是不得已的替代品，更讲究的吃法是用日本酸橘，并将果汁挤入饮汤的小盅。）

其余如比目鱼边肉刺身的肥脆，以四川豆瓣酱、沙拉酱、日本大酱调味烤制大虾的新奇甜辣，星鳗葱卷天妇罗的细腻脆嫩，牛肉芦笋白菜卷配松茸的浓甜，松茸铁锅饭扑鼻的馨香，都极富想象力，又不失规矩。

醉饱之余，发现庭院中一株矮矮的元宝枫，树梢的几片叶子已是一抹胭脂红。一年容易又秋风，吃过松茸，鬓边不知又添几许星星？

长江绕郭知鱼美

虽然生长于京华，我却有四分之一的上海血统；尽管我不相信有前世今生，但如果真有的话，我相信自己前世应该是一个江南的读书人。

很小的时候，父亲去南方出差，每次都带回一点当地的食物，无非是咸肉、竹笋、松花、咸蛋之类——计划经济时期物流远不及现在畅通，北京的食品供应相当匮乏、单调，这些如今看起来毫不起眼的东西在 20 世纪 70 年代足可以一膏我的馋吻——我一下就爱上了这些南货。从 5 岁开始，每隔一段时间，总有机会去一次江南，还曾在上海小住过三个月，最近更是每年要去个三到五趟，每次都如归故里，从自然风光到人文环境、风土人情，都觉得温润亲切，很容易融入其中。格外爱好当地的风物，除了食物之外，甚至扩展到紫砂、青瓷、苏绣、缂丝、竹刻、太湖石……总之，赵宋南渡千年以来形成的文章锦绣、蕴藉风流，无不令我心驰神醉，惆怅低回，流连忘返。

最吸引我的当然还是美食——阳澄湖大闸蟹、太湖三白、芡实、莲子……除了大菜，各色糕团、小笼、汤面同样诱人，还有狮峰龙井、洞庭碧螺春、安吉白茶，就像古代江南的人物，态度温和、气质优雅，不以猛烈刚劲、长枪大戟见长，而以清新恬淡、和风细雨胜人。

江南饮食之美不仅集中在苏杭这样的大城市，几乎每个小城乃至小镇都有自己的特色风味，江阴就是其中的代表。

江阴在长江南岸——古人以山南水北为阳，水南山北为阴，所以衡阳在衡山之南，洛阳在洛水之北，华阴在华山之北，江阴在长江之南——万里长江，浩浩荡荡，到了江尾海头的江阴，江面一下子变得狭窄，形成吴淞口以西的第一要塞，历来为兵家必争之地，同时又以盛产江鲜著称，一年四季俱有不同的鱼汛。

所谓江鲜，包括河豚、刀鱼、鲥鱼、籽鲚、螃蟆、鮰鱼、大闸蟹、鳗鱼、鲈鱼等。江南尤重刀鱼、鲥鱼、河豚，这三样美味名头太大，经历代捕捞，野生货色几乎绝迹长江，而天水雅居江鲜会馆得风气之先，在长江畔筹建了"长江三鲜"养殖场，能将最新鲜的江鲜运到京城。而且料理得法，既不乱加香辛料，也不搞高档食材大杂烩，更看不到时下流行的所谓"创意菜""融合菜"的身影，只是在保留地方菜肴浓郁、质朴的乡土气息的同时，稍加改良，使之形粗实细，最大程度地保持了江鲜的原汁原味——清蒸长江刀鱼的细嫩肥厚、白煨河豚的醇浓丰腴、红蒸鲥鱼的脂腻甘香，无不令人垂涎，它们又拥有各自独特的鲜味，食之足以"三月不知肉味"。

最为难得的是天水雅居的家常原料也同样来自江南，牛肉、猪头肉，甚至黄瓜、萝卜都与北地滋味大不相同。普通如豆腐，也是在南方自制、运来，口感、味道绝非市售凡品可比。对食材如此精益求精的中餐厅在内地堪称凤毛麟角，使人不得不兴观止之叹。

三江寻味记

去年没少往各地跑，无非为了找寻美食。星星点点的记忆留下不少，能记住的自然都是有意思的细节，值得与读者分享。

酸辣鱿鱼

曾国藩有个孙子曾广钧，官做得没有祖父大，所以今人多不知其名，但在清末民初以能诗著称，题长沙老字号"玉楼东"云："麻辣仔鸡汤泡肚，令人常忆玉楼东。"至今传为美谈。

我去"玉楼东"专访湘菜前辈许菊云，蒙许大师留饭，单是一道酸辣鱿鱼就吃得人开胃爽口、痛快淋漓。首先是酸泡菜和醋混合产生的酸味不只含有醋酸，还含乳酸，酸得醇厚，酸中带鲜；另外辣味的使用相当克制，只求配得上酸味即可，不过分刺激、麻痹口腔，还能尝出鲜味；最重要的是使用水发鱿鱼而非鲜鱿，口感完全不同，水发的比鲜品增加了脆嫩，减少了水分和韧性，也更容易入味。

个人一贯认为中餐的很多传统干品食材尽管发制麻烦，营养可能也不如鲜品，但其特有的风味绝非鲜品能够简单替代。典型如香菇，鲜品的香味远远不及干品，更不用说鲍鱼、花胶、蹄筋之属了。反正现代人号称营养过剩，吃一点营养少的食材有什么要紧？

桂花栗子·蛋酥

杭州香樟雅苑在满觉陇，我去的时候正赶上桂花飘香——满觉陇的桂花有大名，当年徐志摩专程来访，逢着大雨，败兴而归，留下一首无病呻吟的诗——《这年头活着不易》。更有名的是桂花栗子羹，我终于吃到，却并不觉得精彩。

老板胡亮喜欢创新，一品蛋酥就很有特点。其实不过是鸡蛋液加白糖、生粉搅匀，通过丝网倒入热油中，炸成丝，再压紧，切块，冷食。入口酥脆香甜，我一个人几乎吃了半盘，很像小时候常吃的一种小饼干，纽扣大小，也是又酥又脆，蛋香诱人。

胡亮特别重视原料的品质，蛋酥好吃的秘诀在于鸡是自己养的，蛋是当天下的。

狮子头·早茶

这辈子可真没少吃狮子头，说到嫩度，扬州迎宾馆的清炖狮子头堪称第一。

嫩到什么程度呢？就像传说中的那样，拿筷子真夹不起来，非得用汤匙才能吃进嘴里。此无他，第一肥肉要够多，历史上讲究"七肥三瘦"，现在即使"减肥"也不能少于一半，否则一定是硬的；第二不能乱加蛋清、淀粉；第三火候一定要足，不然肯定腻口；第四最要紧，手工切粒是必需的，绞馅、剁馅团出来的那叫大丸子，跟狮子头没半毛钱关系。

上述种种，其实都是在考厨师的耐心。有这个耐心，才有资格谈谈厨艺，不然的话蛮好去干点儿别的，不必在厨房瞎耽误工夫。

到了扬州，下午未必"水包皮"，上午一定得"皮包水"——第二天早茶的点心同样诱人，烫干丝、三丁包子、千层油糕、青菜包、豆沙包，原料都家常，没有任何"高贵"的食材，造型、口感、味道都简单、朴实而尽善尽美，挑不出丁点儿毛病。此无他，还是厨师耐得住寂寞、辛苦，半夜起来折腾，我们坐享其成，惭愧惭愧！

上述三座城市分别位于湘江、钱塘江、长江之滨，"三江"云云，以此耳。

沪上美食三题

甲午暮春，到上海参观一个食品博览会，少不了也要例行公事，吃喝一番，饮啄遇合，亦有可记者。

D.A 牛排

平生足迹未到阿美利加，久闻美式牛排的大名，却从未吃过。上海静安区香格里拉大酒店开业之前就到北京做推广，曾邀请我品尝 1515 牛排馆的美式牛排——我确实有意尝新，无奈总是阴差阳错，失之交臂，这次终于约好，可以了此一段心事。

该店的第一卖点在于牛排的干式熟成（Dry Age）——将牛肉吊在湿度和温度被严格控制的醒肉房里，最长可达 45 天。在此过程中，肉里天然存在的酶会分解肌肉间的结缔组织，使肉质变得柔软多汁、容易消化，肉的水分流失，颜色变深，同时味道也被浓缩。据说早在 19 世纪，美国西部的牛仔就用这种技术来保存牛肉。认真核算起来，吃一大块干式熟成牛排，确实有点奢侈——除了醒肉房的建设和运营成本，熟成后变硬的牛肉表皮还必须削切干净，这样就会损失23%～35%的重量。

除了牛肉，肉牛也系出名门——主人介绍，所有肉牛都在澳大利亚的5个农场饲养；还要尽早挑选小牛，一旦中选就与其他牛群分开饲养。先在草地放养9个月，再用大麦、小麦、高粱和玉米等营养均衡、热量较高的饲料，谷饲12个月——这就是如今国内市场进口牛肉中的上品——澳大利亚谷饲牛肉。

话说得如此热闹，到底滋味如何呢？我吃过世界知名的牛排如日本黑毛牛、法国夏洛莱牛（Charolais cattle）、意大利奎宁牛（Chianina），这次的风味与其他牛肉皆不相类，有好奇心的朋友不妨自己去尝尝。

浓油赤酱

陆文夫先生借朱自冶之口说，做菜最难的是"放盐"，我斗胆拾遗补阙——最难把握的是咸味和甜味的比例关系。咸鲜口的菜里应放多少糖，甜里应放多少盐，咸中带甜、甜中带咸、咸甜适中的菜品中咸、甜两味的比例又该如何控制，非有绝大学问莫办，连量杯、天平都用不上——因为变数太多，至少还要考虑与主辅料、其他调味料、烹饪手法乃至季节、地域的关系。谓予不信，姑举一例：北京谭家菜讲究咸甜适中，故而把盐、糖的投放视为技术保密的关键环节——如果只是有个重量或体积的简单比例关系，保密又有什么意义呢？

上海有位年轻的厨师朋友丁金喜，原来在一家著名的高档连锁餐厅当总厨，最近自己出来在浦东开了一间小饭馆——鑫安坊，请我去试菜。我不客气地约了当地精通美食的朋友一道——一来请他帮忙把关，二来借花献佛，三来也给小丁拉拉生意。

受欢迎的是三道浓油赤酱的菜品——响油鳝糊、红烧肉、红烧鲴鱼——同为"甜上口，咸收口"的本地风光，由于甜味、咸味的比例拿捏得非常合适，吃起来并不觉得重复、厌烦。

鳝糊的肉质结实，嫩中带一点脆，胡椒粉放得合适，油多而不腻。

红烧肉加入鲜鲍同烧，肉中渗入鲍鱼的鲜味，鲍鱼被肉的脂肪滋润，各得其所，相得益彰——最近很多人一谈"燕鲍翅"就颜色更变，其实鲍鱼无论干鲜都是上好食材，而且都是养殖的，与环保无干，鲜鲍价格又不贵，为什么不能吃呢？大家都排斥鲍鱼，其奈养鲍的渔民何？反正我是"一品老百姓"，正好大吃特吃。

鲴鱼以肥厚著称，殊难料理：一是要求绝对新鲜，二是不能有大路货常有的"橡胶味"，三是要香滑细润、甜而不腻。

小丁的出品不仅是合格，而且有创意：用大量蒜头去腥，用红枣提香，与鮰鱼珠联璧合，座上诸人皆叹为神来之笔。

阿山饭店

慕名专程前往，做了一回"洋盘"。

出品、服务、环境一无可取之处，想破了脑袋也不明白——如此难吃的店为什么会有人捧？

但一想到北京乃至全世界肯定还有三分之二的"受苦人"享受过类似待遇，即刻像阿Q一样释然了。

最牛的牛排

　　清晨，我们一行人从翁布里亚大区首府佩鲁贾出发，驱车直驶翁贝蒂德，参观卡罗·玛西米拉诺·格里蒂（Carlo Massimiliano Gritti）旗下的养牛场。

　　时值暮春，我在意大利做 10 天的美食美酒之旅。其中一站是位于中部的翁布里亚，它是这个国家唯一没有海岸线的大区，素有"意大利的绿色心脏"的美誉。亚平宁山脉由此穿过，一路行来，山峦起伏，河湖纵横，丛林密布，小城古镇触目皆是。

　　翁布里亚大面积的山地、丘陵覆盖着厚厚的牧草，是天赐的牧场，这里饲养着世界知名的肉牛——原产于意大利中部的奎宁牛（Chianina）。它出生时为浅咖啡色，4 个月后才变得全身雪白。小牛在饲养场圈养 6 个月就可以出栏；成年牛要接着在丘陵牧场散养 6 个月，再回到栏中圈养 6 个月，共计 18 个月出栏。奎宁牛是现在世界上最大的肉牛品种，体型高大，四肢较长，骨骼粗壮坚实，肌肉丰满。母牛平均体重为500～700公斤，公牛为800～1300公斤，公牛主要用于配种繁殖，供食用的多是母牛。

奎宁牛已经在这片土地上生活了2000多年。最初一直作为耕牛使用，到了20世纪六七十年代，农业生产逐步实现机械化。人们发现它肉质鲜美，才开始当作食用牛饲养。由于翁布里亚的养牛场只给牛吃粮食、草等传统的天然饲料，而不用任何添加剂，20世纪90年代发现疯牛病以后，奎宁牛因其安全、美味而身价倍增。

奎宁牛成名故事的另一个版本时间更早一些——欧洲国家吃牛排的习惯本不如美、澳两国普遍，但在"二战"后期意大利曾有美军驻扎，这些无肉不欢的美国大兵一眼就看上了漂亮的奎宁牛，于是当地居民开始大量养殖，以供应美军的需求，战后此牛自然誉满全球了。

养牛场老板乌苏拉·格里蒂女士来自德国的巴伐利亚，丈夫是意大利人。1994年，她跟丈夫到此度假，对当地的自然风光、淳朴民风一见倾心，毅然决定改变人生轨迹，彻底结束了她在蒙特卡洛的金融生意，到翁布里亚买了40英亩葡萄园。她说："我觉得我们找到了自己的根。"

如今，除了畜牧业，格里蒂女士的企业还生产葡萄酒、橄榄油、烟草，土地也变成了1000英亩。我们的午餐就在牧场附近另一处属于她的产业——圣·安德烈向日葵餐厅。这一餐自然大吃特吃奎宁牛肉。

生牛肉配生金枪鱼沙拉：牛肉取最嫩的里脊，切薄片，稍腌，撒上西芹、香草、奶酪片，浇橄榄油；细嫩鲜滑，无筋无渣，一点都感觉不到是在吃生肉。

白煮牛舌：切大薄片，撒辣椒、胡椒、香草碎，浇橄榄油、醋；咸鲜，微酸，微辣，干香筋道。

牛舌清汤：在意大利近一周时间，还没喝过热汤，想得要命——餐前去厨房参观，发现汤锅里煮着牛舌，香味四溢，于是请求主人加一道汤——厨师问做法，我说清汤就好。果然汤清如茶，清鲜醇厚，上浮红油而不辣，原来是加了番茄。一小盆热汤喝下去，胸腹之间舒服得无法形容。

茄汁牛肉馄饨：绿色的馄饨浇上鲜红的番茄汁，颜色鲜亮，馄饨皮里放了菠菜汁，爽滑筋道，里边是牛肉馅，汁也加了牛肉碎，牛肉香味扑鼻——此行每一餐都必上面条、馄饨之类的面食，没想到意大利人对面食的热爱丝毫不输于中国的北方人。

炭烤T骨牛排：这出"压轴戏"果然精彩，先声夺人的是分量——足足两公斤多，以大木盘端上，烤香四溢——奎宁牛排的标准吃法是炭烤；现场切割成宽条，喜欢熟一点的取周边，生一点的取中间；撒上海盐，浇橄榄油，外焦里嫩，熟的部分不像普通牛排呈浅棕色，而现灰白色，生的部分色泽鲜红，不流血水；生的鲜嫩甜美，熟的越嚼越香，各有妙处。一粒粒的海盐在口中不紧不慢地化开，增加了鲜美的层次感。

甜品是改良过的提拉米苏。

佐餐的葡萄酒也是主人自酿，红酒 Muda 的葡萄品种是桑娇维塞 70%、蒙特布查诺 20%、梅洛 10%——前两款都是意大利中部特有的名种，醇厚甘美，强劲圆润，与牛排真是绝配。

窗外阳光明媚，绿草如茵，熏风拂面，稍饮辄醉。

味在青山绿水间
——翁布里亚美食散记

2008年5月初，在意大利翁布里亚大区短期旅行了4天，无论是澄澈透明的蓝天，漫山遍野的苍翠，还是俯拾即是的美食美酒，都一样令我难忘。

山间小镇诺尔恰

诺尔恰（Norcia）位于翁布里亚东南部群山间，一座小山之巅。城外丘陵起伏，绿野丛林；城中老屋石砌，旧巷清幽。我们在餐厅 Bianconi Ospitalita 老板的私人会所午餐，这间餐厅开业于1850年。

此地盛产腌腊肉食，店主家族还有一个名曰 Brancaleone da Norcia 的品牌，专门制售此类土特产，品类竟有30种之多。头盘就展示了他们这一长项——计有3种萨拉米、野猪肉风干肠、腌猪颈肉、腌牛肉，同行者面对这一大盘几乎全生的肉食，无不摇头咋舌，目瞪口呆，我却欣然刀叉齐动，一一品尝。

最喜欢的是野猪肉风干肠，比较细小，深棕红色，里面含有雪白的脂肪粒，柔软，甜香。问起狩猎与环保的关系，主人介绍，当地环境保护得太好，以致野猪多到成灾的地步，政府允许捕猎。

最有特点的是新鲜萨拉米——几乎就是半肥半瘦的生猪肉馅，当然是调过味的，当地人把它涂在抹过橄榄油的烤面包片上吃——我能吃下一份鞑靼牛排而面不改色，可那是纯瘦的牛里脊啊——犹豫了一下，还是尝了两块，说实话，并不难吃，但也不觉得是什么特别了不起的美味。

这一带海拔 700 ~ 1000 米的高原上生长着一种豆类植物——滨豆（Le Ienticchie di Norcia），色泽灰绿，大小如绿豆而扁，中间鼓，周边薄，圆形，堆在那里，像一群小飞碟，触手光滑而凉，很是可爱。

吃法极其传统、朴实——把橄榄油、迷迭香、大蒜调成酱料，加面包丁、土豆丁煮成浓浆；再加滨豆，煮 30 分钟，放盐；取一部分打烂成糊，一部分保持整豆形状，混合均匀；装盘后，放上烤香肠厚片和烤面包丁。吃起来有点像绿豆蓉，口感起沙，有特别的清香。在意大利，这道菜跟面条、烩饭算一类。

烤小羊排是诺尔恰名馔。一扇完整的当地产小绵羊肋排，将肋骨上的肉剔出，保持一整片，依旧与脊骨相连，肋骨也不斩断；用盐、野茴香、胡椒和以猪油、迷迭香、大蒜等调制的酱料稍腌；然后用细绳将肋排肉捆在脊骨上，入烤箱，温度保持在 200 ~ 230 摄氏度，烤 20 分钟。

这样烤出的羊排，肋排刚熟，咸鲜入味，香气与我们的五香味神似，入口弹牙；外脊半熟，中间肉色粉红，细嫩香软，咸味很淡，吃的是羊肉的原味。配上同样产自当地的黑松露和土豆，一醇香，一松软，滋味更佳。

特拉西梅诺湖

特拉西梅诺（Lago Trasimeno）是意大利第四大湖，丘陵环抱中，湖面辽阔，湖水澄碧，岸边俱是芦苇、老树。湖中水产丰富，湖滨则有大片橄榄树林。

翁布里亚的橄榄油品质在意大利首屈一指，90% 的出品属于初榨橄榄油极品。亚平宁山脚丘陵的气候和土壤适合橄榄缓慢成熟，果实中所含的酸性较低。

我们在湖滨小镇 San Feliciano 参观了一家名叫 Frantoio Faliero Mancianti s.r.l 的橄榄油厂。古老的榨油作坊外就是树叶窄长、闪着银灰色光芒的老橄榄树，我们站在老旧的木地板上品尝橄榄油——颜色深绿，黏稠，入口顺滑绵软，毫无辛辣刺激的感觉，果香浓郁，余韵悠长，确是我品尝过的橄榄油中的极品。

　　晚餐在以烹制湖鲜著称的百年老店特拉西梅诺，极酸的橄榄油、葡萄酒醋渍生鱼，淡而无味的炸小鱼，筋道的欧芹、鱼手擀面，酸鲜微辣的番茄汁、橄榄油、湖虾烩饭，还有香肥浓厚的烤鱼排、烤"鲤鱼皇后"头、烤河鳗，让我们吃了个痛快。

　　餐厅在大湖的东岸，朝西全是落地玻璃大窗，湖景满目，如在怀抱；眼看着骄阳变成夕阳，直至落入湖中，山光水色由明到暗，时刻都在变幻当中。当最后一抹斜晖把一切都涂上一片橘红，水面清风徐来，我们酒也足了，乘兴而归。

现代其外　传统其中

　　初夏，承蒙意大利驻华大使里卡多·塞萨先生的盛情，邀请我去大使官邸出席晚宴，宴会主厨是米其林两星名厨玛西莫·波图拉先生。

　　波图拉来自意大利北部的摩德纳，这里是著名的巴萨米克陈醋的故乡，所以波图拉先生给我的第一个惊喜是悄悄带我进厨房，请我尝几滴 36 年陈的传统巴萨米克醋，当然是甜中带酸、果香浓郁。波图拉家族有一间自己的醋厂，传了好几代，据说其中竟有几百年的陈醋，他还写了一本专门用巴萨米克醋做菜的食谱。

　　晚宴的菜单堪称丰盛而变化多端，炫人眼目。

肥鹅肝、坚果配巴萨米克醋

　　法国肥鹅肝除去筋，用牛奶、酒分别浸泡 1 天，放入真空袋，以 50 摄氏度水温，浸 50 分钟，用"热刀"切入，掏出芯，注入巴萨米克醋，插入木棒，做成雪糕状，粘上杏仁、榛子碎。波图拉解释，来自北部的榛子和南部西西里的杏仁代表整个意大利，醋象征家乡的"心"，装了木棒的"雪糕"把我们带回了童年。这道菜的妙处在于鹅肝的馨香配陈醋的甜酸果香——这是波图拉自己的发明，不仅解腻，还给鹅肝带来新的味觉体验；鹅肝配坚果的酥脆，造成相辅相成的口感，更衬出鹅肝的滑润。

小葱头、松露配海盐

小葱头先加水、食用碱蒸过；带泥土的松露放入真空玻璃瓶蒸馏出原汁，做成调味汁；葱、松露调味汁、土豆泥、奶油一起煮开；松露去表皮，加橄榄油，打碎，撒在葱表面；撒海盐；最后放上去皮、切片的松露。葱皆稀烂，只剩少许纤维，肥厚咸香，不说穿没人相信是葱；松露碎、海盐不仅醇鲜够味，而且各有各的酥脆。

迷你意式饺子

半汤盅饺子，大小如蚕豆，形状很像馄饨——由于太小，最后捏上皮子时只能用大拇指和小拇指配合。馅心包括奶酪、小牛肉、新鲜萨拉米肠、火腿、风干猪脸肉、猪腰肉；浓鸡汁加奶酪粉，用专门机器，边搅拌边加热，制成调味汁。皮韧而爽滑，馅酥软鲜香，入口皮是皮，馅是馅，越嚼越香。奶酪调味汁肥厚、鲜美、腻滑。传统吃法是把奶酪汁浇在饺子上，波图拉故意把饺子放在汁上，喜欢原味的可以只吃饺子，保持传统的可以拌一下再吃。

烤猪肋排配松露土豆泥、球茎茴香调味汁

猪是在意大利特别喂养的一种小黑猪，散养，喂鸡蛋、粮食，喝羊奶。肋排先放入真空袋，63摄氏度，煮36小时，连接骨、肉的筋膜俱化，营养毫无损失；再入烤盘，加原汁，烤的过程中刷3次葡萄酱。猪肉咸中带甜，微有果香，松软酥烂如栗肉；配上土豆泥，口感极为协调，更添细腻；球茎茴香汁则馨香解腻。

Zuppa

甜品名曰Zuppa，20世纪60年代风行意大利，时尚程度仿佛今日之提拉米苏。内容不过是巧克力布丁、香草布丁、蛋糕浇上一种红色的酒——据波图拉介绍，这种酒在产地归药房调制、售卖，其红色来自瓢虫的翅膀。展示了如此令人眼花缭乱的现代厨艺之后，用一款极"过气"甜品作"大轴"，波图拉表示是想提醒大家"不要忘记传统"。

波图拉坦言，所谓现代厨艺，无非是"现代外表，传统内容"，他的工作就是："现代聚光灯下的我，把公众的视线引向传统。"

杂烩与甜酒

　　从马德里向东南飞行两个小时，飞机开始下降，俯瞰脚下，一串明珠散落在湛蓝的大西洋洋面上，我们在初秋时节来到了加纳利群岛。

　　加纳利群岛离摩洛哥南部不远，距非洲海岸只有115千米，离西班牙本土反倒远达1150千米。群岛基本自西向东排列，绵延450千米，共有7个大岛和6个小岛，总面积7446平方千米。群岛是火山活动形成的，多数岛屿地势崎岖，海岸陡峭；群岛的最高峰泰德峰海拔3718米，是西班牙第一高峰；位于大加纳利岛东北部的格拉雷罗港（Corralero）是西班牙第三大港。

　　这组15世纪被西班牙占领的群岛气候温和，沙滩遍布，棕榈掩映，建筑多取白色，在蓝天碧海映衬下，风光无限，着实迷人。除了各色海鲜，还盛产番茄、香蕉，以及木瓜、菠萝、柠檬、椰子、番石榴等热带水果。

4 天的时间，我们去了 5 座岛屿，饱尝了各色美食美酒，也感受了加纳利人的朴实、悠闲、热情。

淳朴之味

当地最有名的美食是"皱土豆"——把鸭蛋大小的带皮土豆加盐煮熟，并将水耗干，使土豆外面形成一层带盐花的硬皮，然后蘸调味汁吃。调味汁用橄榄油、大蒜调成，还可加入青红椒、香菜。土豆皮香韧，肉软糯，调味汁辛辣香滑，看着简单，吃起来却颇饶滋味。

几个岛走下来，我发现加纳利人还特别喜欢杂烩。以公牛肉、母牛肉、猪肉烤制的烤肉大拼盘，包括加吉鱼在内的四种烤鱼拼盘姑且不论，我还尝了用大虾、青口、蛤蜊、墨鱼和其他鱼肉做成的一大平底锅西班牙海鲜烩饭，炖蔬菜配海虾仁——把六七种蔬菜汇于一盘，炖得稀烂，五颜六色的，加上几个虾仁；什锦米饭海鲜汤——各色小海鲜碎加炖得像粥一样的米饭。这些美味一律做法简单朴实，火候十足，又热又香，适口暖胃，很像我们东北地区的"乱炖"，也和"乱炖"一样家常、顺口、舒适，吃的时候不用端着架势，可以让奔波了一整天无比疲惫的身心暂时松弛一小会儿。

参观卡里塞（Kalise）冰淇淋工厂的时候，几款冰淇淋的创意既有本地特色，又很是诱人——他们把椰子、菠萝、橙子、

柠檬掏空，然后用果汁做成冰淇淋，并且掺入果肉碎，再酿回
果壳中——吃的时候手捧果壳，香滑的冰淇淋入口满是鲜甜的
果肉，没有香精虚浮浅薄的气味，那股浓郁纯净的果香在大加
纳利岛午后的艳阳下显得格外清凉甘爽。

"火焰山"上的美酒

火山灰覆盖了位于群岛东端的兰萨罗特岛从海平面到海
拔 600 米之间的土地，一片辽阔而黝黑的火山岩渣土地上，用
人工挖出直径 2 ~ 3 米，深度 1 ~ 3 米的漏斗形小坑，坑底露
出适合葡萄生长的黄色土壤，葡萄藤匍匐在坑中，坑的边缘朝
向海风吹来的方向用火山岩垒成半圆形低矮的防风墙。放眼望
去，远处是蒂曼法亚（Timanfaya）国家公园一簇簇耸立的火
山锥——那是 1730 年百余座火山同时喷发长达 6 年形成的，
在蓝天白云的映衬下，一抹抹的火红、赭红、青灰，就像一群
火焰山，越发耀眼，仿佛回到亘古洪荒，又几乎使人产生来到
火星的幻觉；山腰下直至海边悬崖，几乎没有一棵树、一株草，
遍野布满鱼鳞一样的小坑，这就是兰萨罗特岛的葡萄园。无论
谁走到这里，恐怕都不能不慨叹大自然的恢宏壮丽和人类生存
能力的顽强。

接待我们的酒庄叫作 La Greia，它主要的葡萄品种正是本
地最有名的"香葡萄"（Malvasia），用这种葡萄酿制的白葡

萄酒清淡，爽口，酸度不高，结构简单，有淡淡的果香，冰镇之后，在火山岛灼人的阳光下喝上一杯，暑气顿消，开胃爽口，很是宜人。作为一个中国人，我更欣赏用"香葡萄"做的甜酒——葡萄成熟以后并不马上采摘，炽热的阳光和强劲的海风会很快蒸发掉它的水分，提高含糖量；酿成的美酒酒液金黄，稍显黏稠，虽然没有法国、德国贵腐甜白葡萄酒中贵腐菌的特殊韵味，倒也纯净得可爱，果香自然更加浓郁，甜而不腻，让人几乎不相信来自这片荒凉的热土。

小城之春

4月初的意大利北部小城维罗纳，乍暖还寒，春雨绵绵。承中国意大利商会主席大卫和秘书长陆珊两位朋友的美意，邀我前来参观意大利葡萄酒展（Vinitaly）。

应邀出国考察葡萄酒的次数不少，每次都安排得日程满满，在不同的酒庄之间疲于奔命，除了早餐在酒店之外，餐餐都是宴请。这次不然，接待方无人露面，专车把我送到酒店，就一切自理了。这就多了点吃饭、打车的开销，也多了行动的自由。我一般是上午参观，下午回酒店读书、休息。

酒展在市郊，展馆规模巨大，大大小小近20个展厅，参展商数以千计，酒如海，人如潮。我不敢说自己懂酒，又不做这行生意，只是抱着学习的心态漫游其间。当然也有重点，就是几个我比较喜欢的经典产区如皮耶蒙特、托斯卡纳、威尼托的名酿——这并非耳食，如果是中国酒展，我从二锅头尝起，就算醉死在展厅，也闹不明白中国酒是怎么回事，尽管有时候我挺喜欢二锅头。

幸亏主意拿得稳，走入这几个大区的展厅，发现面积大，展台多，在中国难得一见的名酒如巴罗洛（Barloro）、巴巴莱斯科干红（Barbarresco）、贵族酒（Vino Nobile di Montepulciano）、布鲁纳罗（Brunello di Montacino）、阿玛罗尼红葡萄酒（Amarone della Valpolicella）等俯拾即是，根本就尝不完；贵族酒和布鲁纳罗干脆是全区组团而来，如此顶级佳酿一字排开，实在令人目不暇接。

于是，原来从书本上得到的印象被反复印证、加深。

我最爱巴罗洛，其中的纳比奥罗（Nebbiolo）表现不俗，这款酒颜色深黑，紫罗兰、草莓、松露的香味强劲细致，变化丰富，口感殷实浓厚；托斯卡纳的桑娇维塞酿制的布鲁纳罗酒体肥硕，口味浓烈，色深浓厚，酸度强劲；维罗纳北部山区瓦波利切拉出产的阿玛罗尼尤其难得，是将采摘后的葡萄挂起或放在铺着麦秸的架子上，置于通风良好的室内，风干到来年3月，再以这些高糖分的葡萄干经过充分发酵酿成绝干的红酒，酒精含量可高达15%，虽然缺乏新鲜的水果香味，但酒的浓度很高，酒香浓重，醇和，少刺激，色质匀净，葡萄风干过程中会有菌类繁殖，赋予了葡萄酒特殊的风味。

作为世界最大产酒国的意大利，葡萄酒个性之强也是有口皆碑的——上述佳酿无不香气丰富而浓烈，酒体浑厚，单宁强劲，酒精度高，而不失细腻婉约，就像帕瓦罗蒂演唱的《我的太阳》——寓温柔婉转于热烈、明快、爽朗、开阔之中，值得一唱三叹。

维罗纳是著名古城，古罗马时代的竞技场还屹立在市中心。2002年春节我曾路过，只看了传说中《罗密欧与朱丽叶》女主人公住过的小院，就匆匆而去。这次特意留了一天时间去城中闲逛，酒店就在市区边缘，一图在手，安步当车就好。

城市小而旧，幽静古朴，古建筑触目皆是，建筑多用红瓦、红砖——从高处俯瞰，满城旧砖深红斑驳的墙面使人想起浓重而醇和的阿玛罗尼红酒——看不到什么玻璃幕墙之类的现代化建筑，一些建筑虽经修复，还刻意裸露部分古老的壁画或砖砌墙面、拱券，使后人得以窥斑见豹，发怀古之幽情。

小街，旧巷，广场，一路行来，感兴趣的不是专做游客生意的商店，而是当地人生活不可或缺的肉铺、面包房、葡萄酒专卖店、酒馆、咖啡馆、大小餐厅、餐具厨具店、床具灯具店……

可怜我"生于斯，长于斯"的北京，早被宽阔的环路和交通干线切割得七零八落，据说已经进入了汽车时代，所以天天堵车。倒霉的是行人，于高楼大路之间无街可逛。所以每到欧洲，都特别珍惜逛街的机会。这次又有格外的自由，可以漫无目的，畅游半日，古迹、小店，有兴趣就进去流连一番，不然任其擦身而过也好。

一河穿城而过，河道呈一东西横卧的"S"形，陆地就此被分成两块舌头的形状，城市的精华就在东边那块的"舌尖"。

春水方生，并不清澈，但湍急，甚至有点浩浩荡荡；河堤高阔，上多数百年老树，树瘿累累，到处新绿，繁花似锦。因为是周六上午，除了景点，行人不多，意态悠闲，或遛狗，或购物，或泡咖啡馆。

河上多古桥，或朴拙，或秀美，我行桥上，如在画中。

威
尼
托
美
食
拾
零

　　威尼托（Veneto），多数国人可能不太熟悉；但提起威尼斯，却是"谁人不知，哪个不晓"——这座举世闻名的水城正是威尼托大区的首府。10月下旬，受该大区和中国意大利商会的邀请，去威尼托旅行一周，大大品尝了一通当地的美食美酒。

火腿

　　特雷维索（Treviso）是威尼斯北边不远的一座漂亮而古老的小城，也是此行的第一站，大区有关机构假座城中的罗卡德（Roncade）城堡举行欢迎晚宴，由我们入住的 BHR di Treviso 酒店出外卖。

　　开胃小吃中的火腿令人惊艳：以鲜猪腿先烤后蒸——如同上海的走油蹄髈，脂肪已经流失殆尽——冷却之后手工片成厚片，吃起来皮酥肉烂，肥嫩香鲜，尤其是肘子附近，皮中裹有肥肉和蹄筋，腴而能爽，最是可人；佐餐的是当地特产的芥末，性质与日本山葵相近，不绿而白，擦成细末，拌以糖醋，甜酸辛辣，使人胃口顿开。

第二天的晚饭各人自理，我又去酒店餐厅，找出厨师长，照方抓药，佐以芥末、格拉帕酒（Grappa），再罄一大盘——是为此行吃怕了萨拉米、奶酪、硬芯面条之余最为充肠适口的一餐。

蜜饯栗子

帕多瓦（Padova）的骄傲包括欧洲著名的帕多瓦大学——这所大学建于1222年，论历史悠久在意大利名列第二，在欧洲则是老三。还有斯克罗韦尼礼拜堂，堂内有出自文艺复兴初期的杰出画家乔托（约1266—1337）之手的30多幅《圣经》故事连环壁画，是摆脱中世纪绘画传统、开意大利文艺复兴先河的代表作。我们自然一一瞻拜，行礼如仪。

但是，主人最先带我们进入的乃是一间五彩缤纷的甜品店，该店的著名的甜点我没吃出丝毫妙处，却被玻璃柜里的蜜饯栗子深深吸引。制法是将栗子去皮，脱去纤维膜，然后放入糖浆中浸泡，并分数次加热使栗子充分吸收糖浆，最后风干。成品有国产栗子的两倍大，完整的咖啡色栗肉外面裹一层晶莹诱人的糖衣，软糯甜韧，栗香极浓，远胜糖炒栗子十倍，滋味之美，言语道断。价格亦自不菲，每个两欧元多一点。

圣诞蛋糕

维琴察（Vicenza）的金银珠宝首饰驰名世界，我们参观的罗伊森（Loison）公司的看家产品却是意大利人圣诞、新年时最喜欢吃的圣诞蛋糕（Panettone）。

这种蛋糕个头儿硕大，最重的达 1 千克；当地人以为形如皇冠，我看却像厨师头上的高帽，外表深褐色，仿佛小时候常吃的槽子糕。老板切开 4 个请我们品尝，分别是巧克力、蜜饯樱桃、蜜饯橘皮和藏红花口味——各色馅料散居其中，入口松软非常，微甜浓香。据说除了不加防腐剂和乳化剂，用水果自制酵母发酵也是形成其特殊风味的诀窍之一。

其他桌上还有蜜饯坚果（榛子、杏仁之类）和将猪手掏空填入肉馅如同中国捆蹄的香肠，可惜翻译说是其他公司的出品，不肯让我尝新；只好乘其不备，从玻璃罐中取出几粒用于展示的蜜饯樱桃，悄悄吞下，"以完此劫"。

虽然《橄榄葡萄酒评论》不给我开专栏，我也要在此多一句嘴：维罗纳城北瓦波利切拉的雷乔托（Recioto）和阿玛罗尼真是意大利葡萄酒中的绝色，值得一醉！

恬淡生活

　　重阳都过了五天，才约好相熟的花农，把春天就订下的菊花送来。没想到，（农历）九月十五一早，掀开窗帘，蓦地一惊，北京竟然漫天飞雪，不由得有点失落、惆怅，好像已经辜负了今年的秋光。

　　北京丰台花乡的农家祖传以种花为生，至少始于明代，颇多绝艺，如"唐花"——温室栽培即是其一，能在数九严冬向宫里供奉牡丹，当然还有黄瓜之类的蔬食，艺菊更不在话下。菊花的名种都要嫁接，故能使一株上有多个花色品种，甚至做出如宝塔、似瀑布的造型，我这一盆没有造型，但共有三株、八种、六十余花，花型、色各异，或聚或散，小如茶盅，大者如拳，置诸斗室阳台，已经蔚为大观。落地窗外大雪鹅毛，下得洋洋洒洒，仿佛"银幕"，更衬得"一丛浅淡一丛深"，何止欺霜，居然傲雪。

花下读《红楼梦》"林潇湘魁夺菊花诗"一回，看古人赏菊，可忆、可访、可种、可对、可供、可咏、可画、可问、可簪、可梦，尚有菊影、菊梦，最后还要持螯把酒，便穷如渊明，尚能"采菊东篱下，悠然见南山"；现代的我们虽有手机、电视、计算机、空调、汽车、飞机、高楼大厦，其实生活得却乏味、紧张、空虚至极。

这就是所谓"现代化"吗？

我看不是，至少我在欧洲看到的现代化不是这样。

薄若莱的车站小馆儿

在法国吃过不知多少著名餐馆，无论蒙彼利埃的米其林三星，还是巴黎塞纳河畔以"血鸭"著称的"银塔"，都不如以盛产新酒著称的薄若莱火车站边上的一间小馆儿给我的印象深刻。

小馆儿有个不大的院落，四周以灌木为篱笆，中有老树，亭亭如盖，7月的阳光透过枝叶照到身上，并不灼人。正值法国人的假期，没有空位。上菜的是胖胖的老板娘，笑容也很阳光。菜都家常，毫无刻意的装饰，我最爱的是一味肉酱，不过是将肥瘦猪肉馅加调料，放入长方如面包的模具烤熟，冷却，连此模具上桌，用勺舀来吃——当地的猪肉又香又鲜，吃着委实过瘾。配餐的薄若莱新酒是散装的，玫瑰红色，店家就灌在像汽水瓶一样简陋的白玻璃瓶中端上来，冰镇过，好喝至极。

隔一会儿，院外就有火车鸣笛通过，也怪，没人觉得这是一种噪声，我也当它不过是乡村生活的一部分，有车声的衬托，更觉清静。

意大利的酒馆

美国快餐横行世界，意大利人看不过去了，故意提倡"慢餐"，还成立了协会，标志是一只蜗牛，到处给餐厅挂上有蜗牛的牌牌，其实蜗牛能不能阻击"麦当劳"，只有天知道。

约上一位朋友到意大利旅游，不参团，自己雇一辆车加一个司机兼导游，我们指哪儿他"打"哪儿，虽然不可能完全脱离景点如织的游人，毕竟自由不少。

后来发现大到罗马、佛罗伦萨、威尼斯，小到勤地的小镇，每个市镇都至少有一个中心广场，广场周边肯定会有一间小酒馆，卖的多是当地特产的葡萄酒，泡在里面的都是本地人，游客罕至，可以歇歇脚，躲躲清静。

酒馆里都是男士，年龄偏大，大概少见中国人闯进来，未免露出看稀罕的表情，态度绝对是友善的。我们也打量他们，羡慕老人家悠闲的生活，要是在大城市，意大利人上街往往西装笔挺，领带漂亮，皮鞋雪亮，老派一点的还戴礼帽。酒馆座位很少，都是站在吧台前面喝，虽然陌生，语言不通，互相举杯祝酒却是常事。

春节时候，意大利的中部、北部不算暖和，一杯下肚，驱走寒气，跟邻座点头微笑告辞，出门继续赶路。

西班牙的饭点儿

号召"慢餐"的是意大利人，西班牙人根本就不用提倡——他们在吃饭的问题上从来就没快过。

先说该国的饭点儿，早饭我在酒店吃，不知道当地人家里的情况，不敢乱说；午饭通常是下午2点开始点菜，快3点才吃上，5点钟吃完很正常；晚饭9点入座，一直吃到凌晨一两点。我跟西班牙朋友说，倒7个小时时差还能对付，再加上你们吃饭的"时差"我就实在扛不住了——不解释不行啊，因为多次有在晚餐上甜品时打瞌睡的记录。

奇怪的是，每天这么吃法，也没耽误经济发展，真不知道他们什么时候工作。

质朴的美味

　　我完全不懂意大利语，在亚平宁半岛既没有亲戚，也没有贸易伙伴，做梦也不会想到，今生去得最多的外国竟然是意大利——而且第一次踏上这片被地中海三面环绕、阳光灿烂的土地，就深爱上了这个伟大国家的历史、文化、风光和它的美食。

　　谈到意大利美食，人们的第一印象往往是健康。

　　以意大利为代表的地中海饮食结构极具地域特色（当然，还有西班牙、希腊和摩洛哥），已被联合国教科文组织列入世界非物质文化遗产名录，那里的居民日常主要食用鱼、谷物、蔬菜、水果、坚果和橄榄油，适量喝红酒，少吃肉和奶制品，故而极少罹患心脏病、糖尿病、老年痴呆症、中风。

　　难得的是，这种健康美食与美味并不矛盾——在意大利南部，把番茄干、洋蓟、茄子、西葫芦之类的蔬菜用橄榄油、大蒜、胡椒和香草（有时还要加醋）腌渍，入味而口感奇特，既保持甚至浓缩了蔬菜本身的香味，又爽口开胃，越吃越香，即便是中国人，久而久之也能上瘾。不像一些标榜"健康"的"美食"，装腔作势——例如我平生讨厌的各色生菜沙拉者流，既不适口，又难果腹，根本就是喂兔子的。

意大利菜的另一个特点就是质朴、简约而美味。

你问任何一位意大利厨师，最好吃的食物是什么，答案无一例外，一定是"妈妈的味道"。妈妈给儿女做菜不用考虑成本、利润、盘饰，不花哨，不做作，只要好吃——对任何人而言，这都是本质上的美食。世界各国都有"妈妈的味道"，但只有意大利人特别把这一点表而出之。

我在那不勒斯吃的比萨饼就是这样的美味：配方极为简单——面皮之外就是马苏里拉奶酪、番茄、罗勒叶；刚出炉就上桌，既烫且软；皮薄料足；味道并无特别之处，妙在面香、焦香、奶酪香、番茄香、罗勒香混合一气，质朴无华而诱人食欲。

意大利菜还是所有西餐里最适合中国人口味的——和它相比，西班牙菜太粗糙，德国菜太单调，法国菜太雕琢，国人到了欧洲，如果顿顿吃西餐的话，碰到意餐心理上多少还有点亲近感。

这里且不说品种繁多的面条、米饭以及米兰牛膝之类的炖菜,单说牛排。牛排是西餐的大菜,多数国人却难以适应——太熟则嚼不动,太嫩则可见血水,无论如何难以下咽。佛罗伦萨牛排则不同,一块的分量至少1千克以上,炭烤以后盛以大盘,焦香四溢;现场切割成宽条,喜欢熟一点的取周边,生一点的取中间;撒上海盐、黑胡椒,外焦里嫩,熟的部分不像普通牛排呈棕色,而是灰白色,生的部分色泽粉红,不流血水;生的鲜嫩甜美,熟的越嚼越香,各有妙处。我在佛罗伦萨第一次遭遇此味,纵情大嚼,连呼过瘾,许为"世界三大牛排"之一。

意大利美食千好万好,有一样我实在受不了,就是主人请客往往不点汤,有的餐厅干脆没有汤。十天半月没有热汤喝,一般国人都难以忍受,何况我的饮食习惯属于南方——离开汤根本吃不下饭,所以对在意大利喝过4盆汤至今记忆犹新。其中包括托斯卡纳"面包汤"(其实是"面包糊")、翁布里亚"滨豆汤"(其实是"咸豆沙")、奎宁牛舌汤,最有意思的汤是我教当地厨师临时现做的一款汤。

意大利南部相当于"靴子跟"的地方是普利亚(Puglia)大区,在那里为了喝口热汤,我乘人不备溜进了主人安排我们午餐的乡村小馆的厨房,发现其中只有蔬菜。我只好通过翻译指挥掌勺的大婶，把番茄、洋葱、土豆、甜椒切碎，加水和盐、橄榄油一起煮烂，再把厨房里现有的我也叫不出名目的各色香草各取少许切碎，撒在汤里，最后来点儿现磨胡椒即成。

汤一上桌就被一抢而光，就连意大利朋友也连连叫好，还追问汤的名字。

我一本正经地告诉他们："在中国，这叫'意大利蔬菜汤'！"

潮汕朥饼

9月底去潮州和武夷问茶，中秋肯定在武夷山过了，久闻潮州月饼（当地叫作"朥饼"）的大名，打算买一点送人。

离开的前一天，潮州茶人叶汉钟先生晚餐后带我去买朥饼，问了一次路才找到韩江东岸红厝公路边的一间小店，字号叫作"石生发"。9点多了，居然有人排队，都是本地人。就像上海的鲜肉月饼，现制现卖，昏暗的灯光下，只闻到熟猪油混合了香葱的厚重味道，叶先生也受不了诱惑，买了一盒。

形象极不起眼，可以说"土气"到家了——就像北方常见的酥皮点心，颜色深黄，直径两寸多，厚半寸许，当时真心不觉得会有多好吃。

店家殷殷叮嘱，朥饼刚烤好，塑料袋一定不能封口，要敞开一晚，冷透了，再系好，极粗糙的纸盒只能自己找胶带封一下——于是我在宾馆的客房里就熏着猪油香葱睡了一夜。

带到武夷山，第二天就是中秋，喝透了白岩的水仙，加上受不了那"世俗"香味阵阵袭来的诱惑，忍不住吃了一块——皮薄馅丰，馅心包括糖、糖腌过的脂油丁、香葱、芝麻，皮肯定也是用猪油起酥，除了不健康的要命，实在没什么特别之处，但确实是好吃，又说不出好吃在哪里。

在潮州开元寺附近，也买过豆油制的素馅月饼，有红豆沙、绿豆沙、莲蓉几种，外形略小，吃起来平平淡淡，远不如猪油的制品诱人。

网上有署名"北极"的《"潮汕朥饼"的传说》，介绍"潮汕朥饼"云：

> 潮汕人以聪明能干、心灵手巧、善于经商而著名，潮人制作的月饼，称为潮式月饼，本地人称为"朥饼"。它以其香甜、脆软、肥而不腻而驰名海内外。……
>
> "朥"字，潮汕方言指猪油。顾名思义，用猪油掺面粉作皮包甜馅烤焙熟的饼便是朥饼。以其馅料不同，朥饼分为绿豆沙朥饼、双烹朥饼、乌豆沙朥饼和水晶朥饼。
>
> ……
>
> 潮汕朥饼特点有以下几个：
>
> 1. 主要原料为猪油：潮州月饼一定要用潮州本地猪的猪朥来炸油，因为这样的猪油味道才极为柔软香滑，清

凉，不硬，口感好。

2. 皮酥薄脆：传统中讲究的"水油立酥皮"的"起酥"工艺得到完美体现，百般翻转，千番压叠的外皮入温油一炸，层次分明的外观如牡丹展姿层层绽放，酥皮一碰即落，入口即化，酥脆娇嫩之感不言而喻。

3. 储存方式独特：对于月饼来说，馅料非常重要，传统的潮式月饼馅料都会盛于陶制大水缸埋于地下（现今虽然不用一年之久，但也需要两个月），"退火"至隔年方取做馅，故清爽凉喉。

4. 风味独特：香、甜、软、肥。因其饼皮是用猪油与面粉调制而成的酥皮，馅料以糖、冬瓜、白膘丁、香葱、熟猪油、芝麻等配制而成。

5. 外形扁平且圆：潮式月饼造型小巧，饼身较扁，但都是正圆形，饼的正反面还盖上红色的印戳。由于中秋节是传统的团圆节，潮人都取团圆的吉兆，故月饼又称为团圆饼。

6. 工序繁杂：潮式月饼数百年来讲究遵古法制，采用手工制作。月饼制作方法就是从绿豆蒸熟到拌成馅，馅里面就掺入白糖、猪油，制成原料再进行人工制作，制成一块月饼，再到烤箱烘烤。

个人以为，朥饼美味的最大原因是皮、馅中都投入了大量的猪油，而且必须是"退火"的猪油，才能保证既有美妙的香味、口感，又肥而不腻——关于这一点，唐鲁孙先生在写北京饽饽铺时也有记录。

再有就是馅心中的脂油丁事先用白糖腌透，入口甜蜜温馨，不觉其腻；糖渍冬瓜的酥、脆、沙、甜的滋味，仿佛北京果脯中的瓜条，给馅心增加了"骨架"，使得大量油、糖加上细腻的豆沙成为背景，无形中缓解了过分油润腻口之弊。

香葱、芝麻的混合往往出现在咸味的食物中，给食客带来一点点咸味的心理暗示，不仅增香，而且解腻，功不可没。

酥皮中的些许咸味使朥饼更香，也使甜味有了依托，变得甜而不腻。

我的原籍广东省大埔县1965年才划归梅县专区，这以前一直属于潮州；祖父当年离开茶阳去上海读书，也只有乘船沿韩江经潮州到汕头出海一条路。想来我的祖辈过中秋也应该吃过这样的月饼吧。

伍

耽杯

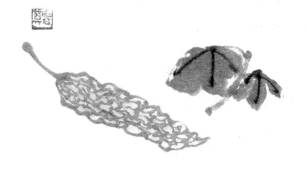

众生平等 一盏茶

九陌红尘，年年都苦春短，今年的春天像个浪子，忽风忽雨，乍暖乍寒，终于还是水流花谢，红瘦绿肥。好在这一春寻觅的新绿——狮峰龙井、洞庭碧螺、太平猴魁、六安瓜片、黄山毛峰、信阳毛尖……一一入毂，窗外春意阑珊，壶中春意正浓。

种类

绿茶的基本工艺流程分杀青、揉捻、干燥三个步骤。杀青方式有加热杀青和热蒸汽杀青两种，以蒸汽杀青制成的绿茶称"蒸青绿茶"。干燥依最终干燥方式不同有炒干、烘干、晒干之别，最终炒干的绿茶称"炒青"，最终烘干的绿茶称"烘青"，最终晒干的绿茶称"晒青"。（《中国茶经》，陈宗懋主编，上海文化出版社1994年版，第116页）

炒青如龙井，做不好，容易有一股"炒香"，类似炒黄豆的香味；好的炒青闻不到"炒香"，只有自然清香。烘青太平猴魁，往往带有自然的花香。晒青只有云南的大叶晒青绿茶，即加工普洱茶的毛茶，有浓烈的山野气息。蒸青如恩施玉露，味道让人觉得就像没加工过的叶子，日本的玉露茶甚至有海洋的味道。

绿茶的条形有扁形（如龙井）、针形（如玉露）、螺形（如碧螺春）、眉形（如茗眉）、兰花形（如舒城兰花）、雀舌形（如顾渚紫笋）、珠形（如涌溪火青）、片形（如六安瓜片）等。（《中国名茶志》，王镇恒、王广智主编，中国农业出版社 2000 年版，第 4 页）

如果不矫情的话，刚刚紧压成型、尚未开始发酵的普洱生茶也算绿茶，常见的有坨、饼、砖、金瓜等形状。

一般情况下，条形肥壮比瘦弱好，细嫩比粗老好，匀整比大小不一、散碎好。

水

最好是山泉，杭州龙井的水固佳，北京大觉寺、八大处的泉水也不错，超市的农夫山泉可以日用，至不济也得是纯净水。有人求我带他去选茶，回家用自来水泡，还抱怨不如买前尝过的好，我只好报之以默然。

茶器

大多数与茶有关的书籍都主张用玻璃杯冲泡绿茶。其实，除了便于欣赏叶底，这是最坏的选择。道理很简单——玻璃杯个儿高口小，材质不透气，又不可能一口喝干，浸泡时间无法控制，过度的高温浸泡极容易产生"熟汤气"，破坏茶汤的韵味。

比玻璃杯稍好一点的是盖碗，虽然透气性也差，但杯口大而敞开，降温快一些，如果水温合适，就不容易有"熟汤气"；杯盖还可以用来拂开水面的茶叶，滗出茶汤，便于饮用。

紫砂壶才是最好的选择，如果选用大口扁腹的壶冲泡绿茶，就更加完美。首先，由于出水方便，浸泡时间完全可以控制。说到材质，简直天造地设是为泡茶准备的——正如高振宇先生在《为茶而生的工艺》一文中所言："真正传统的紫砂工艺除了达到成型的基本目的外，其制作的过程还包含有形成紫砂壶坯体颗粒构成改变的作用，加之紫砂泥天然的特性，经烧成后断面呈海绵状的开口半开口的气孔，……由较粗的颗粒构成中间和里层，由极细的颗粒组成光洁、细腻的表层。……这层表皮的膜，使得水分子不能从其中渗漏，而空气可以略微流通，因此具有泡茶不易变味的功效和利于发茶的良好的热传导性。"

（《器皿之心——高振宇 徐徐的陶瓷艺术》（下），高振宇、徐徐编著，人民美术出版社2005年版，第3页）

我试过自己分别用紫砂壶和玻璃杯泡同一种茶，结果味道差距极大。

条件允许的话，泡不同类的茶最好用不同的壶。

冲泡

泡茶需要好心情，情绪恶劣时好茶也无好味。

投茶量因人而异，我的信条是"用熟悉的壶泡熟悉的茶"。这样，投茶量就很好控制。

先投茶后注水谓之"下投法"，适合多数绿茶；先注水后投茶谓之"上投法"，适合碧螺春等芽头特别细嫩的茶。

冲泡多数绿茶适宜的水温是85摄氏度，水烹至冒小气泡即可，再煮就"老了"；图省事的话，饮水机的热水水温就可以；碧螺春要求的水温最低，是75摄氏度。

用紫砂壶冲泡，先注水温壶，出水，投茶，注水没过茶叶稍加"温润泡"，再注满，几乎都可以马上出水，只有碧螺春需泡15秒左右。（**蒲庵曰**：这是10年前的观点，现在，我主张不妨一律提高水温，等到沸水不再翻滚即可，以充分激发茶的香气——水温过低，部分芳香成分根本萃取不出来——但出汤要迅速，出汤后要打开壶盖降温。）

普通绿茶至少可以泡3泡，极品有能泡10泡的。

汤色

绿茶的汤色都是黄绿色，新茶一般偏绿，陈茶偏棕色。

茶汤透明度越高越好。细嫩茶芽上的毫——茸毛悬浮在汤中，造成茶汤"混浊"——在碧螺春，这叫"白雪飞舞"。这种"混浊"固然影响透明度，但掩盖不住茶汤的"明亮"——透彻晶莹。

叶底

叶底要嫩绿、匀整、肥壮、多毫，级别从独芽到一叶一芽、两叶一芽渐低。有些人工茶园的机制茶叶底美观，但韵味不足；有些高山茶、野生茶叶底并不漂亮，但韵致清高，反不可以俗品视之——我品过的六安瓜片的高山茶、庐山云雾的野茶就是如此。

味道与口感

清比浊好，甘比苦好，滑比涩好，轻比重好，厚比薄好，细腻比粗糙好，润喉比刺喉好，再加上美好的香气——好茶的滋味是无可替代的愉悦。

香气

香气是判断茶叶品质的重要指标之一。

按温度分，茶香分高温香、中温香、低温香——茶器脱离茶汤之后，留在茶器内表面的香气会发生变化，温度越低，香气越浓。

按闻香位置分，有干茶香、盖香、汤香、杯底香、口中余香。其中干茶香最不可靠，盖香、杯底香又分高、中、低温，这两种低温香最有价值，多数茶叶都禁不起这两个指标的考验。

好茶的香气细腻、优雅、清高、悠长，有鲜花、水果、山野甚至春天的味道，尤其是杯盖、杯底的低温香，特别能够暴露香气的缺陷，俗艳、低劣的味道都会被嗅出，好茶的香气会持久地留在杯底，时间长得出人意料。

有时候，干茶、茶汤香气都非常清淡，杯底的低温香却是无比的悠长、强烈、美好、诱人，几乎可以肯定，你遇到了一泡极品的好茶——当然，最后确定这一点还要靠韵味。

韵味

好茶才谈得到韵味，普通茶韵味淡薄；劣质茶，谈不上韵味。

韵味只可意会，难以言传。清新还是混浊，强劲还是散漫，高雅还是低俗，这与味觉、嗅觉乃至视觉、触觉有关，但又不是味觉、嗅觉、视觉、触觉所能穷尽的，而是意、是心灵层面的感受。台湾人说高山茶有"山头气"，其实绿茶也有，不过是韵味的一种而已。

韵味的产生首先决定于茶树的品种，其次来自产地特殊的生态环境——光照、温度、湿度、土壤，再次是采茶时间的早晚、芽叶的嫩度、采摘时的气候，最后才是加工技术水平。——一泡好茶的产生需要"天时、地利、人和"，缺一不可。

一般来说，高海拔茶园比低海拔的出品韵清；野生茶树比人工茶园的出品韵高；同一茶园、同一个人加工，采得早、采得嫩的茶比采得晚、采得老的香气淡，不懂茶的人觉得味淡，不"杀口"，其实韵足。

茶之道

茶是文化。缺乏基本的茶文化和人文修养，很难品出妙处。

茶是闲情。喧嚣、浮躁、急功近利是茶的天敌。

茶是缘。好茶一般都贵，但位高多金者不一定能遇到好茶，遇到了也容易失之交臂。

茶是道。无论冲泡，还是欣赏，都要郑重其事，要尊重其中的天、地、人，要用心。

众生平等，在茶面前也一样。

白茶祖

宋徽宗赵佶著《大观茶论》中记载："白茶自为一种，与常茶不同，其条敷阐，其叶莹薄，崖林之间，偶然生出，非人力所可致。有者不过四五家，生者不过一二株。""表里昭澈，如玉之在璞，它无与伦也。"

浙江省安吉县天荒坪镇大溪村横坑坞桂家厂海拔 800 多米的崇山峻岭中有一株树龄逾百年的再生型老茶树，当地人称为"白茶祖"。

20世纪80年代初，当地政府发现了这株珍稀的老茶树——有研究者认为，这就是《大观茶论》记载的失传的"白茶"——遂以老树为母本进行无性繁殖，培育出"白叶一号"，并加工成一款在浙江乃至全国独具一格的炒青绿茶——"安吉白茶"。

我国传统的茶类中另有一种"白茶"，为轻微发酵茶，加工方式为烘干或晒干，其白色来源于嫩芽表面遍布的银白色毫毛；而安吉白茶采取炒青绿茶的加工方法，白色来自"白叶一号"叶色的阶段性反白突变。

白茶初生的嫩芽和新叶比其他品种看起来更柔嫩，叶片更薄，清明前为白色——清明后逐渐变绿——半透明，仿佛蕴含玉的莹润光泽。干茶条形紧直，峰毫显露，明前茶金黄隐翠，比其他绿茶娇嫩、鲜亮。开汤时，第一次注水后，可见条索在水中缓慢舒展，绿色越来越淡；完全展开后，自梗至梢贯穿叶片中央的主叶脉呈深深的翠绿色，在它的衬托下，叶片的淡绿几乎接近白色，泛出玉的质感和润泽。第二次注水后，叶脉的颜色变淡，叶面颜色变深；到第三泡，整个叶底变成鹅黄色。这也是安吉白茶独有的区别于中国其他名茶的重要特征。

中国名茶往往有花果的清香，或清高，或甜美，或浓郁，或淡远，或如兰，或似桂，各有各的韵味——安吉白茶的风格与它们同中有异，香气以清高、娇柔、鲜爽为主要特征，花果香显得格外清新高远，淡雅如兰，特别是还有一股淡淡的奶香；茶汤颜色也与香气协调，是极淡的黄绿色，入口鲜味突出——这是富含氨基酸的表现——花香、爽气怡人，口感圆润爽滑，回味甘甜清爽，余韵悠长，依然有若隐若现的奶香，喉韵甜润。

安吉白茶是茶叶中最娇弱的，冲泡难度特大——水温太低，香气、滋味散发不出来；水温稍高，叶底就越过变"白"的阶段，直接变黄，不仅色泽欠佳，还极易产生"熟汤气"，影响口味。泡茶，我一贯主张用紫砂壶，取其壁有微孔，透气不透水，不易产生"熟汤气"，浸泡时间、温度、出汤速度都好控制；但一盖上壶盖，安吉白茶会直接变黄，用玻璃杯便于观色，但杯壁不透气，口小杯深，同样影响色泽、香气。时下比较好的选择是台湾出产的玻璃盖碗，透明——便于观色，敞口——利于散热，亦古亦今，泡碧螺春之类嫩度高的绿茶亦可。

今年清明，我专程去杭州访茶。从龙井下山，驱车不过1小时，就到了安吉。爬上横坑坞桂家厂那座不算高的山却用了将近半小时——几乎没有像样的路，就是山民在山上顺势开辟出来的一条小径，或泥或石，竹根草丛，曲折陡峭。此地其实是一山谷，谷底有涧，满山翠绿，俱是竹林、树丛、茶园，人家多在山脚。茶园明显是人工开垦的，坡度很陡，偶见茶农攀岩采茶，不禁为之担心。

"白茶祖"就在接近山顶处，老树逢春，新芽勃发。旁边一户人家，主人叫桂新财。据他介绍，桂家13代人祖居此地，一直守着老茶树。老树旁，山涧上搭了一间草棚，凭栏观山，山色满眼，山风拂面，爬山时的一身大汗霎时踪迹全无，襟怀为之大畅。

主人泡上一杯明前的安吉白茶，特别强调是山背阴处所产，取其口感细腻，滋味甜润。果然一叶一芽，茶白汤绿，馨香扑鼻，香气、滋味清新不逊于安徽的太平猴魁，不如猴魁浓郁，而淡雅过之；柔美如"豆蔻年华"的少女，略似苏州洞庭东山的碧螺春，不如碧螺春香甜，而娇嫩过之；清新如安吉的万顷竹海，只输狮峰龙井一头地，而细滑过之。浙西北山水间的旖旎春光尽在这一杯茶中了，徘徊唇齿，婉转低回，使人不忍下咽。

不薄雨前爱明前

喜欢喝茶的人都知道"明前茶"，不知何时"明前"竟变成了好茶的代称，于是似懂非懂的茶客一味追求"明前"，甚至以为越早越好。

其实，这是一个误区。

我们常说"明前茶"品质较好，主要是指清明前采制的西湖龙井，这一时间概念放在其他茶区就没有太大意义。仅就绿茶而言，由于纬度高低不同，我国每年最早出产新茶的地区是海南、云南，早到春节前就有新茶应市；而产于安徽的名茶六安瓜片则要等到谷雨前后才开始采摘。

海拔高低不同造成的温差，也会影响新茶开采的时间，同是狮峰山的茶园，山脚就比山顶萌芽早，而大家都知道一般情况下，海拔高的茶园出品较佳。

即使是同一茶园的出品，也不绝对是越早越好——有些新推广的品种萌芽早；有些茶农被利益驱使，采取技术手段促使茶树尽早萌芽——但这样产出的茶叶虽然外形漂亮，芽头匀整，却韵味淡薄，远不如传统萌芽较晚、外形"欠佳"的土种，在芽头萌发达到一定标准后采制的茶叶来得甘香醇厚。

另外，就是西湖龙井，同一茶园谷雨前采制的"雨前茶"与"明前茶"相比，也是各有千秋。个人经验，"明前"香气清高淡雅，口感细腻清淡，余韵清幽；"雨前"香气清冽馥郁，口感醇鲜浓厚，余韵甘爽，确实不好强分优劣。

我的态度是不薄"雨前"爱"明前"，两者皆备，根据不同的时间、环境、对象、心情、身体状况乃至茶具、水质做不同的选择，使之各得其所。

龙井茶农戚邦友告诉我："'明前'是敬贵客的，'雨前'是请好朋友的。"——真是品茶阅世的见道之言。

和玛歌堡的
第一次亲密接触

　　无产阶级革命导师恩格斯说过：什么是幸福？幸福就是喝一杯 1848 年的玛歌堡（Chateau Margaux）。美国资产阶级革命家杰弗逊是该国首任驻法大使，他特别欣赏玛歌堡。1787 年，把它列为法国四大名庄之首。英国殖民地时代培养出的美国人品位更是要得，1855 年波尔多人民评出的四大名庄竟和杰弗逊的选择完全一致。

　　2002 年 7 月，我——一个中国酒徒，不远万里，来到玛歌堡。

　　那是一种什么样的精神？那是一种朝圣的精神。

　　酒庄门前，欧美游人，三三两两，探头探脑。一条细细的铁链，一块"谢绝参观"的小牌儿，挡得住他们的脚步，却挡不住他们觊觎的目光。我们因为事先疏通了关系，得以昂然直入，把一片嫉妒抛在身后——感谢出自波尔多名门望族的靓茨伯酒庄的主人卡兹先生和他的妹妹，是他们的热情帮助使我们拥有了这份骄傲。

一个阳光明媚的午后，我终于踏上了玛歌堡前那条举世闻名的林荫道。脚下是极细极白的鹅卵石，道边是两排足有三四层楼高的法国梧桐，枝叶茂盛，浓荫蔽日。迎面便是波尔多最优美的建筑——乳白色的玛歌堡。

橡木桶陈酿的酒窖像一座地下宫殿。穹顶，立柱，柱顶的槽灯把"殿顶"烘托得深邃、神秘、庄严、神圣。当然，地下酒窖特有的混合了酒香的霉味也足以使一个对葡萄酒缺乏感情的家伙窒息。

我是不会窒息的。正是这霉味成就了玛歌堡的稀世珍酿。现在，乳臭未干的2001年新酒就躺在我的脚边，在成千上万个橡木桶"襁褓"里慢慢长大。这霉味就是婴儿的乳香，这小鬼也许能活100岁呢。

真正的宫殿却在一个隐秘的、不引人注目的黑暗角落。我们的导游——一位波尔多的葡萄酒专家，真是个可人儿，他把我们带到了那个角落，还打开了那扇极不起眼的破烂铁栅栏门。他不仅是个可人儿，还是一位推赤心置人腹中的君子——打劫这座酒窖可比打劫储蓄所划算多了——这是庄主私人藏酒的地方，随便一瓶玛歌堡都不止150欧元；何况按照互相交换的传统，波尔多五大名庄的佳酿在这里同呼吸，共命运；更何况一个满壁霉菌的肮脏混凝土格子里厚厚的灰尘下还掩埋着19世纪酿造的液体黄金。

从来佳酿似佳人。一瓶1997年的玛歌堡在品酒室里静静地等着我们。

我把自己扔进沙发。这一刻，我必须放松、忘我、机智、敏锐、冷静、贪婪，调动起一切神经，和这杯天之美禄亲密接触，并且只用口腔和鼻腔思考。

细腻，丰富，优雅，均衡……美酒就像美女，"妙处难与君说"。

世上没有免费的"下午酒"，专家请我谈谈感受。我当然知道紫罗兰花香之类的标准答案。但是，鼻子"思考"的结果是——烤面包香。

这会儿，只能是它说了算。

"考场"上一片沉寂。

另一只鼻子也优雅、谨慎并且庄严地"思考"了一番。结果，我感受到了一位法国葡萄酒专家对一位中国知音的居高临下的由衷的赞叹。我们又一次举杯，真诚地祝对方健康。

后来，我在玛歌村的葡萄酒专卖店扔下大约170欧元，带走一瓶1997年的玛歌堡。今天，只计算欧元的升值，就让我得意非凡了。

酒后，我躺在古堡的台阶上，呼吸着花园里慵懒的空气，享受余韵。

碧空如洗，清风徐来，"著人滋味，真个浓如酒"。天堂里如果有花园的话，大概也就是这样吧——我想。

2007年11月25日，我飞往马德里，深度体验西班牙的美食与美酒。之后10天的时间里，我被8次飞行、2趟欧洲高速火车以及说不清次数的旅行车，西班牙人独一无二的作息时间，险些超重的行李折腾得身心俱疲，累得连觉都不会睡了。半梦半醒之间，我决定写下在西班牙经常也是半梦半醒之间感受到的断简零篇。

朝"牲"之路

离开马德里，我们参观的第一个大区是埃斯德雷马杜拉（Extremadura），这里离葡萄牙东部不远，是一个曾被古罗马帝国统治过的地区，古罗马的遗址在这儿不算什么稀罕物儿，竞技场、圆形剧场、古堡、桥梁、输水道一应俱全，动辄是公元前后的建筑——比咱们的"六大古都"阔多了。

但是，我们可没空跟这些古迹玩，我们跋山涉水为的是一睹一种传奇动物——猪——的芳容。

准确地说，是伊比利亚小黑猪。据说，它们黑毛黑蹄，每天在古老辽阔的橡树林中自由漫步，饥餐橡树子，渴饮山泉水，吃饱喝足，就绕着树荫打盹儿，应该是这世界上最幸福的家畜了。西谚云："人间没有免费的午餐。"——人尚且如此，何况猪乎？最后还是免不了年纪轻轻——平均长到1岁半就引颈受戮。

这种猪身上最值钱的零件不是国人热爱的里脊、下水，而是——腿，腌成的火腿号称世界最贵，一只后腿的出厂价可达500欧元。此腿名气之大举世皆知，以致西班牙头几年拍了一部带点儿色儿的著名电影就叫《火腿！火腿！》——以我堂堂中华饮食文明之源远流长博大精深，张陈冯诸大导也没亲赴浙江金华拍过这路大片呀！

我们考察的这家肉食加工厂叫 Montesano，带路的是一老头，姓 Sanchez-Herrera，此公华发满头，高鼻深目，身材伟岸，不苟言笑，做足了伊比利亚小黑猪代言人状。他老人家先是喝令我们一律脱掉大衣，换上消过毒的白色无纺布帽子、大褂、鞋套，说是要执行什么国际质量标准，搞得人人形容古怪；再把我们轰进冷库——刺骨的寒风中，我们绝似北京东华门小吃一条街上冬夜里瑟缩的小摊贩——参观一头猪是怎么被流水线分割得鸡零狗碎，一条条猪腿是怎么被珍而重之地编号、修剪、盐腌、冷藏、风干，最后成为世界名腿的。这还没完，接下来我们又被塞进旅行车，先在山路上颠簸松骨；再抛入橡树林，循着大堆新鲜或陈年的猪粪漫山遍野寻找猪的踪迹；好不容易遇到这班畜生，才远远观赏了几分钟，就被带回了工厂。

等着我们的，是大盘大盘的火腿薄片——香啊！端的是红亮馨香，鲜甜醇厚，入口化渣，肥而不腻，瘦而不柴——此后，还有两次专门品尝这种极品火腿的机会，但味觉享受都没能超过这回——我们再也没有如此饥寒交迫过。

老实头多米尼克

早知道西班牙的葡萄酒风格介于新旧世界之间，一试，果然。

葡萄品种既有读音佶屈聱牙我根本没打算记住的本地品种：阿尔巴利诺（Albarino）、维尤拉/马卡贝奥（Viura/Makabeo）、青葡萄（Verdejo）、门西亚（Mencia）、加尔纳恰（Garnacha）、莫纳斯特雷尔（Monastrell）、早熟葡萄（Tempranill）等，也有不少国际流行的"大牌"，如卡本内·苏维翁、梅洛、西拉、莎当妮、白苏维翁之类。

自然，就有了三大类葡萄酒。

纯用本地品种的，多有奇特的香味，像弗拉门戈一样既粗犷、奔放、热情，又忧伤、低回、婉转，还带点神秘莫测。国际品种的表现基本接近新世界的风格，轻松、简单、容易喝。一言难尽的是两大类品种的混合，其变化之繁复，香气、结构之出人意料，让我这样"爱好者级别"的人实在无由置喙。

唯一的例外是在胡米亚（Jumilla）的 Luzon 酒窖，一款 Altos de Luzon，用 50% 的莫纳斯特雷尔 50 年以上老藤、25% 的早熟葡萄 20 年以上老藤配合 25% 的卡本内·苏维翁，在法国和美国橡木桶中陈酿 1 年，酒体结构均衡，单宁强劲、细致、柔顺，卡本内·苏维翁的特点显著、充分，又有本地风土杂糅其中，据说帕克的《葡萄酒观察家》给了 2004 年份的这款酒 90 分，确实有理。2005 年的表现更佳，单宁的风格唤起我对法国波尔多经典名庄的记忆，而价格大约不过其 1/10，堪称物有所值了。

应邀当众发表完我的观点之后，从品酒会到午餐，我一直抓住这瓶酒不放，差不多干掉 1 瓶。圣人说得好："礼失求诸野。"一个叫多米尼克的老实头——如此糊涂居然还是区域经理——不知我是贪杯，以为得遇异国知音，喜出望外，黑夜瑟瑟寒风中，特地守在我们归途中的加油站，送了一大瓶尚未贴标的 2005 年份酒给我——别人得的都是一款小瓶装甜酒。我感动得鼻酸眼热，虽然受之有愧，着实却之不恭，热烈握手之后，就欣然笑纳了。

倒霉的是接待我们的下一家酒窖，参观全程我都昏昏欲睡，根本不知道喝下的是酒还是醋。

"处女"之香

此行最后一站是阿拉贡（Aragon）大区。北边比利牛斯山壁立千仞，成为西、法两国的天然国界。触目遍地尽是砂石岩砾，仿佛古代战场。其实这里是典型的地中海气候，夏无酷暑，冬无严寒，冬湿润，夏干燥，非常适合橄榄树生长。苍老道劲的橄榄树布满山野平畴，经冬犹绿。

阿拉贡橄榄油原产地保护委员会的胡安·巴塞达·多鲁埃亚先生是一个满面红光的矮胖老头，他在当地一个大型批发市场的会议室里教我们认识橄榄油。

桌上一字排开4个深蓝色收口大肚小玻璃杯，前三个分别装上水、变质植物油、葵花籽油，以衬托第4杯里的特级初榨橄榄油——其实这纯属多事，我的鼻子、舌头从来讨厌一切粗俗丑恶的味道，也从不放过任何清新醇美的气息——这就是传说中著名的"处女橄榄油"吗？充满杏仁、坚果、成熟水果的清香，入口醇厚，柔顺，缓缓化开，余韵悠长，最后留给咽喉一点点极其轻微的辣味刺激，口鼻的享受不输品尝一款顶级葡萄酒佳酿。

只有这种名为特级初榨橄榄油（Aceite De Oliva Virgen

Extra）的油才可称完美无缺如同处女，才是该协会保护的对象，才能在包装上使用该协会的标志。

临走，多鲁埃亚先生送给每人250毫升作为回国后鉴别真伪的"标准器"。可惜，老先生大概没在机场办过托运，封口用的是螺纹金属盖，而不是传统的木塞。

回国途中，托运行李中的油瓶饱受野蛮装卸的颠簸之苦，少许油脂从瓶盖和瓶颈之间的缝隙渗出。我整理行李时无意中抓了满手，孰料触手生春，很快渗入肌肤，滑腻润泽，幽香细细，实无愧"处女"之誉。

探寻『生命之水』——轩尼诗之旅

　　10 月 3 日一早，法国干邑风狂雨骤，近午时，雨渐小，我们乘车从柑曼怡（Grand Marnier）古堡出发，中午到达另一间古堡酒店——叶尤思酒店（CHATEAU DE L' YEUSE）。轩尼诗的高志文（Jean-Michel Cochet）先生——一位健谈而风趣的英国绅士，以后我们在轩尼诗的一系列参观活动主要由他陪同——在酒店设午宴给我们接风。

　　没想到，开胃酒就是轩尼诗 X.O，当然要加点冰块。头盘是鲜贝刺身配鱼子酱，用香葱、白胡椒调味；主菜是鱼排配米饭、烤火腿片；作为甜品的奶油冰糕固然不错，一小碟果汁软糖口感细腻软滑，果味纯浓，竟然大受欢迎。

　　下午的主要日程是采访轩尼诗总经理费英昂（Yann Fillioux）先生——费英昂家族的传人，自 1765 年公司创建以来，这个家族世代与轩尼诗家族合作，担任总调酒师。轩尼诗的公关部事先要我们提供采访提纲，并反复叮咛——他们对这次采访的重视程度可见一斑。

负责媒体的两位女士把我们和翻译引进轩尼诗总部内费英昂先生专用的品酒室，四壁几乎摆满了大小、形状完全相同的无色透明玻璃酒瓶，里面装着不同颜色的"生命之水"——干邑藏酿。费英昂先生准时到达，两位女士介绍完毕，悄然退出，掩门，留下我们4人。

费英昂头颅硕大，不知是由于遗传还是长期使用所致，鼻子显得更加硕大，头发灰白，双眉浓黑如鹰翼，气宇轩昂，绅士味十足，很配得上"英昂"的汉名。我们事先准备了5个问题，其实是在做案头准备时读不太懂的5个细节，也许他觉得来者还不算外行吧，我们越聊越轻松，才答完第2个问题，他就拿出一瓶"生命之水"，给每人斟了一点，特别告知，这是1956年的藏酿，产自干邑最核心产区大香槟的伊冯先生的酒庄，他本人只在办公室存了1瓶，欢庆时刻自己喝上一杯——主人盛情，委实可感，我们自然珍而重之地细细品饮，果然醇美不可言状，酒液浓稠得让舌头感到沉重，余香浓厚得化不开，挂在口中久久不散。45分钟过得飞快，两位女士又回来了，看到桌上的酒杯，惊诧莫名，当场告诉翻译，她们从未见过费英昂在这里用酒款待采访者。我问可不可以多提个问题，费英昂作出大方和倾听的表情。我说："能照相吗？"众笑，于是我们都跟大师以及 1956 年的"生命之水"合影留念。

接下来我们又参观了轩尼诗的自有葡萄园、酿酒厂、蒸馏厂、酒窖、制桶厂。轩尼诗干邑的酿造工艺远不是这篇小文章能够说清楚的，但我记下了一些有趣的指标，窥斑见豹，可以想见酿造干邑的精心与艰难，使我们懂得尊重每一杯酒中蕴含的劳动、文化、智慧与天地灵气。

葡萄品种只选乌艺布朗（Ugni Blanc），榨出的葡萄汁取澄清的上面一半酿成葡萄酒；蒸馏过程中除去酒头和酒尾，只要最清纯、最有独特香味的酒的中心部分，每 9 升葡萄酒经过 2 次蒸馏只能得到 1 升烈酒——"生命之水"；用于橡木桶藏酿的橡木来自法国中部的利穆赞（Limousin），树龄约 130 ～ 150 年；"生命之水"装入橡木桶，在阴暗的酒窖中安静地成长，轩尼诗酒窖中最古老的"生命之水"是 1800 年的；X.O 中用于调配的"生命之水"有 100 种，为 10 ～ 30 年的藏酿；顶级的李察轩尼诗中最年轻的藏酿有 25 年，最古老的是 19 世纪藏酿。

3 日的晚宴在轩尼诗自家的古堡。头盘是酥皮鲜贝，主菜是蘑菇小牛排；配轩尼诗百乐亭（PARADIS）。

4 日中午离开干邑前，在轩尼诗公司附近一间餐馆 Le Bistro des Quais 小酌。因为要赶火车，不免心浮气躁。高志文先生劝我们细心品尝——干邑离海不远，附近有一法国著名生蚝产地——一试，果然鲜甜、软滑、丰腴不可言状。我们这次法兰西之旅没少吃生蚝，干邑的生蚝完全有资格被评为顶级产品。

于是，告别干邑的时候，我的口中不仅充满酒香，还弥漫着生蚝的鲜甜。

在让你看不到酒瓶更看不到酒标的情况下，只给你一杯葡萄酒，让你品尝，然后说出此酒来自哪个国家？是什么葡萄品种？产于哪一年？该年气候是冷是热？用的是哪国的橡木桶？有苹果味吗？还是蓝莓味、矿石味、煤油味、动物味？这就叫"盲品"，或称"蒙瓶试品"。

对我这种"外行里的内行"来说，如果是选择题，比如说从两瓶酒中猜出哪瓶来自旧世界，哪瓶来自新世界？哪瓶是雷司令，哪瓶是白苏维翁？有香蕉味吗，还是松露？还能对付。如果遭遇像上面那种考法，就等于把蒙上眼睛的我扔到周末熙来攘往的王府井大街上，不出尽洋相才怪。

但是，这世上有一种职业，就要求必须掌握这种特殊能力，这种还不为国人所熟知甚至带有某种神秘色彩的工作就是侍酒师，英语叫 Sommelier。

最近一次观赏盲品的精彩表演是 7 月 7 日，在上海举行的中国侍酒师大赛决赛上——这是国际侍酒师协会在中国举办的第一届比赛。

作为一个葡萄酒爱好者，很荣幸受邀现场观看比赛。与活动的组织者——天津商业大学葡萄酒专业教授林志帆先生交流之后，发现自己对这个职业了解实在不够——原来侍酒师不仅要为客人提供葡萄酒的侍酒服务，其工作领域囊括了烈酒、鸡尾酒、茶、矿泉水等客人在餐厅饮用的全部饮品及相关服务。

决赛的内容包括50道多样选择和简短问答题、校对酒单、6 款酒的盲品、餐酒搭配、午餐侍酒服务、滗析（把葡萄酒倒入滗酒器以除去沉淀物）和倒气泡酒、10 款酒的快速盲品，其中最令人感到惊心动魄的是最后一关，8 位参赛选手分成两排站在台上，每品尝一杯酒，就要飞快地在一大张白纸上写出酒的葡萄品种、生产国、年份——每款酒只给 1 分半钟的时间。不要说 8 位不过二三十岁的选手，就是现场的观众也感到紧张、兴奋——如果没有一个人答对，就会集体来一声叹息；如果多数答案正确，就会报以掌声；如果只有一个人答对，往往就意味着难度较大，掌声就会热烈而长久，向获胜者喝彩。当然，成功率并不高，除了知识、经验不足之外，我想紧张也严重影响了现场发挥。国际侍酒师协会（ASI）技术委员会主席、1995 年世界侍酒师大赛冠军得主田崎真也先生是决赛的主裁判，我请教他 1995 年他拔得头筹时盲品的成绩，其实也不过是在 6 款酒中尝出 3 款——当然，世界大赛选的酒相当生僻，以增加难度。

2009 年春，三联书店出了一本关于葡萄酒的有趣的书——《恋酒事典》，作者是法国深资记者、作家、文化评论家贝尔纳·皮沃，他在书中记载了一次著名的盲品。那是在他主持的电视节目《猛浪谈》（*Apostrophes*）中，他"为了给节目加一点料"，请刚出版了《葡萄酒之味》的"伟大的波尔多酿酒师"埃米尔·佩诺盲品一瓶皮沃认为他可以"毫不费力地认出"的 1970 年陈酿，但他"忘记一个人突然意识到自己不应该也不可以弄错，不然会信誉扫地"，"现场节目的压力加上众人的目光等待大师的答案"，"再加上聚光灯的热力，摄影棚的不舒适"，大师居然出错，他"认为它并不好，有木头味，他宣告这不是什么好酒"；反倒是在场的女作家和她的姐妹"怯怯地说，这酒很香醇，依她们的浅见，这应该是一瓶欧-布里雍堡（波尔多五大名庄之一，格拉夫产区的一级酒庄）"。

这次盲品的恶果是——自尊受伤的大师回到波尔多以后，"总是绕路避免经过欧-布里雍堡"。

羊羔美酒

红酒坊的窗外，银川的夜色阑珊，晚风习习。一边纵情大嚼宁夏特产的羊羔肉，一边畅饮波尔多的名酿——2006 年的晨钟古堡(Château Angélus 或译：金钟堡)和爱诗图古堡(Château Cos d' Estournel 或译：高斯·戴斯图内尔堡)，不由人不感慨：世道真是变了。

2002 年夏天，我去波尔多旅行，重点是左岸的梅多克和右岸的圣爱美浓，固然受到法国朋友的热情款待，也终于访问了几个名庄，但其间还是费了一点周折的。如今人在北京，每年都能见到 10 多位名庄的主人或酿酒师，喝几款陈年佳酿也不觉得有什么了不起。这次一家圣爱美浓的一级特等庄庄主、一家梅多克的二级庄酿酒师竟然把他们的作品带到了并不发达的塞上名城，真让我想不感慨都难。

我跟这两家酒庄也确实有缘。

与晨钟堡的缘分简单，就是 1 个月前刚在北京出席过他们的推广晚宴，结识了庄主拉弗雷斯特先生，蒙老先生不弃，热情邀请我去波尔多盘桓——刚从银川回京，就收到了邀请函，并表示承担一切费用。

和爱诗图堡的关系就有点远，主要是 2002 年小住波尔多，在圣艾斯台夫（Saint-Estèphe）村睡过几晚，每日早出晚归，都要通过一条乡村公路，村口路南是属于波雅克（Pauillac）村的著名的拉菲堡，路北就是爱诗图堡了——吉伦特河左岸古堡成群，并不稀罕，而爱诗图堡三座顶端东方风格的尖塔老远就能看到，金红色的晨晖染得它们格外婀娜动人，引诱着我这个万里之外的游子每每注目良久，甚至常常忽略了一心向往的拉菲堡。

两家名庄这次把晚宴设在银川凯宾斯基新开的红酒坊，古朴典重的欧陆背景下，灯烛辉煌，宾主频频举杯。厨师真卖力气，菜单安排得体，在西式烹饪中恰到好处地融入中国特别是本地元素，不离不失，餐酒搭配也堪称允当。菜单包括：

鸡尾酒对虾及法式牡蛎配柠檬

煎鹅肝配花椒腌渍南瓜

乳鸽汤、意大利蘑菇饺配香菜芝麻

龙虾配炒小油菜心

　　酱汤牛脸肉

　　宁夏羊羔肉配扒芦笋、土豆薄饼

　　大轴是两家名庄的 2006 年正牌。

　　按照林裕森先生的观点，右岸葡萄酒的风格应该是："蕴含着更多的温柔风情，可以更快成熟适饮；……在肉感的果味之下，深藏着坚实的背骨。"而代表左岸的梅多克，"卡本内·苏维翁在这里可以酿成颜色深黑的浓郁红酒，口感在丰厚之余却非常紧涩，常要添加一点肥美可口的梅洛葡萄以柔化惊人的刚硬涩味，让强劲坚硬的口感可以变得柔和些"。（《城堡里的珍酿———波尔多葡萄酒》，林裕森著，河北教育出版社 2004 年版，第 14—15 页）

　　我品饮的结果却与上述理论不完全相符：属于右岸的晨钟堡固然"成熟适饮"，果味浓郁，可是单宁并未"深藏"，还是相当显露的；而历史上以紧涩、刚硬著称的爱诗图堡大概是加入了相当比例的梅洛的缘故吧，却表现得圆润柔和，毫无阳刚之气，颇具阴柔之美。

　　但是，一经配上羊排，葡萄酒又有了新的变化。

　　这里，我忍不住要夸一下宁夏的滩羊肉，是我吃过的羊肉里最为美味、无可替代的绝品。据说，宁夏黄河河滩上长满了一种碱性的野草，羊吃了以后就变得毫无腥膻之气，而且鲜美至极，这种在河滩上放牧的羊称为"滩羊"，以盐池地区所产最为著名。凯宾斯基就用滩羊的羊羔肉烤成羊排，肉质虽不如新西兰的柔嫩，水分略少，但口感筋道，劲而不柴，鲜香味则比新西兰所产浓郁太多。

更妙的是它与两款红酒的搭配：晨钟堡和羊排旗鼓相当，配得舒服、顺口，比较突出的单宁刚好解腻；爱诗图堡则更为精彩，不仅敌得住羊肉的浓烈，关键是净饮时的阴柔之美并没被削弱，而是在浓烈中幽幽地舒展开来，淡定、从容、坚实、优雅地存在着，这大概就是梅多克"风土"（Terroir）的魅力所在吧。

薄醉清酒

　　越来越喜欢日本料理，自然少不了喝日本清酒，开始并不觉得有多好喝——相对于葡萄酒和中国白酒究竟淡了些，入口也少变化，但配上刺身确实很合适，无法替代。喝得多了，渐渐找到感觉，懂得欣赏它清淡中醇和的口感和芳香，傍晚，如果赶上淅淅沥沥的秋雨，几壶下肚，也不过微醺浅醉，刚好排遣一些难以名状的淡淡的情绪。

　　清酒的分类有点怪，大体说来，以磨去大米外层（主要是蛋白质和脂肪）的比例决定酒的等级——磨掉的越多，酒的级别越高，价格越贵——"大吟酿"要磨去50%以上，以此类推，这一比例在"吟酿""特别本酿造""特别纯米酒"是40%以上，"纯米酒""本酿造"是30%以上。还有其他一些分类方法。

　　所谓"纯米"是指只用米（日本有专门用于酿酒的"酒米"）和米曲酿造的酒，其他的酒则允许加入酿造酒精和糖类；一般清酒发酵后要加热杀菌，不加热的叫"生酒"。

清酒讲究喝新酒，通常不储存，有的厂家特意推出陈酒，贮藏1年以上的称为"古酒"，3年以上的叫"秘藏酒"。

放入杉木桶中，带有特别木香的叫"樽酒"。

为了标示甜辣度，把水定为0度，来测定酒的比重，酒中的糖分越高，越趋向负值——称为"甘口"，反之偏辣，则为正值——称为"辛口"。

酸度约在1.0～1.8，把1.5以下定为"淡丽型"，以上定为"浓醇型"。

以香味来分类，有香气扑鼻的"薰酒"（"吟酿""大吟酿"）、香甜浓郁的"熟酒"（"古酒"）、轻快流畅的"爽酒"（"本酿造生酒"）、浓郁深厚的"醇酒"（如"纯米酒"）。

如此之繁复交叉的分类，委实令人眼花缭乱，在国内也很难找到能逐一品尝不同品类清酒的所在——绝大多数日餐厅都是略备几款而已，并不刻意"求全责备"。最近，北京三里屯开了一间名为ODEN的小小日餐厅——日文おでん音译，即"关东煮"，难得的是老板同时也有清酒方面的追求，使我得以开怀畅饮，一窥堂奥。

开胃酒是三款梅子酒——杂贺黑糖梅酒、杂贺梅肉梅酒、和歌山，其中杂贺梅肉梅酒中加入磨碎如泥的青梅肉，富于梅肉的清香，酸爽开胃，不禁想起曹操的青梅煮酒论英雄。

接下来一字排开 8 只形态各异、小巧玲珑的白瓷酒杯，分别注入不同的清酒，计有"福寿大吟酿""杂贺纯米大吟酿""招德延寿千年""鹤龄纯米吟酿""雪之茅舍""游穗""竹林""天领浊酒"——先不说品饮，只看酒名就使人神清气爽——上酒的顺序正好相反，是从低到高，温度都冰得恰到好处，一一入口，甘辛、浓淡、轻重各异，浅斟慢饮，想不醉都不行。

佐酒的主要是关东煮——把鲍鱼、鱼丸、海螺、竹轮（以鱼肉、淀粉制成，形如斜着削断的竹筒）、萝卜、白菜肉包分别放在昆布或者鲣鱼汤里煮熟，吃的时候从最淡的萝卜开始，一直吃到鲍鱼：萝卜甘甜，白菜肉包爽口，竹轮、鱼丸滑嫩细软，海螺鲜而韧，鲍鱼鲜厚弹牙，一锅之中，滋味各有不同，汤则清淡醇鲜，富有余韵。

佐酒小菜我最爱鮟鱇鱼肝，薄酸微辣，肥厚不逊鹅肝。

我是俗人，8 款酒中最爱喝的是两杯"大吟酿"，"杂贺"口感刚柔相济，"福寿"则有西瓜、草莓的清香；但未经过滤，纯白似乳的"天领浊酒"却唤起我别样的兴味，是"浊酒一杯家万里，燕然未勒归无计"的慷慨，还是"一壶浊酒尽余欢，今宵别梦寒"的凄凉，实在说它不清，但那晚的确不醉不归。

中国菜与葡萄酒的对话

一

非常荣幸有机会参与这次中餐与葡萄酒搭配的试验。

个人以为，中餐无论就烹饪技术还是艺术层面来说，都是世界顶级的，而源于欧洲的葡萄酒文化也是历史悠久、博大精深。葡萄酒与西餐的搭配有现成的规律可循，遗憾的是，尚未有人系统地做过葡萄酒与中餐搭配规律的研究。

作为一个中国的美食家，我用了11年的时间学习葡萄酒，并常常为之陶醉，所以大着胆子答应MHD来进行这次试验。

事先固然有即将体验新事物的兴奋，但直到进入试验过程，才真正体会到此事的难度——将从来没有搭配过的饮食强行两两组合，细心品尝它们在口中遭遇时的滋味，从开始到高潮，乃至余韵，从中搜索亮点，排除不当，思考原因，建立逻辑，并且尽快组织语言，清楚地表达出来，并与共事者交流，彼此印证感觉；如有歧见，还要重新来过或者干脆换酒，直到达成一致为止。令人欣慰的是，尽管由于种种原因，搭配的结果并不尽如人意，但还是摸索出一些规律，偶尔也会碰到使我激动不已的绝配。

"万事开头难"，希望这项工作能够继续推进；如果有不够完美的搭配出现，则期待同好的指正。

二

中餐拥有鲁、苏、川、粤四大菜系，分别辐射中国北方、长江下游、西南、东南广大地区，是最重要、影响最大的菜系。

仅就与搭配葡萄酒关系最为密切的调味来说：山东菜以咸鲜为主，注重使用葱蒜，沿海以海鲜原味取鲜，内陆以长时间熬制的清汤取鲜，还有五香、酸辣、糖醋、椒盐等复合味型；苏菜咸甜适中，咸淡适宜，淡而不薄，浓而不腻，清鲜，味醇，平和优雅；四川菜味型最为丰富，以"百菜百味"著称，注重麻辣，主要有麻辣味、鱼香味、怪味、家常味、豆瓣味，以及陈皮、椒麻、荔枝、酸辣、蒜泥、麻酱、芥末等30余种味型，最为奇妙的是"复合味"——几种调料复合一起，味道分主次、有层次、有变化，有时还能产生这些调料本身没有的香味，如鱼香味、荔枝味等；广东菜除了部分客家菜口味浓重之外，主流是风味清鲜，本色原味，清而不淡，鲜而不俗。

其中四川菜由于麻辣味会影响对葡萄酒的品尝，一道菜中异常丰富、富于变化的味道也对配餐的葡萄酒提出了挑战，从而很难使酒、菜通过搭配产生新的魅力。其余三大菜系的多数菜品都具有与葡萄酒搭配的潜力，当然这里只考虑了调味的因素，中餐选材的广博奇异也会提高搭配的难度。

三

中餐味型、口感的丰富多彩远非西餐可比，与滋味同样千变万化的葡萄酒搭配确有相当难度，但经过反复试验，还是找出一些规律。

单宁涩味太重、酒体过于强劲、酸度过高的红酒（如一些赤霞珠）与中餐难以搭配；而单宁柔和、细致，酒体均衡、丰满肥润，拥有浓郁的果香，酸度较低，略带甘甜的红酒（如梅洛、黑皮诺等）不仅可以搭配中餐的红肉，也适合汁浓味厚的白肉。

酸度高，爽口，酒精度低，滋味较淡，具有简单果香的清淡型白酒（如部分霞多丽、白苏维翁）在中餐里难寻"伴侣"；特别浓郁、含较多酒精和甘油、口感圆润丰厚的浓厚型干白（如部分霞多丽），花香浓郁、口感圆润、酸度较低、富于花果香气的干白（如雷司令）与海鲜、河鲜、禽类都可以配合，如果是半甜白配起来就更容易些，甚至能配某些红肉、烧烤。

起泡酒中由于含有黑葡萄，再加上经过添加糖分的二次发酵，口感、香气都足够饱满、丰富，不断在口中翻滚、"爆破"的气泡为口感提供有力支撑的同时，简直就是调和餐、酒滋味的"催化剂"，能使原本有点隔膜的搭配变得和谐，所以各色菜式都可以拿来试试。

中餐就餐的方式与西餐不同，往往是摆上满满一桌，冷热、荤素、红白、咸甜俱备，这时候上粉红葡萄酒几乎全能搞定，如果是略甜的粉红起泡酒几乎就是"百搭"了。

另外，由于部分中餐菜品偏于肥厚，所以冰过的葡萄酒会带来爽口的快感——温度也是搭配时一个需要考虑的因素。

蒲庵曰：2014 年，轩尼诗（中国）公司要出版一本亚洲美食与葡萄酒搭配的手册，名曰《好酒配好菜》（*A Heavenly Wine Match with the Flavours of Asia*），主要内容是邀请亚洲各地的美食家用葡萄酒搭配当地美食。我被邀请担任中国的"美酒美食家"，短短几天时间，跑了京、沪、广、深 4 座城市的10 家餐厅，按公司的要求品尝，并负责对中餐和葡萄酒搭配提出建议。事情当然是好事情，如此有计划的、密集的品尝，对我既是一种挑战，也是一个学习的机会，毕竟关于中餐与葡萄酒的搭配，至今还是一个没有原则定论的话题。遗憾的是，餐厅、菜单都是公司与厨师事先订好的，酒单仅仅局限于该公司自营的新世界葡萄酒，个人可以发挥的空间极为有限，加上来去匆匆，很难提出什么有价值的建议。唯一的收获，就是归纳出了几点自以为还说得过去的规律，写入这篇短文。手册中刊出的是英译，现将中文原作略加改动，收入此书，就教于方家。

快乐的鼻子

　　十月京华，秋色渐浓，长假刚过，整个城市似乎沉浸在繁华过尽的慵懒、宁静中，连一向难行的燕莎桥一带都交通顺畅，大约因为是下午吧，行人稀少，不冷不热的空气温润得撩人。我踱进金茂威斯汀，参加凯歌香槟（Veuve Clicquot）举办的"品源之旅"鉴赏会——如此和风丽日，在北京一年到头并不多见，再加上畅饮香槟，人生还会有别的奢求吗？

　　据说，在全球120多个国家的不同角落，平均每隔三秒半就有一瓶凯歌香槟被打开。经典的金黄色酒标和快乐的泡泡带来热情、浪漫、优雅，但是，哪怕是无比熟悉、热爱香槟的老酒鬼，也未必有机会品尝香槟的原酒。

　　关于"原酒"与香槟的关系，林裕森先生告诉我们："在装瓶进行瓶中二次发酵之前，调配的程序对香槟酒的口味有很大的影响。由于大型酒商向上千葡萄农购买来自上百个村庄的三个品种的葡萄，如何调配出丰富平衡而且具有厂牌风味的香槟，是调配师最重要的工作。通常在没有标年份的香槟中，调配师会采用10%～50%其他年份的特选干白酒以增添风味（凯歌香槟中这一比例达到30%）。"（《葡萄酒全书》，林裕森著，宏观文化事业有限公司1998年版，第94页）

调配前的葡萄酒就是"原酒"。凯歌的原酒来自50～60个葡萄园的出产，其中90%是顶级葡萄园Grand Cru，还有相当部分是自有葡萄园。香槟的三个葡萄品种中，作为主体的黑皮诺定义了凯歌经典的酒体结构，占50%～57%；而加入15%～20%的皮诺曼尼（Pinot Meunier）便可以完成调配过程；30%的莎当妮则为完美调和的香槟增添了几分高雅和精致。即使到了香槟区的酒厂，也未必能品尝到原酒，更别说身在万里之外的北京了。凯歌品牌传播大使，也是调配师之一的弗兰西斯·汉特科先生一下带来4款原酒，在中国还是第一次。

其中两款是2008年的原酒：

兰斯山（Montagne de Reims）地区顶级葡萄园区Bouzy的黑皮诺，用它酿成的原酒口感强劲而清新，有水果、干果、花香和矿石味，感觉到单宁停留在牙龈，酸度活跃、爽口，后味绵长，是凯歌皇牌香槟原酒的主体；

白丘（Côte des Blancs）地区顶级葡萄园区Cramant的莎当妮，用它酿成的原酒口感细腻却不失锋烈，有白花香、梨和矿石味，在凯歌皇牌香槟的原酒中占 30%。

另外，凯歌经典而又丰富的口感层次，源于陈年原酒在味觉上的多样性，仿佛画龙点睛。汉特科先生也特别带来了两款陈年原酒：

兰斯山地区顶级葡萄园区 Verzy 于 2002 年收获的黑皮诺酿成的原酒，有草莓酱香和香槟典型的烤面包香；

兰斯山地区顶级葡萄园区 Verzenay 于 1995 年收获的黑皮诺酿成的原酒，酸度依然够高，鲜爽，酒体完整，活跃有力，有生姜香味。

接下来是一杯 2008 年的调配酒，尚未进行二次发酵，酸度高，有花、水果、泥土、矿石的味道，还需要发酵后在瓶中两年半的培养，才能变得丰富、圆熟。

被原酒吊了半天胃口，味蕾变得无比饥渴，主人及时奉上一大杯色泽金黄、晶莹剔透的凯歌香槟，入口是白色水果和树脂的气味，然后是香草味，最后是奶油蛋糕的芳香，瓶中陈酿则为其带来烤面包的香味；口感清新而强劲，结构充实而丰厚，其中水果、香料的芳香气味经久不散；看似矛盾的强劲和精致在酒中奇妙地和谐共存。

我不得不举杯向香槟的调配师们致敬——这些大师优雅的鼻子该贮藏了多少快乐啊！

里奥哈的酒香

　　2008年秋天去西班牙之前，听说行程安排包括著名的巴斯克（Basque）地区，觉得充满神秘感，好奇心大起。没想到的是，我们前往里奥哈（Rioja）——西班牙最著名的葡萄酒产区，一部分位于巴斯克南部，即阿拉瓦里奥哈（Rioja Alavesa）——的途中，旅行车奔驰在巴斯克的山野，车窗外山清水秀，气候、植被都与北京郊区差不多——这还可说是由于纬度接近，但连山势的起伏也颇为神似，就不能不使人觉得特别亲切了。

　　里奥哈的酿酒史可以追溯到古罗马时期。19世纪，根瘤蚜虫的泛滥给法国葡萄酒业带来毁灭性的打击，许多波尔多酒商和酒农越过国境，来到尚未受灾的里奥哈设立酒厂，带来资金的同时，也大大提高了当地的酿酒技术水平。

　　与西班牙其他地区一样，里奥哈的葡萄几乎完全是本地原产品种，黑葡萄包括早熟葡萄（Temrranillo）、加尔纳恰

（Garnacha）、格拉西亚诺（Graciano）、马苏埃拉（Mazuelo），
白葡萄则有维尤拉（Viura）、里奥哈香葡萄（Malvasia de
Rioja）、加尔纳恰白葡萄（Garnacha Blanca）。

里奥哈的葡萄酒按收获年份和在橡木桶中贮存的时间分
级，从低到高分为"里奥哈"（Rioja）、"佳酿酒"（Crianza）、
"陈酒"（Reserva）、"特陈"（Gran Reserva），其中"里
奥哈"第一年就能上市，而最高级的"特陈"至少要在桶中贮
存2年，并在瓶中贮存3年才可应市，此一级别只在收成最好
的年份酿制。

我们在里奥哈的第一站是拉瓜迪亚市（Laguardia），主人
为我们专门举办了一场葡萄酒推介会。十几家酒厂的展台在二
层大厅一字排开。游荡其间，充分感受到了里奥哈的魅力。

说实话，现场的多数红酒固然价格合理，但酸度偏高，
单宁也欠柔顺，要中国人接受还需要进一步相互了解，但也有
例外。

一家名为巴尔塞拉诺家族酒庄的出品吸引了我。父亲是
老板，儿子酿酒，小伙子敦实、憨厚，主动邀请我品尝他的作
品。我尤其喜欢他2004年分别用Valserrano Mazuelo和Finca
Monteviejo两个小品种葡萄酿制的两支红酒——据说一年只酿
几千瓶，单宁结实而结构均衡，口感细腻柔顺，不输我在法国
波尔多梅多克品尝的名庄佳酿。

另一家酒庄贡格拉维由夫妇两人经营，酿酒师30多岁，来自英国，他用同比例的加尔纳恰、早熟葡萄和格拉西亚诺分别酿造红葡萄酒和白葡萄酒，年产量才一两千瓶，白葡萄酒饱满的结构、浓郁的浆果香、清新鲜爽的余韵给我留下了深刻印象。

自然，几款"小制作"的价格不菲，总要三四十欧元一瓶吧。

当晚在埃尔谢戈市（El ciego）参观有150年历史的瑞斯卡尔侯爵酒庄（Bodegas Marqués de Riscal），酒尚佳，令人称奇的是老板在酒庄里新建了一家"设计酒店"，由名师操刀，是里奥哈的地标性建筑。酒店依山而立，高约5层，正面从楼顶倾泻下来几大片钛合金板"瀑布"，高低错落，卷曲舒展，夕阳照耀下金紫变幻，夺人眼目——西班牙人的设计艺术真是没得说。晚餐就在酒店里，厨师的手艺受西班牙流行的"分子美食"影响，变幻莫测，就实在不敢恭维了。

靓茨伯酒庄散记

北京今夏苦雨，雨水之多为近年罕见，几乎平均两天就下一场，而且动不动就是大雨瓢泼；家门口的一条小路路政不修，动辄成河。好处是不热，如果不需出门的话，在楼上听雨，观雨，品茶酌酒，心情并不坏。天气也是阴多晴少，云山雾罩。今天是入夏以来难得的一个大晴天，窗外碧空如洗，阳光、空气都透明得厉害，树叶也是亮晶晶的，让人想起了波尔多的夏天。

2002年7月，有机会去法国做酒乡之旅，波尔多自然是重中之重。从市区到梅多克，驶过窄窄的乡村公路，公路两侧皆为蓊蓊郁郁的葡萄园和风格各异的古堡，宁静而幽美，使人目不暇接，想到其中不知藏了多少世界级的美酒，又不由得为之心驰神往。

我们在梅多克的居停是波雅克村的靓茨伯酒庄，虽然这只是一间五级酒庄，台湾葡萄酒品评专家林裕森先生却认为其地位"超越二级酒庄"。

靓茨伯酒庄属于梅多克的名门望族——卡兹（Gazes）家族，当时的庄主让-米歇·卡兹（Jean-Michel Gazes）是梅多克酒业的领袖人物，曾任 13 家著名酒庄组成的酿酒集团"城堡组合"的总裁。这种地位是卡兹家族三代苦心经营的结果——让-米歇的祖父著名酿酒师让-夏尔（Jean-Charles）1934 年买下靓茨伯酒庄，让-米歇的父亲安德烈"二战"时期曾参加抵抗运动，后多次担任波雅克村的村长。我们见到让-米歇先生时，他已经 80 高龄了，和妹妹西尔维（Sylvie Gazes-Regimbeau）一起打理酒庄事务。

据林裕森先生的介绍，靓茨伯酒庄种植的葡萄品种包括 73% 的卡本内·苏维翁、15% 的梅洛、10% 的卡本内·弗朗和 2% 的小维多，"采收后去梗挤出果粒，葡萄汁先经过浓缩提高浓度再开始进行 2～3 个星期的发酵与泡皮。然后再经过 15 个月的橡木桶培养，采用 50% 的新桶。除了进行逆渗透法的浓缩之外"，"酿造方法其实非常传统，虽然酒庄出产的红酒感觉有点像新式风格的酒"。（《城堡里的珍酿——波尔多葡萄酒》，林裕森著，河北教育出版社 2004 年版，第 105 页，下文引文出自同一本书）

卡兹兄妹在他们自家的一间酒庄改建的当地度假酒店给我们接风，开了两瓶 20 世纪 80 年代的靓茨伯，其风格正如休·约翰逊（Hugh Johnson）所言："丰秾雄烈"，"甘美、浓郁、劲度，精益求精。"（《世界葡萄酒袖珍手册》，休·约翰逊著，万里机构·万里书店1999年版，第119页）又像林裕森说的："浓郁，甜美，非常多的单宁，但是却相当圆熟；如丝绒般的质感，柔和顺口。"晚餐还上了当地名产——武当王（Chateau Mouton Rothsechild）附近用牛乳喂养的小羊排，鲜香柔嫩，滋味浓厚，名不虚传，与菩依乐的红酒堪称绝配。

小住两日，卡兹兄妹盛情安排我们参观了拉菲堡（Chateau Lafite）、玛歌堡和武当王这三个名庄，特别难得的是前两家，一般是不接待游客的——我们去的时候，看到不少欧美游客也只能在酒庄门前拍照留念——我们却得以昂然直入，参观酒窖，品酒，在武当王还看了满室珍藏的葡萄酒博物馆。

送别午宴安排在波尔多市内，也是卡兹家族旗下的餐厅。古老的建筑原是一间修道院，室内尚存当初的彩画。卡兹先生一反西餐习惯，按中国方式给我们点菜——主菜每道菜各点一盘，摆了满满一桌，盘子传来传去，每样只吃一口就饱了；印象最深的一是开胃小吃，是用海虹做的咸味冰霜，味道奇特；二是大块新鲜松露用特制的刀具当场刨成厚片，想要多少都行——当时在北京吃松露还是一种奢侈行为，鹅肝酱里加入一点就价格不菲，如此吃法实在令人难忘。

在梅多克，我们并未入住靓茨伯酒庄，而是住在卡兹家的另一处产业——圣达史蒂芬（St.Estephe）的奥德碧丝庄（Ch.

Les Ormes de Pez）。每天一早一晚路过村口，都能看到二级名庄爱诗图古堡，感受法国人心目中的东方建筑风格，委实妙不可言。

晨起在庭院里闲步，紫色的薰衣草开得正盛，不知是什么昆虫落向花枝，压得它一下"弯了腰"，细看才知道是蜜蜂，个头之大竟是国内的 3 倍有余。

八珍玉俎 九酝金觞

与菜肴搭配浅说——酱香型白酒

中国人说"请您喝酒"和"请您吃饭"是一个意思，一顿饭下来保证是酒、菜、饭俱全，让您醉饱而归；绝不会像欧美国家，请人吃饭往往包括喝酒，而请人喝酒真就是有酒无肴，顶多来点坚果、干酪，就算下酒菜了。而且国人无论请"饭"还是请"酒"，其实核心在"菜"，菜要丰盛，要应季，要考虑客人的身份、年龄、生活习惯、口味特点。一桌盛馔，水陆杂陈，色香味形，变幻无穷，酒却无非是黄白两色，就可以荤素并进，五味通吃了（西风东渐以后，才有了啤酒，葡萄酒成为时尚更是很晚近的事情）。西餐则与此不同，从开胃头盘起，到餐后甜品，每道菜都要配酒，而且是不同的菜配不同的酒，正式宴会，换菜的同时一定要换酒；常规主食是面包，面包先上，不指定配哪一道菜，自然也谈不上配不配酒。

中国饮食文化另有自己的独到之处，例如，正式的宴会酒菜和饭菜是分开的，不能混淆。按常规，宴会开始之前要布置好压桌的干果、水果、蜜饯、咸菜之类，先上冷菜，然后是大菜和热炒、大件（整个的鸡、鸭、肘子之类），上述菜肴内容理论上都是用来佐酒的，因而桌上只有酒，至多中间上点心，绝不会跟米饭、面条之类的主食；随后才是饭菜，主要包括烩菜和素菜，最后就是甜食了。各地风俗习惯不同，上菜顺序会略有差别，比如，多数地区讲究先上大菜（烧烤、鱼翅、燕窝、海参），而苏帮菜宴会的第一道热菜一定是热炒，还必须是炒虾仁；粤菜的汤品在头菜之前，鲁菜的汤品在酒菜之后、主食之前。但是先上酒菜，后上饭菜，这个顺序是一定的。

酒菜之中还可细分，冷热、干湿、咸甜、软硬、荤素各不相同，称得上蔚为大观。但究其实际，多少有一些共同点——当然，这些共同点都要适合佐酒。

首先要味浓，其次要有特殊的口感，这两条占一样就比较适合佐酒，如果二者兼具，自然大佳。

先说味，"浓"有两个方面的意思，一是口重——咸、甜、酸、辣、麻的调料放得足，二是香味浓厚——肉香、菌香、香料香、酱香、酒香、糟香、腌腊香扑鼻而来，诱人食欲（其实往往是两者兼而有之，其间并无不可逾越的鸿沟）。在佐酒的问题上，口感甚至比味道更为重要。适合配酒的口感包括爽、酥、脆、韧、干、弹牙，等等，总之要对口腔在触觉方面有足够的刺激，对牙齿有适度的、令人愉悦的抵抗，要有"嚼头"。

以此为标准画线，就很容易找到我们从家常到宴会常吃的下酒菜：

口重如苏州卤鸭、煎曹白鱼、家乡肉、椒麻鸡、陈皮牛肉、宫保鸡丁……

香浓如醉鸡、糟凤爪、酱肘子、油鸡枞、潮州卤水、腊味合蒸、葱烧海参……

以口感论，酥脆有炸花生米，干韧有虾须牛肉，弹牙有红烧网鲍，脆中带韧有油爆双脆，外焦里嫩有干炸丸子……

国人用餐饮酒，很少有"红酒配红肉，白酒配白肉"之类的一一对应法则，大闸蟹配花雕，北京烤肉配烧酒只是偶尔为之。讲究餐酒搭配，是欧洲的饮食理念；在当地，最适合配酒的菜肴往往就是这款酒原产地的经典名菜，我个人的经验所及，波尔多菩依乐村的红酒和本村的小羊排，托斯卡纳勤地（Chianti）的红酒和佛罗伦萨牛排，都堪称绝配。所以如果认真讨论中国的餐酒搭配，这一点应该是第一重要的原则。吃江南的虾蟹鱼鳖，山笋园蔬，原汁本味，清鲜淡雅，只有配幽香甜润的绍兴黄酒才能得味；到北方吃酱肉熏鸡、涮肉烧烤，口重味厚，醇浓香肥，必须配入口如刀的白干小烧方觉过瘾。从上述两例也可以看出笔者主张的另一原则——以清淡配清淡，以浓郁配浓郁。

　　就笔者的浅陋所知，中国白酒主要香型包括：清香纯正、醇厚柔和、甘润绵软、自然协调、余味爽净、后味较长的清香型；窖香浓郁、甜面爽净、纯正协调、余味悠长的浓香型；醇香秀雅、甘润协调、尾净悠长、清而不淡、浓而不酽的凤香型；酱香突出、优雅细腻、空杯留香、经久不散、幽雅持久、口味醇厚丰满、回味悠长的酱香型；浓头酱尾、协调适中、醇厚甘绵、酒体丰满、留香悠长的兼香型；蜜香清雅、入口绵甜、落口爽净、回味怡畅、具有药香的米香型，此外还有董香型、豉香型、芝麻香型、四特香型、老白干型。

　　可见，白酒中味道最清淡、简单的是清香型，而酱香型恰恰是最为浓郁、丰满、醇厚的香型，以之搭配清炒虾仁、芙蓉鸡片之类清爽、淡雅、滑嫩的菜品，不要说相得益彰，就连势均力敌都难以做到，恐怕会完全遮掩菜品的特点，使之淡而无味，而酒液在口中也缺乏足够的支撑，等于没有配菜。

　　古语云："英雄不论出处。"其实，英雄还是要论出处的，非如此不能了解英雄的特点、短长，"红花虽好，还要绿叶扶持"，不了解出处，如何安排"绿叶"呢？以酱香型白酒而论，出于贵州茅台镇，它的最好的"绿叶"自然就是笼罩大西南地区的川菜——四大菜系，覆盖中国的北部、东部、西南（特别是川、渝、滇、贵）、东南，虽然发源于鲁、苏、川、粤，但影响所及，并不局限于上述四省，此其所以为"大"菜系也。

川菜素称"一菜一格，百菜百味"，尤以味型丰富称雄于世，麻辣、鱼香、怪味、家常、豆瓣、陈皮、荔枝、酸辣、蒜泥、麻酱、芥末，等等，以四川特产的自贡井盐、内江川糖、德阳酱油、保宁麸醋、简阳辣椒、汉源花椒、郫县豆瓣、叙府芽菜、潼川豆豉、新繁泡菜为调料，高深莫测，变幻无穷，无不香浓味厚，醒神开胃，令人垂涎。也只有如此丰富、浓厚的滋味能够承载白酒浓郁、醇厚的酱香和较高的酒精度，菜品的滋味不仅不会被酒香掩盖，而且由于酒液在口中的激荡被放大、提升，酒香也会由于跟不同味型菜品的混搭而产生多种变化，显得更加多姿多彩，真可谓珠联璧合，相得益彰。

古人卧游，我今耳食，随意开列几道我经常佐酒的川菜：陈皮兔丁、蒜泥白肉、怪味鸡丝、跳水泡菜、家常海参、酸菜鱼肚、宫保鸡丁、漳茶鸭子、干烧鳜鱼、干煸鳝段，不知读者诸公以为配得上酱香型否？

蒲庵曰：这是应某生产酱香型白酒的企业之邀，为其宣传册编写的一篇文字，参考、摘录了不少资料，恕不一一列举出处了。但内容并未涉及具体产品的宣传，而是探讨了一番中餐与白酒的搭配问题。

陆

芹
议

首先，请关注食材

近些年，京城餐厅流行菜品"创新"，或曰 fusion（融合菜），颇有一些餐厅打着上述旗号扬名立万，日进斗金。但是，什么才是真正够水准的创新或 fusion？到底应该如何把握传统和创新之间的关系？中餐和外餐怎样互相借鉴、融合？对这些问题我一直有自己的看法，而且与市面上流行的观念不尽相同。

不久以前，去一间高级会所参加晚宴，菜肴风格是所谓 fusion，装盘是西式的，烹饪手法则中西杂陈，一道沙拉中加入了柠檬汁，烤乳猪配菜中有两片炸薯片，就口感、味道而言，食材该不该如此搭配姑且不论，但其中的柠檬汁和炸薯片居然都是我们在超市常见的工业产品。我的涵养不好，筵前别人问起我对菜品的评价，就直言："不好吃，厨师根本不会做饭。"当然会有人不开心，但我的感觉几乎是愤怒——如果创新、融合是这样搞法的话，我宁可去吃麦当劳、肯德基，虽然它们提供的并非传统意义上的餐饮业的烹饪艺术，但至少它们直接承认自己的出品是标准化的工业产品，统一标准，统一配送，它们的炸薯条、番茄沙司是按自己的标准统一订货、生产的，不是随便从超市买来，并不标榜什么 fusion，却比我吃过的多数 fusion 好吃而且价廉得多。

这个问题的关键不在厨师的技术，而在他的责任心和基本素质。

大家都知道，鲜番茄煮烂，去皮、籽，如果即刻用于烹制意大利面条，是很好吃的；存放一段时间，比如一两天，肯定会变色、变质。所以，工厂批量生产的罐装番茄酱为了保持色、味最大程度地接近鲜番茄，一定要加入防腐剂、食用色素、稳定剂，等等，结果我们从番茄酱中吃到的番茄味是工厂用种种工业产品调配出来的"人工味道"，小孩子也知道鲜番茄比番茄酱好吃，一个合格的厨师肯定不会用番茄酱代替鲜番茄的。超市里还有一种番茄沙司，那是工业化生产的调味酱，是用来蘸食炸薯条之类的食物的，里边除了与番茄酱近似的成分之外，还会加入盐、糖等调味料和香料，也就是说，是工厂已经按自己的标准调好味道了，如果厨师只是买来做蘸料都是偷懒了，如果直接放入菜肴中代替自制鲜番茄调味酱的话，等于放弃了厨师调味的责任，简直就是不懂烹饪。我在会所见到的炸薯片、柠檬汁又跟番茄沙司有何不同呢？这才是我愤怒的原因。

　　我接触过的名厨对烹饪的见解都有一个共同的特点，就是听起来都异常的朴实、简单，比如，"在传统的基础上创新"，"什么地方的菜就该是什么味道"，"我的烹饪方法都是传统的，只是在搭配上有点自己的想法"，"绝不使用工厂生产的调味汁"，等等，绝无惊世骇俗之见，强调的往往是烹饪的基础和基本功。如果有人以为这些听起来朴实、简单的道理做起来也很容易，那就大错特错了。大象无形，大巧不工，不修炼到炉火纯青的境界，是无法返璞归真的。

　　我真诚希望有志于创新、有志于开宗立派成为烹饪大师的厨师，特别是中餐厨师们，首先从关注食材做起，了解食材，尊重食材，做食材的朋友。去其糟粕，取其精华，物尽其用，向每一位食客展示每种食材最美好的味道和口感，让我们能够从每道菜肴中体会出厨师的敬业精神、专业水准和在此基础上的奇思妙想。

　　坐在计算机前面写这篇文章的时候，刚刚从山东莱州湾回京，蟹、蛤、鱼、虾留给震撼味蕾的感觉似乎还充满口腔。这个小海湾位于渤海湾西南，山东半岛西北，西起黄河口，东至龙口。由于潍河、胶莱河、白浪河、弥河，特别是黄河携大量有机物入海，海水营养丰富，盛产极品海鲜，三疣梭子蟹、对虾、花蛤、半滑舌鳎鱼乃至皮皮虾、海蜇头、桃花虾统统鲜美无匹，令人无法不欢喜赞叹。当地朋友胡日新先生请我们在海边的餐厅尝新，莱州的厨师也很懂得尊重这些顶级食材，以看似简单、家常的技法，充分呈现它们的原汁本味。

　　"莱州大蟹"自古有名，因为甲壳的中央有三个突起，故称"三疣梭子蟹"，每只重量在半斤到1斤之间，据说过去还有两斤的。食材没有高低贵贱之分，只有品质优劣之别。比如螃蟹，耳食者自然追逐大闸蟹，其实，长江三角洲很多水系的江蟹、湖蟹并不比大闸蟹差；海蟹也有好的，去年深秋在长江口吃了一回重半斤以上的野生梭子蟹，同样鲜甜，而且比河蟹剥起来容易，吃起来痛快，另有一番风味。这回吃到的是清蒸雌蟹，足有 8 两重，红膏满盖满腹，色泽是十分娇艳的橘红色，半透明，仿佛凝脂；蟹鳃雪白，毫无污染；蟹肉极细嫩，极鲜甜，在我吃过的梭子蟹中以滋味论，可排第一。我吃蟹喜欢蘸一点姜醋汁，只为祛寒杀腥，不用糖、酱油、香油，以免干扰本味；其实此蟹不蘸任何调料，白嘴吃也没有问题。

莱州湾的蛰头比北京最好的货色要贵两倍有余，但物有所值，嚼头特好，韧中带柔，又爽脆，拌以醋、蒜，是很好的酒菜。

对虾亦是莱州湾特产之一，水煮，脑中含膏，背上有黄，肉质紧实，与养殖的货色截然不同。以手剥食，又香又鲜，十分过瘾。

皮皮虾也是同样吃法，黄香肉嫩，是别样的鲜甜。

文蛤直径约两寸，肉玉白色，肥厚，带壳以清水汆透，汤汁清澈，甜润清爽，有贝类特有的鲜美。

舌鳎鱼北方叫"鳎目"，南方称"龙俐"，当地传统吃法是酱焖，汁浓味醇，鱼肉肥厚，雪白鲜香，下饭最宜；吃剩的皮骨撤下，做成酸辣汤，大酸大辛而微辣，醒酒开胃，使人汗出如浆，真是过瘾。

我们这些来自北京的饕餮客难得面对这样一桌既淳朴又美味的盛馔，无不纵情大嚼，狂呼过瘾。

我忍不住在想：这些食材如果落到北京的一些时尚餐厅里会是什么下场呢？螃蟹应该煮熟后拆出蟹粉，放进盛着大半杯碎冰碴的利口酒杯里，配迷迭香和罗勒，再加点云山雾罩的干冰？虾是一定要站在盘子里的，不配一点红彤彤的番茄沙司怎么对得起它？试试黑色海盐或者松露油也不错。花蛤做刺身吧，原壳上桌，壳里少不了垫上裙带菜，跟一碟美极鲜酱油，别忘了从"牙膏袋"里挤出一条绿芥末。舌鳎鱼？试试低温熟成，再用喷灯烧一下，配五种不同的调料？辣椒、花椒、孜然、十三香、可可粉？肯定还会有"美食家"来捧场，赞不绝口地表示从里面吃出了海风及其他250多种味道。

不知何时，中餐厨师一创新，就往这条路上走，大约是取其简捷，容易吸引眼球一夜成名吧。

传统中餐的调味之道大体而言无非两条——或追求充分表达食材的本味，或利用食材的特性创造出一种厨师认为理想的食材原本没有的味道——外餐的调味恐怕也难突破这两种路数。

前者貌似简单，其实并不容易。我们食用的大多数食材无论动物植物，有机无机，原本都不是为人类特制的，即便是已经驯化了几千年的稻麦菽稷、早韭晚菘、猪鸡牛羊，其味道也有不讨人喜欢的一面。一位合格的厨师就是要选择来自最好产区的应季食材，利用粗加工、刀工、配菜、火候、调味等手段，去除、掩盖其令人厌恶的味道，而将美好的味道发挥得淋漓尽致，使食客觉得吃到的就是食材本来的味道。最典型的例子如中餐的白斩鸡、清蒸鱼、炒掐菜，日餐的刺身、寿司，貌似简单，其实厨师在背后不知用了多少工夫，吃了多少辛苦。这种手法就像国画中的工笔，下笔一丝不苟，画家的个性和艺术水准藏在追求形似的作品背后，高手下笔有神，令人感动，俗手沦为画匠，混饭而已。

另一种思路仿佛写意画，随意挥洒，水墨淋漓，神游八表，形在似与不似之间，不同的观赏者可以有不同的解读——此境界绝非人人都能达到，齐白石也是以年轻时的工笔为基础，才有了后来的"衰年变法"。厨师对食材了解不深入，基本功不到位，连原汁本味都料理不出，谈何变化、创新？这类菜品的范例首推川菜的鱼香肉丝、宫保鸡丁，食肉而有鱼香，食鸡而有荔枝味，原料中却没有鱼和荔枝，完全靠厨师的功夫，使食客产生美好的联想，堪称神来之笔。当年创制这两道菜的厨师，不知艺术境界是何等的炉火纯青？这等手段岂是毛头小伙在厨房一拍脑袋就能想出来的？也不是生吞活剥外菜系、外餐的一两个小窍门、新配方就可以一蹴而就的。

不论哪一种调味之道，还是要建立在原材料和基本功的基础之上，更根本的是要有待客之诚，厨师应该真诚地对待食材，真诚地向客人奉上美食。古人云："修辞立其诚。"烹饪也是如此。

味之道，无非一个"诚"字而已。

绝
配

　　这世上有一路食材，缺乏个性，价高如鱼翅、海参，价廉如白菜、豆腐，跟什么食材搭伙就是什么味道，放到鸡汤里，就有鸡味；与火腿同煮，就有火腿香——这类搭配也就谈不上是否绝配。绝配者，两种食材都要个性突出，配起来又珠联璧合，或者相得益彰，或者产生全新的味道，或者一方"牺牲"，成全对方。

　　恋爱、婚姻也是如此，双方或一方随和、平易，甘于平淡家常的日子，则相处容易，关系相对稳定；反之，如果双方都性格鲜明，有各自独立的世界观、人生观、价值观、文化背景、事业、生活方式，这样的爱情往往轰轰烈烈，甚至惊世骇俗，这才当得起"绝配"二字。

　　现实中例子多多，但往往牵涉太广，由于各人立场、利害关系的不同，见仁见智，所以只好取巧，从金庸先生的小说中举例了。张无忌武功卓绝，却缺乏个性、主见，无论赵敏、周芷若，还是小昭都无可无不可，便是"鱼翅""海参"了。

肥鹅肝是法国三大美食之一，极肥，极醇厚，极香浓，是人间最贵的下水。依常规思路，应该配一点解腻的东西才是，清淡，可酸，可咸。法国波尔多出产的苏玳（Sauternes）贵腐甜白也是世界最贵的白葡萄酒，林裕森先生形容它"香味浓郁丰富，口感圆厚甜润，可经数十年以上的储存老化，成熟后的酒香更是复杂多变，常常带有蜂蜜、糖渍水果、干果等的香味"。

（《葡萄酒全书》，林裕森著，宏观文化事业有限公司1998年版，第68页）

一个是最肥腻的内脏，一个是最浓甜复杂的白葡萄酒，个性都极强，在各自的领域达到极致，法国人偏偏把两者配在一起，居然比单独饮食任何一种都更美味。绝似《神雕侠侣》中的杨过、小龙女，都是不世出的奇才，以世俗眼光看他们的年龄、辈分、门派、性格、为人处世之道，也不应该相爱，结果历经磨难，为情而死，为情而生，爱得荡气回肠，凄凉悲怆。

郭靖与黄蓉就不同了：一拙一巧，一个生长草原大漠，一个来自桃花海岛；一个淳朴厚重，轻生重义，一个玲珑剔透，机变百出。结果黄老邪的聪明女儿硬是爱上了笨笨的靖哥哥，费尽心力，成就了他的武功、侠名，到了《神雕侠侣》中，黄蓉已经完全被郭靖的光环遮蔽，变得左支右绌，碎碎叨叨，除了武功之外，与普通主妇没多大不同。这种关系好像大闸蟹和姜醋汁，蟹的膏、黄、肉是世界上最鲜的食材之一，却形貌丑陋，性极寒特腥；姜醋汁味浓酸辛辣，过分刺激，两者单食都无法直接入口。而一旦用蟹蘸姜醋，寒腥尽去，鲜香全出，这时食客赞美的都是蟹的滋味，姜醋之味早被忽略殆尽，宛然一出"郭黄配"。

金庸小说中我最欣赏的男主人公是《笑傲江湖》中的令狐冲，此人虽然出身名门正派，却毫无道学气，放浪不羁，豪爽洒脱，不拘小节，好饮酒，好交友，千金一诺，为性情中人。金先生给他安排的"魔教妖女"却是腼腆拘谨，不苟言笑，洁身自好，一往情深，颇有林下风的任盈盈。这两位都不擅作伪，厌恶权势，至情至性，配得赏心悦目。仿佛中国北方一道名菜"烧南北"——口蘑烧冬笋。冬笋清新淡雅，虚心有节，无论如何烹制，永远散发特有的淡淡幽香；口蘑来自河北坝上草原，无法人工繁殖，大小不一，菌伞有开有合，色泽有褐有白，不中绳墨，香气浓烈而自然，馥郁芬芳而不重浊；产地一南一北，故名"烧南北"。以清配清，菇含笋味，笋具菇香，浓而淡，淡而浓，浓而不腻，淡而不薄，风致天然，确是"佳偶天成"。

蒲庵曰：2010 年 5 月 18 日，是我饮酒史上值得纪念的一天——当晚，香港苏富比假座北京香港马会会所，推介即将拍卖的法国三大名庄——白马庄（Château Cheval Blanc）、滴金酒庄（Château d'Yquem）和香槟王（Dom Pérignon）的稀世珍酿。拿来试饮的酒品中有一款 Château d'Yquem 1967，恰好与我同龄，滋味之美确如林裕森先生所言。畅饮尽兴之余，复携空瓶而归，以为纪念。

尊重食材　敬畏自然

　　樱花绽放的时节，初鲣的身价据说高到喜新并求好运兆的江户人，不惜把老婆送进当铺都要尝鲜的程度。即使现在，只要一入春，初鲣便会是一种非常具有季节感的食材。

　　初鲣肉深红而少油脂，且由于鱼龄尚幼，因此鱼肉结实，口感极佳。唯独皮与肉之间有一层薄薄的皮下脂肪，因此为了突显这个时节初鲣的美味，通常是做成不剥皮便直接在火下烤的"炭烤生鲣鱼"。

　　一般而言，9～10月上市的鲣鱼，体重已达春季的4～5倍，由于身上的油脂丰富，因此不做成"炭烤生鲣鱼"，而多剥去鱼皮生食。

　　选购鲣鱼以体呈鲜艳银色、鱼鳃呈漂亮粉红色者为佳，若鱼鳃颜色黑浊，则表示鲜度不佳。

另外一般亦认为鱼脸多伤的鲣鱼最为美味。因为这样的鲣鱼都抢先游在成群洄游的鲣鱼群中，可谓鱼群领导者，在鱼群中较为敏捷，鱼肉亦较为结实，当然就更为美味。

另外单只海钓的鲣鱼价格较为昂贵，主要是因为鱼身没有受伤。网捞的鲣鱼多有表面看不出的打扑伤，诸如此类受伤的部分不能用，也会加速整体鱼肉的劣化，因此需要格外注意。

上面这段文字引自东京"小泽寿司店"老板小泽谕所著《寿司的技法》（笛藤出版图书有限公司2005年版，第63页），这短短的一小段文章把鲣鱼作为食材的知识说得清清楚楚，行文朴实无华，对季节感的描述不仅诱人食欲，而且有淡淡的日本式的审美情趣。

作者写此书时59岁，已经在东京拥有4间寿司店，其中3间位于银座，此前1年还在寸土寸金的银座盖了一座6层的"小泽大厦"，作为一位厨师，其成功不言而喻。读了上面的文字，我知道他的成功绝非幸至，是下过苦功的——书中共记载了37种寿司食材，每一种的产地、应市季节、口味特点、加工方式都不厌其烦，一一说明。

国人也酷爱海鲜，不知道有多少厨师会对常用的每一种海鲜都了解到如此程度？即使有的厨师掌握的相关知识不输日本厨师，又有多少人能坚持完全根据这些知识选择当令的、来自最好产地的、品质最佳的食材，规规矩矩地加工之后恭恭敬敬地呈献给客人呢？很多中国厨师已经被送货上门的供货商惯坏了，懒于去费力气寻找食材，品质不佳也没关系，有各种添加剂比如嫩肉粉之类和味精、鸡粉、各色调味酱帮忙，只是如此一来无论厨师还是顾客就都离烹饪艺术和美食越来越远了。

我从事与美食有关的工作已经18年了，从2008年开始系统地接触怀石料理，从中受益匪浅。特别是将它的宗旨、特点与中餐相比较，发现了中餐的不少问题，很多我司空见惯的毛病站在日餐的立场上才觉得是如此的难以接受。比如"只选应季的食材""不过度烹饪，尽量保持食材原有的味道""不浪费食材"，等等，看似简单，其实要坚持不懈是很难的，是对厨师相当高的要求。

日本厨师对食材的了解、尊重是建立在对自然的敬畏之心的基础上的，以这种态度来做厨师，料理食材，呈献上来的菜品饱含对客人的真诚，怎么可能不好吃呢？

『四小菜系』
小沧桑

中国知名的菜系向来有"四大""八大"之说，"四大"者，苏、鲁、川、粤，"八大"者，再加上湘、徽、闽、浙——我戏称之为"四小菜系"。所谓"小"，只是相对于"四大"而言，另外这些年来它们确实不如川菜、粤菜风光。

饮食虽为小道，也有它自己的沧海桑田，亦能折射出江山气运、人世代谢，值得今人寻根探源——千古风流，英雄割据，俯仰之间，已为陈迹，抚今追昔，不胜感慨系之。

以杭州菜为代表的浙菜的兴盛有两大原因。

其一是宋室南渡，带来了历史悠久、昌明繁盛的中原饮食文化。仅举一例，与同处江南的江苏、上海菜明显不同，浙菜糖用得较少，口味以咸鲜为主，就明显是受了以汴京风味为代表的北方菜的影响。东京宋五嫂的鱼羹驰誉已久，八百多年后依旧在杭菜的名单上，此外《武林旧事》所载，曾被宋高宗称为"京师旧人"所制的"李婆婆杂菜羹、贺四酪面、脏三猪胰、胡饼、戈家甜食"（《武林旧事》，周密辑，中国商业出版社1982年版，第146页），都是自开封一路迁播到西子湖畔的名馔，如今自是踪迹难寻，滋味如何，只能任凭后人想象，却为杭菜曾受北方烹饪的影响留下了一点文字证据。说杭菜乃至浙菜部分保存、传承了宋以前积累了几千年的中原饮食文化并不为过。

其二是浙江杭嘉湖平原的经济自南宋以来日益发达，在全国经济总量中的比重仅次于苏州、松江地区，作为大运河漕运的起点，历元、明、清三朝直到民国年间，都是国家经济命脉所系，也是城市文明最发达的地区之一，餐饮业就此拥有了稳定而广大的市场。

浙江聚山海江湖于一省，四季时鲜不断，物阜民丰；浙菜用料精细鲜嫩，突出本色真味，侧重清鲜脆嫩，重视火候，擅长炒、炸、烩、熘、蒸、烧、汆，烹制河鲜海味独具巧思；风格秀丽清雅，不愧是江南饮食文化的重镇。

闽菜的成就却更多得益于清代的八旗驻防制度。

清初八旗入关，满洲、蒙古、汉军旗人相对于汉人人数之少不成比例，还要驱使吴三桂之流的汉族兵将协同作战。战争结束之后，清朝统治者对汉族军民并不放心，特设驻防将军，督率八旗劲旅固定驻扎战略要地，在江宁、杭州、福州、广州、成都这样的文化、经济发达地区驻防的意义就不仅仅是为了提防反清武装，相当程度是出于对汉族读书人的疑忌之心。

"旗"是军事单位，旗人是常备军，旗人的后代一生下来就编入旗籍，就有固定的收入——"钱粮"，此制度的初衷是为了保证八旗的兵源和战斗力，无奈中原传统文化吸引力特别强，不用等到同治、光绪，一百年下来，乾隆年间，已经把八旗劲旅熏陶成了八旗子弟，寅支卯粮，坐吃山空，提笼架鸟，听曲票戏，哪里还有什么战斗力可言？

这些坐拥世袭差使和"铁杆庄稼"的旗下大爷讲求饮馔之道是再正常不过的事情了。旗人是贵族，是统治阶级，他们的追求大大提高了当地烹饪水平，于是这些驻防城市纷纷成为中国各大菜系的发源地和饮食文化重镇，广州、成都、杭州与粤菜、川菜、浙菜的关系自不待言，南京的"京苏大菜"也曾风光无限，以福州菜为代表的闽菜，同样名列八大菜系，以擅制山珍海味著称，巧烹海鲜见长，讲究淡雅、鲜嫩、醇和、隽永，刀工巧妙，汤菜考究，调味奇特，风格细腻，开宗立派，独踞一方。

湘菜地位的确立，应该与湘军打败太平军之后，湖南省籍精英在全国政治、军事、外交、文化等领域的崛起并处于领导地位有绝大关系。政治如曾国藩、胡林翼、左宗棠，军事如曾国荃、彭玉麟、杨岳斌，外交如郭嵩焘、曾纪泽，文化如王闿运。民国肇建，湖南有全国性影响的人物依旧层出不穷，最著名者如黄兴、蔡锷、宋教仁、熊希龄、谭延闿、沈从文，确实称得上"唯楚有才，于斯为盛"。

曾氏兄弟攻克江宁（今南京），拜相封侯之后，天下督抚大半出自曾国藩门下，更不要说靠军功保案猎取红蓝顶子的湘军将领、幕僚了，这些人的宦辙所至，自然把喜爱的家乡口味带向全国，更何况其中还有谭延闿这样的美食大家。以今例古，当权者的口味、消费习惯很容易成为流行趋势，湘菜在各省风味中的位置当然就水涨船高了。

不过，近年流行各地的所谓"湘菜"，多是毛氏红烧肉、火焙鱼、酸豆角炒肉泥、剁椒鱼头、炒腊肉、炸臭干子等湘潭农家菜和民间小食，真正富于技术含量、能体现湖南传统文化的烹饪艺术反倒被遗忘殆尽，日渐衰微——买椟还珠，莫此为甚。据《中国烹饪百科全书》"湖南菜"词条（中国大百科全书出版社1992年版，第242页），名列八大菜系的湘菜，包含湘江流域、洞庭湖区、湘西山区三大流派，其中湘江流域以长沙菜为代表，用料广泛，制作精细；常用煨、炖、腊、蒸、炒、煮、烧、熘、烤、爆等技法，注重刀工火候；菜肴浓淡分明，口味讲究酸、辣、软嫩、香鲜、清淡、浓香——这才是名列八大菜系的湘菜的真实面目。

所谓"徽菜",概念有广义、狭义之分,广义就是安徽菜,狭义则特指徽州菜,也就是现在皖南黄山市辖区的传统菜肴。向以烹制山珍野味、河鲜见长,选料严谨,火功独到,呈现食材的原汁原味。

徽州菜现在式微了,在清代、民国年间在餐饮业可占有重要地位,到抗战之前,仅上海就有徽菜馆130余家。上海著名的小笼馒头过去叫松毛包子,又名徽包,就是发源于徽州——蒸时为了防止包子粘在笼屉上,垫上黄山松的松针,故名。

徽菜能走出受自然条件制约农耕经济不可能发达的徽州,是徽商勇于"开疆拓土"的结果。清代的徽商遍布大江南北,以吃苦耐劳、讲究信誉、善于经营著称——扬州盐商泰半是徽州人,徽商还垄断了钱庄、典当行业,控制了南中国的金融业,"红顶商人"胡雪岩也是徽商一脉。徽商行迹所及,也就是徽菜的落脚点。

徽州人特别重视子弟的文化教育,明、清两代,通过科举考试成为显宦的不在少数,明代有大学士许国、兵部尚书胡宗宪,清代有大学士曹振镛,新文化运动的主将胡适之先生更是徽州的光荣。徽州真称得上"物华天宝,人杰地灵"。

我曾两到黄山,由于地理环境相对封闭等方面的因素,当地经济如今也不算发达，但这种不发达也相对完整地保存了皖南古老的生活方式、文化传统，从最为独特、珍贵的绿茶——太平猴魁，到被戏称为"盐重好色，轻度腐败"的臭鳜鱼、毛豆腐，乃至歙砚、徽墨、砖雕、木雕、石雕、民居、牌坊，无不令人流连忘返，心醉神驰。

离开鲁菜，北京菜就无从谈起。

历史上山东菜的繁荣主要得益于在京的山东移民，特别是其中的福山人和荣成人，由于故乡近海，擅治海鲜，号称"福山帮"；而当地人多地少，最好的出路之一就是进京投亲靠友，进入餐饮业——北京近现代餐饮史上辉煌一时的"八大居"（福兴居、东兴居、天兴居、万兴居、砂锅居、同和居、泰丰居、万福居）、"八大楼"（东兴楼、会元楼、万德楼、鸿兴楼、富源楼、庆云楼、安福楼、悦宾楼）就是山东人的杰作。不夸张地说，浓少清多、醇厚不腻、咸鲜脆嫩的鲁菜构成了北京菜的主体，从宫廷到民间无不受其影响甚至笼罩——清末民初到20世纪中叶，是鲁菜最辉煌的时代。

鼎革之后，首先是多数原来会欣赏和有能力消费鲁菜的人或被打倒，或选择离开；其次户口制度使吃苦耐劳的山东劳动力无法继续自由流动进入北京，家在本地的厨师毫无生存压力，多数对苦学技术兴致缺缺；传统的师徒关系被否定，"三年零一节"的厨艺传承模式彻底消失；公私合营改变了市场经济最基本的经营管理原则，如追求利润、奖勤罚懒——于是鲁菜开始走下坡路。

到了丙午大劫，老字号被视为"封资修"中的"封"，改名换姓是客气的；提倡"为工农兵服务"，客人自己去买牌、端菜；全社会以讲究吃喝为耻，鲁菜走向粗糙，人才、技术都损失惨重。

改革以来，奄奄一息的鲁菜刚刚恢复一点元气，又面临北上的粤菜、川菜的冲击，技法、菜品开始混搭；原材料的生产有些开始工业化，有些则大量使用化肥、农药、添加剂，厨师不得不依赖味精、鸡精、嫩肉粉、香辛料；新富、新贵一副暴发户嘴脸，毫无生活品位；老字号的落后经营管理理念、体制至今尚在——这一次的打击可以说是致命的，多数老字号和名菜或名存实亡，或干脆消失。

我常去吃鲁菜的地方只有区区三家：同和居于晓波师傅的葱烧海参、油爆肚仁、爆炒腰花、干炸大肠、三不粘都堪称绝唱；和王府井全聚德的徐福林师傅是老朋友，请客吃烤鸭总是麻烦他；天地一家在新兴的高档美食会所里是少有的部分经营鲁菜而且有相当水平的，总厨张少刚年方四十，功底扎实，所制扒通天鱼翅、油爆双脆、炸烹虾肉每每令人赞不绝口。

时至今日，烹饪大师比残存的鲁菜名店、名菜还多。能吃到这几样中规中矩的传统菜品，可比去故宫瞻仰晋书唐画难得多了。

蒲庵曰：如今，天地一家关门久矣，徐福林师傅退休一年多了；只有于师傅还在坚持。少刚师傅则以御珍舫为基地，一边坚持、恢复传统（成果参见生活·读书·新知三联书店出版的《先生馔——梁实秋唐鲁孙的民国食单》），一边研发、创新；我有幸参与其中，还收了少刚的两个高徒为徒。不过四五年的工夫，竟又是一番小小沧桑，思之不胜慨然。

淮扬菜的牢骚

清明前，朋友从江阴运来几条冰鲜的刀鱼——据说今年高档宴请少了，这几年日益金贵的江刀居然便宜起来——舍不得糟蹋，辗转托朋友介绍，送到安定门外的淮扬府请厨师代为加工，没承想吃到了一桌在北京极为难得的中规中矩的淮扬菜，堪称意外收获。留下深刻印象的菜品计有：

熏鱼外焦里嫩，脆爽香甜；朱桥甲鱼羹醇香微辣，开胃醒酒；春韭炒软兜软滑鲜嫩，韭香浓郁；碧螺河虾仁洁白鲜嫩，略带弹性；鸡汤大煮干丝绵软入味，浓腴醇鲜；其余如秘制红烧肉、扬州素腰花也都浓淡适宜，精致可口，食罢令人叹赏不置。不消说得，清蒸刀鱼之鲜、之嫩、之肥、之香，更使人觉得不曾辜负今春。

遗憾的是，如此美好的淮扬菜在北京乃至全国为什么就流行不起来，甚至日渐式微呢？

这个问题困扰我许久，直至近年到各地寻访美食的机会越来越多，才慢慢琢磨出几点浅见。

第一是对原材料产地的要求会带来成本压力。

淮扬府熏鱼用的是扬州青鱼，炒软兜的黄鳝来自淮安，河虾选用太湖出产的白虾，不用扬州特产的大白干根本片不出干丝，连红烧肉都得取扬州黑猪的五花肉。饮食文化发达的地区，物产必然丰富，而地方菜系对当地原材料的依赖程度也特别高，扬州固然如此，苏州、潮州、福州也不例外。这就意味着向外地发展时，如果不同时解决时令生鲜原材料的运输、储存问题，菜系的地方特色就要衰减掉一大块；但大多数原材料都从原产地运输，必然增加成本，降低市场竞争力。于是不得不逐步减少原产地食材的比例，"橘逾淮而为枳"也就成了题中应有之义。

第二是淮扬菜烹饪艺术的细腻精微之处在如今的浮躁世风之下难觅知音。

还是以这桌菜为例：熏鱼只取肉厚的中段，甲鱼要煮熟之后去骨、切丁，所谓"软兜"是笔杆粗细的黄鳝去骨后的背部净肉（肚皮也不浪费，可以烹制另外一道名菜"煨脐门"），河虾仁要趁鲜活时手剥，干丝则要求把三分厚的豆腐干片出12片以上的薄片（高手能片出24片），再切成比火柴梗细一点的丝，更不要说吊汤的功夫了。在看似家常的鱼肉、豆腐上施展这般精巧手艺，在只知道为燕翅鲍和拉菲堡一掷万金的暴发户心态面前哪里会有生路？

最冤枉的是淮扬菜原本以口味"咸甜适中，南北皆宜，讲求原汁本味"为长处，而今最流行的却是"麻辣烫"，甚至还有以所谓"变态辣"为号召而生意兴隆的，完全不追求简单感官刺激的淮扬菜面临日暮途穷，不亦宜乎？

在这种潮流之下，日子难过的岂止是淮扬菜，我这种所谓"美食家"也一样往往进退失据——说还是不说？说真话还是假话？真话说到什么程度才合适？——兀的不恼煞人也么哥！

「厨神」吃什么？

台湾"朱雀"翻译出版了一本《厨神的家常菜》（徐妍飞译，2012年版），里面收录的93款令人垂涎的美食，忍不住抄录部分菜名以飨同好：

马铃薯炖鲭鱼汤、蛤蜊味噌汤、面包大蒜汤；

波隆那肉酱面、罗勒番茄意大利面、姜汁香菇炒面、炸荷包蛋佐芦笋青酱蝴蝶面；

番红花蘑菇炖饭、螃蟹炖饭、香烤鹌鹑佐北非小米饭、鸭肉炖饭；

煨炖小牛膝、豆子炖蛤蜊、盐腌鳕鱼炖菜、加泰隆尼亚式炖火鸡腿、薄荷芥末烤小羊肉、香煎猪排佐烤红椒、红酒芥末小牛肉、香烤全鸡佐马铃薯丝、烤海鲈鱼、香烤猪肋排、蘑菇鸡翅、蒜香炸鱼。

　　读罢菜单，请各位看官猜猜这位"厨神"是何方神圣——反正以我的智商我肯定猜不中，这位大爷居然是费朗·亚德里亚——没错！就是凭借"分子厨艺"名扬世界的西班牙斗牛犬餐厅（el Bulli）的主厨。亚德里亚先生还特别指出：

　　　　这本书的出版，是为了让大家知道斗牛犬餐厅的员工究竟吃些什么。每个人都知道我们煮食物，但没有人知道我们吃什么。……世界各地的人都不远千里的来到斗牛犬用餐，既然如此，在我们能力所及范围之内，员工们当然也要享用最美味的餐点。这是我们引以为傲的事！

　　作为一个没见过什么世面的"土包子"，我不禁惊诧莫名——液氮超低温烹调呢？褐藻胶和乳酸钙制作果味鱼子酱和蔬菜汁饺子呢？大豆卵磷脂泡沫呢？怎么通通销声匿迹了呢？

　　出版商还特地请名人给此书捧场：

　　　　厨师、饮食作家庄祖宜："明确的步骤，奔放的口味，一点也不'分子'的美食！"

　　　　高雄餐旅大学西餐厨艺系系主任程玉洁："……如此前卫的餐厅，员工餐相当的朴实、丰富，处处看得见扎实的古典菜肴根基。"

　　这是在捧场吗？还是骂人不带脏字啊？原来发明"分子厨艺"的厨神及其徒子徒孙在实验室中鼓捣出的那些超酷超炫稀奇古怪的球球蛋蛋是专门用来忽悠我们这些食客的，他们自己日常吃的可都是人吃的伙食啊！

　　刚一接触"分子厨艺"，我也犯过糊涂，最早提出抗议的是我的消化道——那些奇异的食物堵在我的胃里，上不去下不来，你说吃饱了吧，还觉得饿；你说饿吧，又吃不下东西了。类似经历在国内外重复若干次之后，方才明白，我不知不觉已经成了试验"分子厨艺"的"小白鼠"——这本书不过为我的老观点提供了新证据而已。

　　这股新派饮食风潮使我对一切以创新为号召的餐厅产生了恐惧症，不得不逃到湖滨海隅山林田间寻找美食，于是爱上了"农家乐"。苏州、浦东、宜兴、安吉、黄山、潮州、梅州、成都、青城、峨眉、重庆、丽江、阳朔、横县、丹东……踪迹所至，充肠适口，乐而忘返。

　　去年以来，北京高端餐饮的日子难过，不想关门就得改弦更张。北京香港马会会所得风气之先，新开的"京华阁"请我去试菜，开出的菜单着实有趣：

　　　　木棉花炖柴鸡、红汤煨梧州甲鱼、崇明东滩老鹅烩、瑶柱豆腐煲潍坊萝卜、生啫兰度富贵虾肉、斗门虾干咸肉这明明就是"农家乐"的"升级版"嘛!

如果北京的高端餐饮真能就此洗尽铅华,摆脱或只知追求参肚鲍翅,或一味跟踪所谓国际流行趋势的套路,走向民间去寻找优质食材,料理手法返璞归真,倒不失为一件大大的好事。

最后,尚有一件小事容在下奉告:2011 年 7 月 31 日,斗牛犬餐厅宣告歇业 3 年;《厨神的家常菜》中文版于 2012 年 9 月 1 日出版——瞧人家这生意做的!

厨
师
的
灵
魂

以发明"中国意境菜"著称的大董先生到丹麦著名的诺玛
（Noma）餐厅用餐之后，感慨颇多，最近在博客中发表了一篇《诺
玛不好吃却成功的营销》，文中写道：

> 这些所谓的世界排名第一还是第二的餐厅，"厨师们
> 在这里研究新式做法，发挥他们的技艺，希望有朝一日可
> 以在餐饮界做出更多突破和创新。诺玛让世界各地的烹饪
> 人才趋之若慕，（**蒲庵曰：**"慕"似应为"鹜"。）蜂拥
> 而至的还有一拨一拨的富人，他们只为一尝这新概念的北
> 欧美食。"但他们品尝到的好吃吗？我以为，看到的只是
> 玩炫。但这个玩炫最要餐厅的命，斗牛犬餐厅已是前车之
> 鉴。道理只有一个，泡泡上的炫彩和迷幻，只存在于玩这
> 个游戏的人一下接一下地吹，当人们吹累了，那泡泡上的

炫彩和迷幻，也就是一股子水，还是不能喝的涩涩的水！

餐饮创新何其难也！餐饮创新比生孩子还要难上加难，生孩子是一朝怀胎，你就擎好吧，因为十月必分娩。而不断创新则要有无尽的创意，但这创意可是要有深厚的烹饪功底和文化修养以及开阔的视野和见识，当然最终还要有灵感的融会贯通。

近几年，世界一些顶级餐馆又时兴起寻找野生食材来。由于顶级餐厅第一名诺玛的主厨雷奈·瑞哲皮寻找野生食材的示范作用，美国纽约和世界上一些顶级餐厅，干脆将食物"诺玛化"，使之成为自己着力打造的主题，并预言这将成为今后高档餐厅的标志。

……

诺玛餐厅的总厨兼老板雷奈·瑞哲皮，曾经在西班牙分子厨艺老大费朗·亚德里亚的斗牛犬餐厅学习和工作了很长时间，他继承了他的老师费朗·亚德里亚的衣钵，将费朗·亚德里亚厨艺中精致、离奇、极端带到了诺玛，并且有过之而无不及。从媒体对他的报道中，我看到了他的歇斯底里。

在我们品鉴的这一餐中，有非洲草原上的酸蚂蚁，有从海岸岩石上抠下来的苔藓，蜜蜂的房子——蜂蜡，海滩上的野玫瑰花，当然还有早就听说过的野葱、野蒜等，这就是雷奈·瑞哲皮的烹饪理念——"代表着食材选择、烹饪理念和餐厅设计三位一体的餐饮最高境界"。餐饮的最高境界是这样吗？我不认可，因为在这个所谓的最高境界里，排除了"味道"这个美味的最基本要求！问题就出在这里，这是命题出了问题，好与不好，全在于你的设定，你设定的标准里，没有美味，那你的出品里就可以忽略作为烹饪和享受烹饪带给消费者的最基本的需要——"美味"！

其实，我想，不管是费朗·亚德里亚还是雷奈·瑞哲皮，不管是斗牛犬或诺玛，他们所有的作为不会超出一个厨师为出名、为自己在世界烹饪史上能留名的努力；但我更认为，他们的作为已经不是一个厨师追求美味的努力，而更应该划入市场营销学的范畴。如果从市场营销的角度看他们的作为，一切都说得通。

……

雷奈·瑞哲皮取代费朗·亚德里亚成为新厨王，老厨王、新厨王都要有一套新的法则昭告天下；老厨王的法则是"分子厨艺"，新厨王的法则就是"寻找食材的歇斯底里"。他们都在称王的过程中丢弃了一个真正厨师的灵魂——菜品的美味，而宣示一个新王朝的法典。在历史的长河中，他们可以留下一页，但必成为昙花一现，因为潮流本不是永恒！

这些话说得何等的好啊！尤其是从被"百度百科"誉为"中

国餐饮界的一面旗帜"的大董先生的嘴里说出来，格外振聋发聩，发人深省！

还好，这世界上尚有本本分分做菜的厨师，比如香港的法国菜餐厅Épure主厨尼古拉斯·宝汀。穿过圣诞前夕九龙满街"血拼"的"陆客"，来到海港城四层的Épure，从环境到餐具都是标准的巴黎"范儿"，闹中取静，我安然入坐，专心享用美食。

菜单是事先订好的，中规中矩的法国口味，细节却不乏新意：

巴黎白菌汤

黑松露沙律

千层酥 炙烧小龙虾及鲜鱼 白松露

日本 A5 近江和牛 赤霞珠红酒汁

橘子 杏仁 清新三重奏

70% 巧克力软心蛋糕及焦糖冰淇淋 黑松露

个人最欣赏的是汤和主菜。

所谓白菌，其实就是内地常见的罐头蘑菇的鲜品，当然，是从巴黎空运的。厨师把白菌这样平常的食材，超大量投入高汤（用量大到不放盐，汤中都有咸味的地步），煮出鲜味，再加入奶油和鲜奶；奶油汤幼滑的口感中，高度浓缩的白菌的鲜香，入口瞬间使人无比感动——只是用了如此简单的技法，就能让最平淡无奇的奶油蘑菇汤给人带来幸福感，相比之下，那些故弄玄虚的"创新"实在浅薄得可怜。

如今西餐用和牛是寻常手段，但用到日本Ａ—５—９/10级近江牛"西冷"还是蛮奢侈的，而且火候极难把握。如此高级的和牛，优点一是嫩，二是脂肪含量高而且分布均匀。我认为最好的吃法是刺身或者涮锅，烤的风险太大——火候不足则缺乏烤肉的香味和口感，火候稍过则肉中的脂肪融化，一咬一兜牛油——台湾人所谓"水蜜桃"牛肉的口味其实是过分油腻的。我要求三成熟，手法传统依旧，火候堪称完美，断面红润，可以看出脂肪的花纹，既没有血水，也没有融化的脂肪，入口有烤牛肉的质感和香味，又比美国、澳大利亚的牛排清爽一些，柔软、细嫩、丰腴、淡而有味。

您看，精选常规食材，坚持传统技法，追求细节完美，就能烹制出令人惊艳的美食，还能保住"厨师的灵魂"，何必"歇斯底里"，去整那些旁门左道呢？

考虑到主菜是牛排，我提出喝勃艮第，主人遂安排了如下酒单——我一向认为，一间法餐厅的品质一半取决于酒窖的收藏，内行大概可以于此窥斑见豹：

Dalloyau Presidence Champagne Blanc de Blancs 2005

Batard Montrachet Grand Cru 1992 Etienne Sauzet

La Romanee Grand Cru 1997 Bouchard Pere & Fils

Chateau d'Yquem 2001， Sauternes

白酒、红酒、甜酒都是世界顶尖儿的佳酿，绝对配得上厨师的心血。

老板木兰女士，优雅而爽快，看得出，她是真爱、真懂美食，开这样一爿店的过程中对美食的执着有时甚至超过对利润的追求。我们约好北京再会，一起欣赏、讨论京菜。

新版《米其林指南》应该不会忽视 Épure 的存在——否则，损失的可不是这间餐厅。

蒲庵曰：发表时受篇幅限制，引用大董先生的微博时删节较多，现增补了部分内容，以便读者诸君更全面地了解"中国餐饮界的一面旗帜"对美食的看法，并以此为标准，分清厨师也好，餐厅也罢，包括美食家在内，哪些行为是追求美味，哪些勾当是市场营销，拨云见日，正本清源，让美食回到原点。

中国菜的特质与创新

随着中国人走向世界，中国菜也在全球遍地开花，这段历史的时间长度难以估量，但以20世纪80年代中国开始变革为重要标志，中国菜传播的速度越来越快，范围越来越广，影响越来越大——这一点是毋庸置疑的。

遗憾的是，可以断言，享用过传统经典中国菜的外国朋友绝非多数，原因很多，开设在海外的中餐厅雇用的厨师有相当一部分出国以前不是专业厨师，或者不是专业厨师中优秀的那一部分；外国朋友到中国国内的中餐厅用餐应该没有问题了吧？那可不一定，有一些中餐厅就是为了迎合爱好中餐又似懂非懂的外国人口味的，比如美国副总统拜登吃过的那家北京餐厅从美食角度就没有什么可取之处；当然，国内的中餐行业正处于急于创新、轻视传统的阶段，中餐品质滑坡，也就不难理解了。

今天在这里，我愿意与在座诸位分享我对中国菜的特质的一点看法——当然，中国菜博大精深，其特点远不是这 20 分钟能够讲清楚的，所以我特别提出三个特点，选择的主要标准，一是与世界其他国家的烹饪艺术有重大区别，二是目前这些特点已经越来越不被重视。

急火爆炒的菜品

中餐区别于世界其他各地美食的主要特征之一，就是我们的炒锅不是平底，而是抛物面，这使得厨师可以沿着一条既高且长的抛物线把锅中的食材抛向空中（即所谓"翻勺"），如果此时锅、油、汁的温度都足够高的话，食材经过几次"翻勺"，就有可能以极快的速度均匀成熟并裹上调味汁，尤其是一些特殊的食材，只有通过这样的方式，才有可能被爆炒至火候恰好，形成中餐独创的口感、味道、锅气（又叫"镬气"，指食材在高温形成的热锅、热油中快速熟成带来的特殊香味）——而上述一气呵成的高难动作，用平底锅是无论如何无法完成的。

与此有关的烹饪技法，光是炒，就有生炒、滑炒、熟炒、小炒，还有爆——包括油爆、芫爆（以芫荽为主要辅料）、酱爆（加黄豆发酵而成的黄酱）、爆炒、汤爆（用沸腾的高汤烫熟），等等。

与此相适应，对刀工就有了特别的要求，一般情况下是把食材切成比较薄而小的片、丝、丁，食材纤维特殊的，如肚、腰、胗肝、鲍鱼、墨鱼还可以打上花刀（先切成小的块或片，再用横竖交错的刀法，割断部分纤维，同时保持部分纤维的联系，受热之后会卷成各种美丽的花型，比如麦穗、荔枝、菊花、核桃等），使食材能够快速、均匀熟成、入味，而且外形美观，适合用筷子取食。

这样，中国人就有口福了，猪、牛、羊的肚仁、腰花、肝片、里脊，鸡、鸭的胗肝、胸脯肉，鲜鲍、海螺、虾仁、鱼片、墨鱼、鱿鱼、海肠、蛤蜊、蛏子，乃至豆芽、菜心、芥蓝、蒜薹等几乎所有的蔬菜，凡属过于生或者过于熟都不好吃，而生熟之间只差一秒甚至不足一秒的"刁钻"食材，在外餐只好烤之蒸之炸之炖之焯之拌之乃至生食，在中餐则无不可以急火热油，爆之炒之，好处是快速熟成、快速入味，用调味汁包裹均匀，火候刚好。如遇高手掌勺，只听一片叮当脆响，几秒之内菜已出锅装盘，色香味形都诱人无比，尤其是或脆或嫩或爽或滑或微韧弹牙的美妙口感，真使人从口腔到心灵都产生无比的愉悦。

例如，鲁菜中的一道油爆双脆，把猪肚和鸡胗打上十字花刀，先用沸水焯一下，再用热油炸一下，最后略炒、勾芡、翻勺、出锅，在锅中就几秒的工夫，必须在短暂的翻勺过程中入味儿，才有脆、嫩、滑、爽等口感。

丰富的味型

相对于中国菜来说，欧洲、美国甚至日本美食，在调味问题上更加注重体现食材本身的味道，菜品的主要味型是咸鲜味，味道的变化主要来自香料、香草、奶酪、酒以及不同食材的搭配，而中国菜对味道丰富性的追求就像西方人对葡萄酒味道的追求一样，丰富多样，变化无穷，充满想象力，并以此为乐，这在世界其他国家的烹饪艺术中是少见的。

例如，仅四川菜的味型就有 30 多种，常见的有鱼香、麻辣、椒麻、怪味、豆瓣、家常、陈皮、椒盐、荔枝、酸辣、蒜泥、麻酱、芥末等。其中，"怪味"并不是奇怪的味道，是一种复杂得难以形容的味型；还有家常味，不是家里随便什么菜的味道，而是一种咸鲜、微辣、微甜的固定味型。

最令人赞叹的复合味型，经典作品就是鱼香肉丝：在一道完全没有任何鱼类甚至也没有海鲜、河鲜做原料的菜品中，以猪肉丝为主料，用泡辣椒、姜末、蒜末、葱花、酱油、醋、盐、糖等中国人家家厨房都有的调味料"制造"出鱼的香味——这需要天才的想象力、创造力和不知多少代厨师的经验积累。还有荔枝味，代表作是宫保鸡丁，吃起来酸甜、微辣、微麻，令人联想起荔枝的味道。

当然，上述味型是厨师和美食家联想出来的，就像葡萄酒里有烟草味、咖啡味、皮革味、矿石味，并不意味着其中真有这些东西。

追求鲜味

中国人夸一道菜好吃，往往会说"真鲜"。全世界很少有像中国人那样追求鲜味的烹饪艺术。欧美人吃生蚝，说它有金属味儿、榛子味儿、大海的味道；中国人一吃，第一个反应是"鲜"。

追求鲜味的主要方法有两个。

我们认为食材的新鲜度越高，菜肴的味道就越鲜。宋代有一道菜叫"傍林鲜"，就是从竹林中挖出新鲜的笋，当时就点燃枯枝、落叶，把笋烧熟，剥开就吃。每年4月初鲥鱼从东海向长江洄游，明清时代认为这种季节性很强的鲥鱼是最好吃的鱼类，每年长江里捕到的第一条鲥鱼是要进贡给皇帝的。鲥鱼出水就死，怎么才能吃到新鲜的鲥鱼呢？有商人将船停在江面上，带着灶具，捞出鱼来，即刻剖洗干净，就在船上加热烹制，拿到江边的酒筵上刚好蒸熟。这是对新鲜度的追求的极致。

如果要烹制豆腐、白菜之类鲜味不足的食材，那么就要在烹制过程中加入特制的汤来增加鲜味。这种汤是特别制作的，主要用于调味，而不会作为一道菜端上餐桌。

制汤的原料主要是猪骨、鸡、鸭、猪肉，还可根据需要加入猪肘子、火腿，加水，大火煮开，再改小火，煮3～10个小时，就可以了。这样煮出的汤比较透明，如果希望透明得像水一样，可以用布过滤，或者"扫汤"——把鸡胸脯肉用刀背砸成泥，加入清水，搅匀，倒入微微沸腾的汤中，加热至稍见沸腾，鸡泥与汤中杂质凝结在一起浮出水面，捞净；这个过程可以重复两三次，使汤清如水、鲜美无比。

如果大火烧开之后不改小火，而用中火使汤汁一直沸腾，原料中的脂肪会溶于水中，形成乳浊液，这样制成的汤像牛奶一样雪白浓厚，称为"奶汤"。

还有一种用于纯素菜的素清汤，用黄豆芽、蘑菇、竹笋煮成。

在没有味精的时代，上述汤类是餐厅厨房必备的重要调味品。它们的作用，不是赋予食材鸡鸭或豆芽、竹笋的味道，而是适度使用，使食材原本的味道变得更加鲜美。

例如川菜的一道名菜，叫开水白菜。看起来是开水中放着几片白菜心，非常清新淡雅，一入口，既有白菜本身的清香甘甜，又有清汤的鲜美，白菜的滋味变得更加醇厚、有回味，菜品也很有格调——中国菜的最高境界是要把看起来非常简单、廉价、家常的原料烹制成极品的美味，会设计、料理这种菜肴的厨师才是真正的大师，会欣赏这种菜肴的食客才是有文化品位的美食家。

现代中国人对饮食的心态有不小的偏差，无论是厨师还是食客，或者一味求贵、求奇、求新，或者过分追求味道的浓重，而忽视了原材料和传统的基本功，不懂得欣赏食材本身的美味，而是满足于表面化的花哨、刺激。

还有一些中国人、外国人自称为美食家、厨艺大师，嚷嚷着要国际化、改良中餐，结果无非是把中国式的装盘改成西式的，引进一些外国的原料、调味品，再有就是从西班牙人、法国人那里学几个"分子厨艺"的"秘方"，当然有不少外国人为这样的"改良"叫好，也有一些中国人跟在后边凑热闹。

我坚持认为，中国菜确实有需要改良的地方，比如一些菜品脂肪、盐的用量过大，有的厨师为了降低成本或偷懒，用大量的味精、鸡精代替鲜美的汤提高鲜味，但是，不管怎么改良，也不能把中国菜改成法国菜、意大利菜，更不能改成所谓"分子料理"。如果我的意大利朋友到了中国，我一定请他们吃经典的中国菜，不会请他们吃北京的意大利菜，更不请他们吃胡乱"改良"的中国菜，就像我在意大利也不会要求吃中国菜或者"分子料理"一样。

希望下次再来那不勒斯的时候，能够带领一个中国烹饪大师领衔的团队，请各位欣赏真正经典的中国菜。

蒲庵曰：这是 2013 年 11 月应邀赴意大利参加那不勒斯东

方大学孔子学院 "中国周" 活动时的演讲稿——我与 "孔院" 并无业务往来，完全是意大利朋友利用这一机会请我去观光一番，我也乐得 "就坡下驴"。2014 年再次接受邀请，真的携张少刚等名厨同行，用当地食材料理了经典的中国风味。

海错山珍大有年
——庚寅除夕年夜饭
创意食单

十分荣幸，应《装饰》杂志之约设计这套食单。在多数人心目中，设计食单是厨师的工作，于美食家何干？但曾经异常讲究的中餐食单的设计水平目前实在令人难以恭维，我好歹也混迹餐饮业多年，有此机会，不觉技痒，操刀一试，结果如何，只能付诸知味君子了。

此菜单的设计大体遵循如下原则。

一、得是中国菜

时下流行的 fusion、分子厨艺、中西合璧之类的怪招我一直很不赞同，并长期、多次见诸文字，自己动手的时候，总不好意思言行不一——这就意味着从食材搭配、烹制技法、调味、造型一律遵循中餐传统规律。

二、好吃

以追求传统中餐审美效果为原则，无论是色、香、味、形、口感、器皿都无例外，要让懂得欣赏中餐美味的人得到审美愉悦，在此基础上求新、求变，绝不生硬、造作，不为某种概念——哪怕这个概念是"健康"——牺牲美味，因为饮食不仅为了生理健康，还要满足心理健康，口腹之欲得到满足所带来的快感无可替代。

三、精选食材

中餐对食材品质的忽视和添加剂的滥用这些年来到了令人发指的程度，我决心反其道而行之，在可能的条件下，所有食材在能找到的范围内都选最好的，而且尽量说明原产地、品种，以保证食品安全，在此基础上，只要摄入量适度，健康也就没有问题了。

四、风格自然

中餐的主料与辅料之间，主辅料与烹饪技法、味型之间建立了很多固有的逻辑关系——时下流行的"创新"专门以破坏这种逻辑关系为能事——在尊重此种逻辑关系的前提下，尽量选取比较简单的加工方法，使食客能够欣赏到食材固有的味道、口感——关于这一点，多少会受到"年夜饭"这一主题的影响，中国人的年夜饭应当是五颜六色、丰富多彩的，不能清汤寡水、淡而无味。

五、有喜庆色彩

因为是年夜饭，食材、烹饪技法、味型、口感、色彩尽量丰富，希望全家人能够各取所需，所以"什锦"的概念使用得多了一点；色彩上偏重红色或与之接近的暖色；加工手法也是容易在家里操作的，只是适当调整食材的档次也不会过度影响整个菜单的风格；还考虑了菜名的"口彩"因素。

六、菜单结构遵循传统中餐的筵席形式

按冷荤、汤、热菜、点心的程序设计，考虑到目前多数人都不愿意多吃主食、甜食，所以只设置了一道甜品；尽量满足冷热搭配、荤素搭配、主副食搭配，不同食材、味型、烹饪技法、色彩的混搭，使大多数人容易接受；菜系则兼取东南西北，尽量寻找各个菜系能够兼容的菜品，或某一菜系拿手的菜品；还考虑了一些民俗因素——如"无鸡不成席""无鱼不成席"之类的习惯，但现代人对整鸡、全肘之类的传统"大菜"多数望而却步，所以除了鱼要完整——以求有"余"之外，只安排了一味中外人民喜闻乐见的宫保鸡丁。

五彩攒盒

创意

漆器是中国国粹级的餐具，历史悠久，精美绝伦，而如今距国人的现实生活越来越远，却在日本发扬光大，所以特地选用漆制攒盒——直至近代还是常用餐具——来盛装冷荤。

最初的想法很简单，就是一个分成五格的传统漆盒里装五种菜品，每种菜品的原料、颜色、味道各不相同；后来又想：为什么不把"五色"的位置与"五行"的概念联系起来呢？接下来就是：为什么不把"五色""五行"与中医"五味"的概念联系起来呢？于是就有了：右—东—青—酸、左—西—白—辛、上—北—黑—咸、下—南—红—苦、中—中—黄—甘的安排，当然这很大意义上是一种象征，不可能完全按照中医的原则来处理，比如萝卜是"辛"味，我们以醋腌制成酸味，因为在北京的严冬，酸味的、适合做成凉菜的绿色食材并不容易找到；同样的原意，红色的"苦"味食材也使我们为难，只好以红茶做成茶叶鸽蛋——中医认为茶属"苦"味——再用红曲粉染色了。

菜品技术说明

* 青色：凉拌萝卜皮

主要原料：山东潍坊青萝卜（萝卜色泽翠绿，脆甜多汁，没有萝卜的臭味，适合生吃或凉拌）

烹制要点：萝卜皮去掉外层老皮，切成条状，再调拌

菜品特点：味道微酸，清脆爽口

* 白色：泡椒鸭掌

主要原料：鸭掌

烹制要点：鸭掌去骨后煮熟，以泡菜水泡制入味

菜品特点：味道酸鲜微辣

* 黑色：烧汁小香菇

主要原料：云南小香菇

烹制要点：干香菇先泡发，过油后出水，再用烧汁煮熟

菜品特点：味道咸鲜微甜，菌香浓郁

* 红色：红茶鸽蛋

主要原料：鸽蛋

烹制要点：鸽蛋用红茶煮熟，再去壳卤泡，最后用红曲粉染色

菜品特点：色彩喜庆，蛋清呈透明状，富有弹性，口感味道俱佳

　　* 黄色：桂花糖栗子

　　　　主要原料：栗子

　　　　烹制要点：栗子煮熟后去皮，再隔水蒸 20 分钟，最后用

　　桂花糖水煮透

　　　　菜品特点：香甜可口，带有桂花香味

菜品制作

　　　北京文奇美食汇

器皿创作

　　　周剑石　清华大学美术学院工艺美术系副教授

　　　朱漆五彩攒盒

红椎菇泥龟炖珍珠鸡

创意

　　其实就是中餐最常见的三鲜汤的"精华版"，内容包括海洋、平原、山林的出产，有荤有素，颜色则红、黑、绿分明（珍珠鸡只"负责"鲜味，炖熟之后已食之无味、口感如渣，故弃去），赏心悦目；粤菜的"炖"实际是隔水蒸，特点是汤汁清澈，鲜而不腻，淡而不薄；鲜味完全来自食材本身，自然醇美，余韵悠长，与味精、鸡精、鸡粉带来的浅薄、短暂的"鲜味"有上下床之别。

菜品技术说明

* 主要原料

红椎菇：产自广西，是在天然红椎林里特定的气候、环境和土壤条件下方可生长的野生食用菇，目前不能人工栽培

泥 龟：产自北部湾部分原生态海域的海洋生物，有滋补功效

珍珠鸡：产自非洲，肉质细嫩，味道鲜美

* 烹制要点

1. 红椎菇洗净，去沙

2. 泥龟去壳用水浸泡，将其洗净，去沙

3. 珍珠鸡用水洗净，切为一两重的小块，在沸水中煮一下

4. 将三种原料放在一起上锅，加清汤、盐、料酒、姜片，隔水蒸熟

5. 捡去姜片，加入用毛汤焯过的嫩菜心

* 菜品特点

汤汁清澈，鲜美

菜品制作

叶文光　北京文奇美食汇潮州菜厨师长

器皿创作

高振宇　中国艺术研究院研究员

影青瓷刻水理纹罐

全家福

创意

　　这是头菜，也是大菜。杂烩类的菜品在中国几乎各地皆有，年夜饭的餐桌上尤其不可或缺，"全家福""一品锅"固然是好口彩，实则为每位家庭成员都能各取所需耳。故原料务求丰美，干货鲜品、禽畜鱼虾、山珍园蔬，无不取精用弘，分别治净，形状各异，色彩纷呈，口感、味道既相容又相异，统一于咸鲜微甜的调味之下。无论餐饮企业还是家庭，都能制作，原料内容、档次可以因地制宜、因人而异，只要万变不离其宗就好。

菜品技术说明

　　* 主要原料

　　辽参：选用日本关东 50 头辽参，预先水发

　　油花枝：选用巴基斯坦大鳝筒，预先水发

　　炸鱼腐：用东星斑的肉切碎加入鸡蛋、水、盐制成鱼腐

　　大虾球：选用越南野生大花虾，去虾壳，去内脏

　　牛肉丸：汕头潮州手打牛肉丸

　　鸭胗花：选用湖北武汉鸭胗，将鸭胗清洗干净后打花刀

　　羊肚菌：选用顶级意大利野生羊肚菌，将羊肚菌破肚，洗净，用秘制的鲍汁焖制

　　板栗：选用同样大小的栗子，用刀在栗子顶部开十字状切

口，用油略炸，去壳后再上锅蒸，然后用浓汤焖

白果：选用进口日本银杏，去皮，去心，再用浓汤焖制

干鱿鱼花：采用香港九龙吊片，将其洗净，去皮，去骨，然后打花刀

火腿粒：选用浙江金华五年陈腿，将火腿切成薄片，然后用秘制糖浆浸泡腌制

甜豆：选用杭州有机甜豆粒，去皮，挑选饱满的甜豆粒，用顶汤煮制

冬笋片：选择细嫩的笋尖部位切成片

* 烹制要点

将上述12种原料分别治净后入锅爆炒，加少量高汤，略煨，勾芡，出锅

* 菜品特点

紧汁亮芡，咸鲜微甜。每种原料加工后都有其独特的味道和口感，丰富多彩

菜品制作

　　罗粉华　北京文奇美食汇潮州菜厨师长

器皿创作

　　高振宇　影青瓷刻水理纹盘

宫保鸡丁

创意

　　四川名菜，但市售多不正宗，金强所制借鉴了北京饭店川菜大师黄子云的做法，关键是鸡丁不事先过油，一锅成菜，以保证原汁原味，辣味深入鸡丁，醇厚浓重；选用海南文昌鸡的腿肉，鲜味和口感都远胜常用的肉鸡；共用三种辣椒，各司其职，辣度适中，香辣不燥。考虑到时风嗜辣，又有"无鸡不成席"之说，故选此菜。

菜品技术说明

　　* 主要原料

　　鸡肉：选用海南文昌鸡腿肉，切成丁

　　辣椒：选用了二荆条辣椒、灯笼椒、甘谷辣椒三种不同的辣椒，分别取三种辣椒的外形、辣味和椒香

　　花生：选用山东花生

　　* 烹制要点

　　运用连锅炒（鸡丁不预先过油，而是先煸炒花椒、辣椒，然后加入鸡丁烹制，勾芡，一锅成菜）的手法烹制完成。这样的烹调手法能很好地保证鸡丁的嫩度、入味，对厨师的烹调技术要求极高

* 菜品特点

色泽明亮，鸡丁嫩而不失咬劲儿和弹性，花生酥脆，味道浓郁，香辣适度，不呛不燥

菜品制作

金强　北京东方君悦大酒店中餐行政总厨

器皿创作

高振宇　梅子青葵口盘

两吃鲤鱼

创意

小时候年夜饭一定有鱼，而且会被父亲严厉警告"不许动"，以保证明年有鱼（余）。鲤鱼被中国传统文化赋予很多美好的寓意，但除了黄河大鲤鱼之外，多数有"土腥味"，不太好吃。王小明居然在北京找到了鸭绿江大鲤鱼，委实难得，我设计成一鱼两吃，一脆一嫩——一半糖醋，一半泡菜烧。

泡菜鱼把川菜中传统的干烧鱼和近年流行的江湖菜——泡菜鱼结合起来，技法是干烧，用泡菜、泡姜、泡椒取代传统的郫县豆瓣（只留少许，使底味略带醇厚），以它们特有的发酵产生的酸鲜、酸辣、酸香取代豆瓣的酱香，去腥提鲜，使整个菜肴的格调从沉郁变成明快，醇厚变成清新，颜色也变得赤、橙、黄、白，五色杂陈，足以烘托节日气氛；同时也避免了江

湖菜的"一盆菜半盆油"，并保持了鱼形的完整。

糖醋鱼借鉴天津名菜瞎蹦鲤鱼的做法，拍粉，炸透，浇浓厚的糖醋汁，要求大酸大甜，佐以手切（不能剁）姜末，滋味介于西湖醋鱼和蟹肉之间；皮脆肉酥，吃起来十分过瘾；小明为了口味正宗，还特意找到天津独流醋；糖则选用冰糖，取其能使芡汁黏稠发亮。

菜品技术说明

* 主要原料

框鲤：选用吉林鸭绿江优质水域的框鲤，肉质细嫩，味道鲜美

泡菜、泡椒、泡姜

* 烹制要点

将鱼从中间剁开。头做泡菜鱼，采用干烧的技法烹制，烹制中加入泡菜、泡椒、泡姜去腥提鲜。尾做糖醋鱼，借鉴天津瞎蹦鲤鱼的烹调技法，炸至酥香，食用前浇糖醋汁

* 菜品特点

糖醋鱼口感外脆里嫩，糖醋汁大酸大甜，味道浓厚，鱼肉滋味鲜甜。

泡椒鱼口感软嫩，咸香微辣之中略带泡菜的酸味。

两种口味的鱼以酸味相互呼应，又各具风味

菜品制作

王小明　北京太伟高尔夫俱乐部副总经理

器皿创作

高振宇　粉青瓷折沿盘

清汤碧玉簪

创意

　　吃到这里，需要一道清淡、清雅、清新的素菜清口，我以四川"姑姑筵"名菜开水白菜的手法加工芥蓝心。第一要尽量削去老皮、菜叶，使之形如玉簪；第二要用驰名京华的谭家菜的浓鸡汤稍煨入味，再用鸡清汤蒸至将熟未熟出锅，以保持青翠的色泽和脆嫩的口感。吊制鸡清汤过程中"扫汤"的做法，将传统中餐"食不厌精，脍不厌细"的精神推向极致——如今有了各种工业增鲜剂，很少有人如此费心料理一锅鸡汤了。此菜的口味极鲜、极清、极淡，只要鸡汤的鲜和芥蓝的香，以吃不出盐的咸味为好，而汤的余韵悠长，在口中能存留数分钟之久。

菜品技术说明

　　* 主要原料

　　芥蓝：选用广东潮州出产的芥蓝，要 15～20 厘米长，中等粗细鸡汤：选用 3 年以上的散养老母鸡，熬 8 个小时后，大火冲浓。一部分浓汤用来给芥蓝入味；另一部分加鸡肉蓉扫汤，经 6 个小时调成汤清如水，色淡如茶的清汤

火腿丝：选用金华两头乌火腿，取中锋部位蒸熟，瘦肉切成细丝

* 烹制要点

芥蓝去皮、叶、花、根，选最嫩的部位削成玉簪形状，先出水，然后在浓汤中略煨入味，再在清汤中蒸 8 分钟左右。装盘后撒上火腿丝

* 菜品特点

芥蓝形状似簪，质感如玉，汤清如水，格调清雅。芥蓝爽脆甜嫩，汤鲜而不腻，淡而不薄，韵味持久

菜品制作

刘忠　北京饭店谭家菜厨师长

器皿创作

高振宇　白瓷铁绘高足盘

五彩猪油百果年糕

创意

各地风俗不同，大年夜的主食北有饺子、南有汤圆，其余种种，不可胜数，而对年糕一类糯米（或黏米）制品的爱好则

少有例外，所以设计了年糕；苏州的糕团之美、之讲究、之丰富天下第一，故特请苏州的薛师傅来制作。主要创意是把江南条块状的年糕塑造成广东年糕的鱼形，又融入八宝饭的元素，加入果料和豆沙馅，使之显得花团锦簇而已；年糕当然要足够黏糯（还要爽滑而不粘牙）和香甜，所以要有糖和油——虽然全世界都在减肥，但过年的时候放纵一下总是可以原谅的，不然这年还过个什么劲呢？

菜品技术说明

* 主要原料

糯米粉：精选苏州优质糯米粉

八宝果料：红枣、莲子、桂圆肉、红绿丝、瓜子仁、松子仁、冬瓜糖、核桃仁，均切成松子仁大小

* 烹制要点

向糯米粉中加入澄粉、水、椰浆、蜂蜜（需要甜一些的口味可以加糖）和少量油打成均匀的稠浆，将糯米浆灌入擦过油的鱼形模具里，将八宝果料嵌入糯米浆中，上锅蒸20～25分钟，待年糕彻底冷却后脱模。

最佳的吃法是将年糕切片，用油煎后，蘸糖食用

* 菜品特点

造型讨喜，口感黏糯又不失弹性及爽滑，果料丰富，味道香甜

菜品制作

薛大磊　苏州香格里拉大酒店中餐行政总厨

器皿创作

高振宇　粉青瓷玉璧盘

蒲庵曰：如果不是为了编辑此书整理旧作，我几乎忘记了6年前我还做过这样一件有趣而麻烦的工作。清华大学美术学院的《装饰》杂志在国内工艺美术界的地位固然甚高，我因为方晓风主编的邀请而集中了如此之多的酒店、名厨，还特烦高振宇、周剑石两位先生出马，也称得上兴师动众了。现在看来当时的思路大体不错，而对烹饪艺术的理解还是幼稚甚至粗糙的。古人"不悔少作"，我亦云然——毕竟，这是国内美食、餐饮界从未有人走出的一步，也开启了我个人美食创作的滥觞。如果没有这次创作，就不会有后来的《先生馔——梁实秋 唐鲁孙的民国食单》一书，以及后续的一系列作品。仅就此一点而言，这次创作也是相当有意义的。

我向往的中国菜之美

从我略识之无开始，就目睹中国餐饮业日趋发达，中国烹饪艺术日渐堕落。"生年不满百，常怀千岁忧"，以吾力之微，欲正本清源，短绠汲深，螳臂当车，固当为智者所笑。

以人为本

从根本上说，烹饪是为人的生存、健康、幸福服务的——食客不是厨师的"小白鼠"，不能用食客的身体、金钱为厨师的炫技、胡思乱想、胡作非为埋单！

合格的菜肴，首先要满足饱腹、健康、美味三个基本要求，在此基础之上才可以讨论烹饪艺术如创新之类的问题。

一位合格的厨师（且不说什么烹饪大师），首先要在食材、烹调、呈现方式诸方面认真修炼、操作，以求达到上述基本要求，这三点说起来仿佛老生常谈，都能到位其实是很不容易的。

在此过程中，应充分表达厨师的诚意，尊重自然、食客、食材、手艺，合理烹饪，适度装饰，容不得投机取巧、偷工减料，不能有丝毫苟且侥幸，更不能存半点欺诈之心，不能一味强调食材的珍稀贵重，不能以表面花哨的技法、盘饰糊弄食客，更别说使用有害健康的食材和烹饪技法了。

真诚，是一切艺术创作的立足点，烹饪也不例外。

立足传统

社会不断发展，科技日新月异，包括中餐在内的世界上所有的烹饪体系都是在不断的创新、变化、发展之中的，（我们现在的中餐体系大约确立于清末民初，乾隆年间的中餐还没有发育得如此成熟）烹饪作为一种艺术体系需要不断地突破、创新，中餐也确实有需要改良的内容（比如一些所谓"高档宴会菜"的从加工烹制到盘饰的过度雕琢，比如营养结构的不合理，比如对野生动物类食材的追求，比如餐具的粗糙少变化，比如宴会设计的缺乏艺术性、不成体系），但是，所有创新都应该建立在尊重传统、熟悉传统的基础之上，而非一味地以颠覆、破坏传统为能事，更不能以追新求奇、生吞活剥的所谓"创新"作为厨师偷工减料的借口、餐厅忽悠食客的商业营销手段。

改良改掉的应该是中餐的短处，而非长处；创新应该是对传统的补充、修缮、升华而非破坏；改良、创新的结果应该使中餐更加美味、健康，提高其艺术水准，而不是把中餐变成外餐或者非驴非马的怪胎。

考虑到近几十年各种因素对传统饮食文化的摧残，不妨且将复古当作创新，就像中世纪的欧洲一样，中国饮食甚至中国文化同样需要一次"文艺复兴"。

尊重食材

食材首重品质而不求珍稀——食材只有优质、劣质之别，没有高低贵贱之分，在优秀厨师的心目中，优质的青菜、豆腐远胜劣质的参肚鲍翅。

好食材应于江河湖海山林田园求之，不能在厨房坐等商家供货，厨房常用的鱼肉蔬果五谷是一切美食的根本所在，关键在于讲求其品种、产地、时令、加工方法、运输保鲜，以求物尽其用，珍稀古怪、人所难知的物产如果遇到，当然可以使用，但不应刻意为之，不应是美食的主流，更不能以破坏人与自然的和谐关系为代价追求所谓"美食"。

适度烹饪

中餐烹饪工艺之丰富多样、高超玄妙，举世无双。从选料到初加工、细加工、临灶，繁难复杂，无美不臻，蔚为大观。

但由于历史的原因，也确实有其缺陷，比如油、盐、糖的用量过大，过度追求膏粱厚味，有些技法对食材本来味道、质地改变过度（如一些宴会常用于造型的"泥子活"），一些"高档菜"堆砌"贵重"食材，等等。近年传统的缺陷尚未克服，新的问题又在产生，主要是以粗俗、刺激为号召的"江湖菜"和以 fusion、"分子厨艺"为号召的"时尚菜"。

其实，烹饪的根本是精选食材，并针对其特点、季节、食客需求选择最适合的加工手法，将其美好的味道、质感最大程度地表而出之，将其缺点最大程度地去除掉，美食的最高境界之一是：明明厨师下了很大功夫、用了很多手段，最后呈现在食客面前的菜肴风格是极为简约的，似乎厨师只是轻描淡写、毫不费力地随意挥洒几下，菜就做好了——"大巧不工""大象无形"，此之谓也。

懂得少少许胜多多许，善于以简驭繁才是高手，刻意雕琢、胡乱堆砌、痕迹毕露终归下乘。

"粗料"（廉宜、家常乃至被多数人忽视、丢弃的食材）不妨"细做"（用相对昂贵的辅料精细加工），"细料"（昂贵、珍稀的食材）亦可"粗做"（用家常的手法展现其另类魅力）。当然，多数情况下，"细料"还要"细做"，但在某个技术环节不妨挥洒几笔，权当"写意"；"粗料""粗做"时也要有滋有味，在某一细节"工笔"点染，使"粗"中有细。

原汁本味

味以平和、清淡为上，调味应为食材本味服务，以突出表现食材本身所固有的美好滋味、去除其不好的滋味为主要目的，要突出菜品的主料主味，食客欣赏的重点应该是食材的味道，而非各种调味品的味道（即便是一般认为没有什么味道的海参、鱼翅、豆腐、白菜也自有其淡淡的美好风味，只是被不合格的厨师和食客忽略了而已），调味品用量越少越好，所有辅料、调味品都是主料、主味的配角，不可以之掩盖甚至破坏主料的本味。

烹饪有道

中国乃至全世界每一道经典菜肴中的主料、辅料、熟成工艺、味型之间都是有内在逻辑关系的，这种逻辑关系是进入烹饪艺术宝藏大门的钥匙，只有学习、研究、掌握并能够熟练运用这种逻辑关系，才有资质讨论菜肴的创新、中外合璧之类的话题。

如果反其道而行之，不懂、忽视甚至破坏这种逻辑关系，越是试图"创新"，离美食就越远，南辕北辙、倒行逆施的结果无非是买椟还珠、舍本逐末，不到走火入魔、烟消火灭不止——西班牙前几年最著名的"斗牛犬"餐厅"其兴也勃焉，其亡也忽焉",就是绝好的案例。

可惜我们这里有一些人依旧执迷不悟、拾人牙慧,继续拿已经被欧美市场唾弃的"时尚"概念来忽悠消费者。

淡扫蛾眉

装饰是为菜肴服务的,宜少、宜简、宜淡,要突出菜肴,绝不能喧宾夺主。

一条新鲜的刀鱼清蒸,鱼身修长如刀,鱼鳞灿烂如银;一大块焖透的东坡肉色如琥珀;一盘菜心炒得火候恰好,翠绿鲜嫩;虾饺的澄面皮温润如羊脂玉,隐约透出粉红的馅心——这些色香味俱全的美食哪里需要一朵从水盆中捞出的萝卜花、一条雕工恶俗的南瓜龙或者一摊大豆卵磷脂泡沫、一抹蓝莓酱去画蛇添足、佛头着粪?

菜肴装饰的第一要义就是尽量利用主料原有的色彩、形状,传达自然、恬淡、简约之美;其次要充分发挥辅料、佐料、调味料、汤汁的作用,调剂、点缀或赋予颜色,滋润表面;适度的刀工、熟成技法、火候、芡汁同样能调整、衬托食材的形状、色泽、质感;餐具烘云托月的作用也不可小视——日餐对餐具的使用达到了相当高的艺术境界,值得借鉴——中餐自从有了瓷质餐具之后,被逐步淘汰了的漆器、金银器,可以恢复,再加上玻璃器和少量竹木器,中餐的面貌大有改观的余地;其实就是现在通行的中餐陶瓷器也嫌粗俗鄙陋，同样需要改进或恢复传统（当然不是康雍乾官窑那种雕琢繁缛、技术水平极高而艺术品格极端低俗的传统）。

严格来讲，呈上餐桌的餐具中只能盛装食物，不能有任何无法食用的或与菜肴无关的东西掺入。

自然为美

从菜肴选材、烹制、滋味、呈现方式到餐具、酒水配置，乃至就餐环境、筵席设计皆追求简约、自然、淡雅、清新、健康之美，宁简勿繁，宁少勿多，宁缺毋滥（此处指艺术风格而言，具体菜肴的制作则应从食客、时令、食材出发，烹饪技法繁简得当，费时长短相适宜，味当浓则浓，宜淡则淡，有韵律，有变化，不可刻舟求剑），崇尚有余不尽之味，反对奢靡、粗俗、雕琢、繁缛、刺激、混浊、生硬、有害身心的烹饪技法、呈现方式。

意境何在

就像书画是诉诸人类视觉的艺术（参观美术馆许看不许摸）、音乐是诉诸人类听觉的艺术（欣赏音乐时不会介意演奏者的相貌），烹饪从本质上说是诉诸人类的视觉、嗅觉、味觉、触觉（指食物的质地、温度在我们吮吸、啜饮、切断、咀嚼、吞咽的过程中对唇、舌、齿、牙龈、咽喉乃至口腔黏膜的刺激）的综合艺术——后三者尤为根本所在。

美食意境的产生主要源于我们饮食过程中视觉、嗅觉、味觉、触觉的综合快感及其带来的美妙联想。例如品尝宫保鸡丁这道名菜，我们享受的是其色泽的红亮、鸡丁的滑嫩、花生的酥脆，尤其重要的是味道的香辣微麻、回甜回酸、醇厚鲜香，使人能够联想到荔枝的果香——世界上宁有麻辣的荔枝乎？其实是郇厨妙手利用比例适当的糖、醋、酱油、黄酒、盐、胡椒粉、辣椒、花椒、葱、姜、蒜，在恰到好处的火候作用下，调和出川菜独有的复合味型，使我们的嗅觉、味觉受到了"欺骗"。此种仅属于人类饮食过程的色、香、味、形、口感层面的审美愉悦，才是烹饪艺术的意境所在，岂有他哉？

中国菜在意境层面的水准曾经是相当高妙、独步世界的，可惜如今礼崩乐坏，后继乏人。

如果一道菜肴味道、口感并无美妙可取之处，只是色泽艳丽、造型奇特、动人眼目，其意境又在哪里呢？如果单纯为了追求视觉层面的快感、意境，我们大可直接去博物馆、美术馆欣赏绘画、雕塑，又何必惠顾餐厅呢？难道还有哪位大厨在运用色彩、线条、空间进行艺术创作层面能达到赵孟頫、"四僧"、米开朗基罗、梵高、罗丹者流的境界吗？

中餐源远流长，气象阔大，影响遍及全球，其品类之繁、变化之富，举世罕有其匹。《易》云："仁者见之谓之仁，知者见之谓之知。"西谚云："一千个人眼里有一千个哈姆雷特。"我于餐饮业是外行，上述观点，卑之无甚高论，在今日之中餐领域更是不合时宜之至——但是，我向往的中国菜之美，就是如此。

蒲庵曰：这是我 2016 年 6 月在"2016 国际饮食文化论坛暨世界中餐业联合会饮食文化专家委员会成立大会"上的发言，其中部分措辞比较激烈的内容当时没有宣读。部分内容曾被《美食与美酒》杂志以访问记的形式摘登。